高等职业教育“十四五”规划教材
辽宁省学徒制建设项目成果教材

宠物传染病防治技术

刘　强　黄文峰　主编

中国农业大学出版社
·北京·

内容简介

本教材是高等职业教育宠物养护与驯导专业、宠物医疗技术专业的专业核心能力课程教材。本教材根据宠物诊疗实际工作要求，以就业岗位为导向，将基本知识与工作流程融为一体，设有14个学习情境。前11个学习情境主要内容包括：宠物传染病的防治措施，犬猫病毒性、细菌性、螺旋体、真菌、衣原体、支原体、立克次氏体的各种传染病的病原流行病学、症状、病变、诊断和防治；后3个学习情境主要内容包括观赏鱼、宠物龟、观赏鸟常见各种传染病的病原流行病学、症状、病变、诊断和防治。每个学习情境按宠物医疗工作岗位的思路，设有案例导入、宠物入院检查项目评估、按医嘱治疗、宠物出院护理指导等多个任务。

本书适合作为高等职业教育宠物类专业教材，也可作为自学考试、岗位培训及从事宠物疫病防治技术人员、广大宠物饲养者的参考书。

图书在版编目(CIP)数据

宠物传染病防治技术/刘强，黄文峰主编. --北京：中国农业大学出版社，2022.6(2025.2重印)

ISBN 978-7-5655-2804-0

Ⅰ.①宠… Ⅱ.①刘… ②黄… Ⅲ.①观赏动物－动物疾病－传染病－高等职业教育－教材 Ⅳ.①S855

中国版本图书馆CIP数据核字(2022)第105893号

书　　名 宠物传染病防治技术

作　　者 刘　强　黄文峰　主编

策划编辑 张　玉　　**责任编辑** 张　玉

封面设计 中通世奥图文设计

出版发行 中国农业大学出版社

社　　址 北京市海淀区圆明园西路2号　　**邮政编码** 100193

电　　话 发行部 010-62733489,1190　　读者服务部 010-62732336

编辑部 010-62732617,2618　　出　版　部 010-62733440

网　　址 http://www.caupress.cn　　**E-mail** cbsszs@cau.edu.cn

经　　销 新华书店

印　　刷 北京溢漾印刷有限公司

版　　次 2022年6月第1版　2025年2月第2次印刷

规　　格 185 mm×260 mm　16开本　14印张　350千字

定　　价 42.00元

图书如有质量问题本社发行部负责调换

编审人员

主　　编　刘　强（辽宁职业学院）

黄文峰（辽宁职业学院）

副 主 编　张冬波（辽宁职业学院）

薄　涛（辽宁职业学院）

刘本君（黑龙江职业学院）

参　　编　刘立萍（沈阳道格凯特动物医院）

邱　宏（辽宁职业学院）

张诗萌（辽宁职业学院）

霍春光（辽宁职业学院）

主　　审　张　涛（辽宁职业学院）

张　宏（禾丰派美特宠物医院连锁机构）

赵　闯（瑞派宠物医院管理股份有限公司）

前　言

随着宠物诊疗工作就业岗位逐年增加，选择学习宠物养护与疫病防治专业的高职学生越来越多，这充分体现了中国养宠物的家庭数量之多。宠物患传染病不但会影响到宠物自身的健康，而且由于有些传染病是人畜共患病，同样会影响到接触宠物的人群的健康。因此，研究宠物传染病的诊断与防治技术十分重要。党的二十大报告明确提出“深化教育领域综合改革，加强教材建设和管理”，体现了对教材建设的高度重视。为了满足宠物诊疗相关专业高职教育教材的需要，我们结合现代学徒制项目建设的教学改革成果，组织编写了这本《宠物传染病防治技术》项目化教材。

教材编写体例突破以往高职教材的形式与思维模式，按照宠物诊疗工作流程和案例教学法的需要，以学生就业需求为导向，以适用“工学结合”教学模式为出发点，理论与实践相融合，符合现代学生发现问题、解决问题的认知规律与掌握知识的学习特点，可以更好地促进学生的学习热情。教材配套了教学资源，学生可以扫码查看。

本教材由辽宁职业学院、黑龙江职业学院、沈阳道格凯特动物医院共同编写。由刘强、黄文峰主编，具体分工为：刘强编写学习情境一、学习情境二、学习情境三、学习情境四中项目一；黄文峰编写学习情境四中项目二至项目十六、学习情境五中项目一至项目三；张冬波编写学习情境五中项目四至项目十二；薄涛编写学习情境五中项目十三至项目十九、学习情境六、学习情境七；刘立萍编写学习情境八；刘本君编写学习情境九；霍春光编写学习情境十、学习情境十一；张诗萌编写学习情境十二、学习情境十三；邱宏编写学习情境十四。全书由刘强统稿，张冬波协助了部分统稿工作。

本书在编写过程中，尽管编者对内容进行了反复修改和审定，但疏漏之处仍在所难免，敬请同行专家和师生批评指正。

编　者

2025 年 1 月

目 录

学习情境一

宠物传染病防治措施

项目一　宠物健康体检

【案例导入】

某公司经理张强，一次在宠物市场花了 8 000 元人民币买回一只牧羊犬，取名“南希”。

别看张强是一个单身汉，但他却知道如何宠爱狗。除了将南希的一日三餐照顾得非常好以外，张强还每天给南希洗一次澡，南希那厚厚的、白中带黄的毛被梳理得干干净净，显得蓬松而华丽。

南希的确是一只好狗。每天只要张强出去上班，南希就依依惜别；看见张强回家，就摇头摆尾地去迎接，周末休息日他与南希常在小区公园里玩耍。

在饲养南希的一年里，张强未曾给南希注射过犬类疫苗。有一天，南希出现嗜睡、呕吐、腹泻、体温升高等症状，去宠物医院检查，宠物医生说南希是得了宠物传染病，建议他为南希进行体检和注射疫苗。张强感到非常纳闷：我的宠物干净卫生，而且品种优良，怎么会染上病呢？

【相关知识】

随着宠物数量的快速增长，宠物传染病的发生率也在增长。发生宠物传染病，一方面可能会造成宠物个体死亡，给宠物饲养者造成精神上的打击和经济损失；另一方面一些宠物传染病是人畜共患病，如宠物传染病布鲁氏菌病、鹦鹉热、狂犬病等，可能会给人们健康带来严重威胁。因此，全面了解宠物传染病的知识并积极做好防治工作，对于宠物的饲养和人们的健康具有十分重要的意义。

为了保障宠物和家庭的健康，建议宠物主人定期为宠物进行常规健康体检，预防疾病发生，杜绝人宠共患传染病。同时，预防宠物传染病要定期为宠物注射疫苗，免疫前要给宠物进行体检和驱虫，这样才能收到较好的免疫效果，因为生病和身体不健康的瘦弱宠物不能注射疫苗。

宠物健康体检包括临床检查、血常规检查、体内外寄生虫检查、犬瘟热检验、犬细小病毒检验、冠状病毒检验、心丝虫检验、猫瘟热检验、猫白血病检验、猫传染性腹膜炎检验等。表 1-1 为健康犬和病犬的临床检查。

表 1-1　健康犬和病犬的临床检查

项目	健康犬	病犬
活力	精神好，活泼跳跃	无精打采，不活泼
食欲	旺盛	食欲不振或无食欲
鼻	鼻镜湿润而冷(睡眠时是干的)	干燥，流鼻涕，常打喷嚏
咳嗽	无	连续且每日咳嗽
眼	眼睛清澈明亮	眼睛无神，流血，有眼屎
口腔	唇、牙床呈血红色	呈贫血苍白状
口臭	无恶臭	有腐鱼臭味，尿臭味
背部	平直	背部凸起
呕吐	无	有时连喝水都会吐
被毛	柔软，有光泽	干燥，无光泽
皮肤	有弹性，有光泽	肿胀，粗糙
排便	软硬适中	腹泻
尿	清而不浊	血尿，脓尿

项目二　犬猫接种疫苗的程序

【案例导入】

专家指出：宠物传染病有多种传播途径，如接触传播、空气传播、饮水传播、媒介昆虫或人的活动传播等，所以不注意预防，就很容易让爱犬染上“传染病”，有时还有可能传染给主人。

为防止宠物传染病对社会的危害，全国各地出台的养犬管理规定要求：养宠人士必须携带爱犬到指定宠物医院进行体检，办理《宠物健康免疫证》。取得免疫证明后，携带犬一寸彩色照片、主人身份证原件到住所所在地派出所申领《养犬许可证》。以后每年按规定时间持《养犬许可证》为犬注射预防狂犬病疫苗，核领犬免疫证明，未经批准，任何单位和个人不得养犬。

【相关知识】

一、宠物饲养场地的选择

犬疫苗皮下注射

家庭饲养的宠物，只要有一个通风向阳、干净卫生的固定场所，并建置一个适宜的笼舍即可。作为养殖场，其场地的选择，除应满足水、电、交通等条件外，最重要的是远离公路及其他养殖场，避免多种动物共患病的传播。

二、做好检疫工作

无论是购入还是运出的宠物，都要进行严格的疫病检查，确认无传染病后才可购入或运出。发现传染病后应严格执行检疫和防疫制度，根据传染病的性质确定治疗、隔离、封锁或无害化处理等措施。要养经过检疫的宠物并定期检查。

三、购入宠物时要确认宠物的免疫情况

未进行有关免疫接种的，要针对本地的疫病流行情况制订相应的免疫接种计划。加强犬猫的狂犬病免疫，或者及时淘汰患此病的宠物，是目前防止狂犬病发生的最有效方法。人一旦被狗或猫咬伤或抓伤，应采取有效的预防措施，迅速用大量的肥皂水仔细清洗伤口及周围，并及时到防疫部门注射狂犬疫苗。

(一)犬接种疫苗的程序

如果选择国产五联苗，从犬断奶之日起(幼犬平均 45 d 断奶)连续注射疫苗 3 次，每次间隔 2 周；此后，每半年接种 1 次国产五联苗。

如果选择进口六联苗，则连续注射 3 次，每次间隔 4 周或 1 个月；如果幼犬已达 3 月龄(包括成年犬)，则可连续接种 2 次，每次间隔 4 周或 1 个月；此后，每年接种 1 次进口六联苗。

3 月龄以上的犬，每年应接种 1 次狂犬病疫苗。

(二)猫接种疫苗的程序

猫三联疫苗首次免疫可以在猫 9～12 周龄时接种，间隔 3～4 周后进行第二次免疫，以后每年免疫一次。3 个月龄以上的健康猫可注射狂犬病疫苗，以后每年免疫一次。不能认为猫不出户，就不接种，或接种一次就认为安全了，这会给病毒的传播提供机会，因为猫的主人是猫接触外界的主要媒介之一，有可能在不经意间就携带了传染源回家，导致猫感染。

四、加强饲养管理

搞好环境卫生，定期消毒，并进行杀虫灭鼠工作，减少病原体的传播。

五、疫情上报事项

宠物主人平时要注意宠物的活动情况，熟知疫情报告事项，还应定期学习上级文件，了解近期高发疫情、新疫情，以便日常诊疗中更准确地判断病畜病情；宠物医生在日常诊疗活动中，若发现人畜共患传染病，应立即隔离患畜，同时向有关部门提交详细的疫情报告，请示处理意见。

六、遵守防疫制度

宠物医生要严格遵守宠物医院的防疫制度，对各类疫苗要严格管理，按要求存放；疫苗注射前，医生应该严格按照规定为宠物做全面身体检查，确认宠物健康才能开具处方；护士见到有医院总章的处方才能为宠物注射疫苗；宠物注射疫苗后，由宠物医生开具《宠物健康免疫证》并加盖医院公章；严禁与诊疗无关的工作人员为宠物开具疫苗并注射疫苗，严禁为未注射疫苗宠物开具免疫证，一经发现，当追究当事人责任。

项目三　宠物传染病的诊断与治疗

【案例导入】

一杂交京巴犬发生以精神沉郁、呕吐、腹泻和脱水为主要症状的疾病，结合流行病学、临床症状及CPV快速诊断测试板检测，诊断为犬细小病毒感染。采用注射CPV单抗、5%葡萄糖盐水、复方氯化钠补液、山莨菪碱、酚磺乙胺(止血敏)、氨甲苯酸(止血芳酸)等对症治疗，取得了满意效果，该犬7 d后出院。

【相关知识】

一、诊断

通过一定的方法对宠物传染病做出诊断，是成功治疗、预防宠物传染病的重要条件。宠物传染病常用的诊断方法有宠物传染病调查、病理诊断、实验室诊断三大方面。

(一)宠物传染病调查

调查的主要内容有发病宠物的种类、性别、日龄、发病时间、地点以及传染病的流行情况，疫情来源、传播途径和方式，临诊症状，免疫情况。

(二)病理诊断

首先应对宠物的外貌、体表、营养状况进行观察记录，然后进行取样观察，并注意无菌采取病料，以备实验室诊断使用。对活体解剖应先放血致死并观察血液的颜色、黏稠度；内脏器官和组织的病变及病变特征的观察，主要有色泽、形状、纹理、淤血、出血、坏死、脓肿、肿大、菌斑、渗出性变化、尿酸盐、肿瘤等。

(三)实验室诊断

用病料涂片、染色、镜检病原体；必要时进行病理组织切片，观察组织病变及病原体，进行细菌和病毒的分离培养和鉴定；进行易感或实验动物试验。免疫学试验包括检测病原或特异抗体的相关试验，如血凝试验、血凝抑制试验、补体结合试验、中和试验、电泳、琼扩等。

如无条件进行实验室诊断，仅靠流行病学和临诊症状诊断时，应注意与有相似症状的疾病进行鉴别诊断，为有效治疗提供依据。

二、治疗

(一)对因治疗

1.特异性疗法

应用针对某种传染病的高免疫血清、痊愈动物血清或全血等特异性生物制品进行治疗称为特异性疗法。用异种动物血清时，应注意防止过敏。

2.药物性疗法

利用抗生素和化学药物帮助机体消灭或抑制病原体的疗法称为药物性疗法，青霉素、链霉素、氯霉素和磺胺类药物、诺氟沙星(氟哌酸)等许多药物均可用于抑制和杀灭病原体。

在用药过程中应注意病原体对药物的敏感性，必要时可进行药敏试验。还要考虑药物的用量、给药途径(皮下或肌肉注射、静脉推注或输液、饮水或拌料等)、次数、间隔时间及疗程、不良反应、经济价值以及是否会引起药物中毒等问题。临诊常采用多种药物同时或交叉使用及多种途径给药，以利快速有效地抑制或杀灭病原体，促进机体康复。此时应注意易产生耐药性药物的使用次数和剂量，并注意药物的配伍禁忌，以免引起不良反应。病毒性疾病多采用特异性疗法结合支持治疗进行治疗，有的病毒性疾病可用疫苗进行群体性地紧急预防接种，大多数抗生素对病毒无抑杀作用，可作为防止继发感染用药物，防止发生混合感染而加重病情，尽可能控制病情，减少损失。

(二)对症治疗

为了消除或减缓某些严重症状，调节和恢复机体的生理机能而进行的内外科疗法称为对症治疗。如退热、泻火、镇静、止泻、止血、利尿等。对某些病症如腹泻不止，还应注意补液、补盐和补充维生素及能量物质，这些均属对症治疗。

(三)支持治疗

为了改善宠物的一般情况，如营养、精神状态等而进行的辅助治疗称为支持治疗。当宠物的一般情况不允许接受其他治疗时，支持治疗就具有主要的意义。有时改善宠物的一般情况本身就具有治疗意义，如营养不良宠物的一些并发症，在改善营养状况后往往可以自愈。

项目四　宠物诊疗机构的消毒与患病宠物尸体的处理

【案例导入】

一则新闻内容如下:“近日，某镇兽医站抽调人员对全镇养犬场进行调查，加强监管，要求养犬场要定期对犬只进行防疫，搞好环境卫生，定期消毒，做好安全防范措施，同时要取得《动物防疫条件合格证》;城区宠物诊疗场所要加强环境卫生消毒，不扰民惊民，及时申领、换发《动物防疫条件合格证》。”

上面的新闻提示宠物医院要建立严格的消毒制度。宠物医院要做到以下几点。

(1)宠物医院设专人负责医院日常消毒活动。

(2)消毒人员负责每日将医院周围包括房前屋后、畜主停车场在内的大环境消毒。

(3)具体环境消毒措施如下。

诊室:每日早、晚消毒一次，夜间开紫外线消毒灯。病例就诊处置结束后诊台即刻消毒。

候诊室:在动物活动场地，包括便溺场地，保持3 h拖地消毒一次，其他消毒方法同诊室。

手术室:手术室应该保持24 h无菌环境。每日除手术前后开紫外线灯消毒外，早、晚对手术室全方位彻底消毒。

(4)人员:当班人员做到不随便触摸未确诊和已经确诊的动物，医师及医护人员在触摸来诊动物后应当洗手消毒，避免再次接触其他动物引起交叉感染。

(5)宠物医院一次性使用物品，每日应由专人负责回收处理，多次使用用具每日由消毒人员回收到消毒供应室，根据有关规定进行高温、高压、定向消毒。

(6)严格遵守消毒制度，一旦出现因消毒失误引起的医疗事故，应追究当事人责任。

【相关知识】

宠物诊室消毒

一、宠物诊疗机构的消毒

(一)宠物诊疗行业协会建议的宠物诊疗机构卫生消毒制度

(1)宠物诊疗机构应采取有效措施，加强卫生消毒管理。对环境、物品的消毒必须符合有关规范、标准和规定。

(2)宠物诊疗机构应当建立严格的消毒程序，对不同场所、器具采取相应的消毒措施，并做好记录。

(3)工作人员应当接受消毒技术培训，掌握消毒知识，按规定严格执行消毒制度。

(4)医护人员进行诊疗操作前后应当采取洗手等清洁措施，必要时进行消毒。

(5)进入动物组织或无菌器官的医疗用品必须灭菌，应当“一宠一用一灭菌”。凡接触皮肤、黏膜的器械和用品必须达到消毒要求。

(6)与宠物直接接触的诊疗台等设施应当“一宠一用一消毒”，用过的卫生清洁用具及时清理、消毒。

(7)无菌容器、辅料缸、持物钳等器械要定期消毒、灭菌，消毒液要定期更换，使用与未使用的物品要明确分开并有明显的标志。用过的医疗器械应先去污，然后分类浸泡、清洗、漂洗、烘干，再进行消毒或灭菌。

(8)宠物诊疗活动中产生的废弃物必须及时处置。使用后的一次性医疗用品、排放的污水污物等应按有关规定及时进行无害化处理。

(二)犬舍消毒

1. 先冲洗后消毒

犬舍在消毒前应先进行冲洗，尤其是床下面、墙壁四角是病原微生物繁殖的温床，不能漏掉。因为药物一遇有机物就会与其结合成不溶性化合物，降低药物的消毒效果。在进行犬舍消毒的同时，也要将犬的食盆、水盆、清扫工具以及犬舍周围的排水沟等一并彻底消毒。

2. 消毒时应将犬牵到舍外

因为消毒药剂的浓度达到能杀死病原微生物时，也能损害动物和人的机体，所以喷药前要将犬牵出，同时施药人员也要做好防护。经一段时间后，用清水冲净地面，除去药剂气味，以免刺激犬鼻黏膜，影响犬嗅觉。待地面晾干后再将犬牵回犬舍。

3. 准确掌握药品剂量

任何一种消毒药剂的抗菌活性都取决于它与微生物接触的浓度，浓度太低达不到消毒效果，反之，则毒性与刺激性太大，对犬身体有一定的伤害，而且很不经济。药物向病原体内渗透和发生化学反应都需要一定时间，时间不够会影响消毒效果。

4. 掌握好消毒药剂的使用温度

一般消毒药剂在 16 ℃以上时才有明显作用。有些药剂要用温水或热水稀释，这样不仅可以节省药剂，而且可以提高消毒效果。但有些药剂，如碘制剂、次氯酸钠等消毒力则在 20 ℃左右最佳，提高药液温度反而影响药效。

5. 不要长期使用同一种消毒药剂

长期使用同一种药剂，可能使某种病原体产生抗药性，所以要定期更换消毒剂种类或两种消毒剂合并使用，以达到理想的消毒效果。合并使用消毒剂时，要注意药物间的配伍禁忌。

6. 选择合适的消毒药剂

不同病原菌及不同发育阶段的病原菌对不同药剂的敏感性也不同。例如，休眠期的芽孢对消毒药的抵抗力比繁殖期要大，革兰氏阳性菌对消毒药的敏感性高于革兰氏阴性菌。

(三)饲料及饮水消毒

1. 淀粉类食物的消毒

淀粉类食物喂前应进行熟化处理。为了不影响犬对饲料的适口性及消化吸收，烹调过程中不得夹生或烧煳。

2. 肉类食物的消毒

肉类要求熟制，但为了尽量保持蛋白质少受损耗，洗肉不能用热水，浸泡的时间也不宜太长，煮沸的时间长短以灭菌、肉熟为度，不应碎烂过火。饲喂时，肉汤要一起喂食。

3. 粮食类的消毒

粮食需用清水淘净，不必多次过水，如需浸泡膨胀，可在浸泡后将洗米水一起倒入锅内煮熟，以保证养分的充分利用。

4. 蔬菜及青饲料类消毒

要先洗后切，并煮熟，但不宜煮烂。对块根类的菜如萝卜和薯类等尽量不削皮，以保持丰富的营养成分。

5. 饮水、垫料及辅料器具的消毒

饲养用具经常清洗、消毒。食具、水盆要及时清洗，每周要消毒 1 次，每次吃剩的食物要倒掉，不要留在盆里，以免腐败变质，犬吃后得病。食具、水盆可用沸水煮 20 min，或用 0.1% 新洁尔灭或 2%～3% 热碱水浸泡 20 min，也可用强力消毒灵或菌毒清等处理，最后用清水冲干净。要保证犬有充足的清洁饮水。

(四)犬体消毒

1. 健康犬的预防性消毒

要定期喷除虫药，除掉体外寄生虫。夏日可用水冲洗犬舍，同时用水缓缓冲洗犬身和用刷子梳刷犬身，除去浮毛及秽物。刷子应每只犬单独使用，避免混用。

2. 妊娠期及哺乳期雌犬与仔犬的消毒保健

(1)雌犬分娩时的消毒处理。一般分娩后，咬脐带和舐去黏液，雌犬可自理。但产仔多时，需要协助分娩。仔犬出生后，迅速用干毛巾擦去口中和身体上的黏液，促其呼吸；用消毒丝绒结扎脐带后(根部留 2 cm)用消毒剪刀从结扎处剪去，并涂以 5% 碘酊；然后将仔犬收入产仔箱内，等全部产完后，再送回雌犬怀里。

(2)母、仔犬的护理。哺乳母犬的被毛梳理清洗干净，乳头消毒，保持产房卫生；户外活动时要确保安静。认真搞好母犬的接(助)产和产后护理，以及对新生仔犬的保暖、护脐等常规护理和对失奶仔犬的人工哺乳等特殊护理工作。

(五)犬粪便的消毒

笼舍下面的粪便要及时运出场外，否则时间一长，粪便发酵散发臭味，有碍卫生，也容易通过粪便传播疾病。运出场外的粪便，至少要离犬舍100 m远，粪便上要覆盖一层泥土，进行生物热发酵，以杀死粪便中的致病微生物和虫卵。发生疫情时，犬的排泄物必须深埋或焚烧。

二、患病宠物尸体的处理

宠物的排泄物及宠物尸体是一类特殊的“垃圾”，传播疾病，污染环境。死亡的宠物很大部分都是患病的，其携带的病原微生物对人类的健康安全也具有潜在的威胁，如不对其进行严格的无害化处理，很容易造成疾病的传播。

《中华人民共和国动物防疫法》第二十七条规定：染疫动物及其排泄物、染疫动物产品，运载工具中的动物排泄物以及垫料、包装物、容器等被污染的物品，应当按照国家有关规定处理，不得随意处置。《病害动物和病害动物产品生物安全处理规程》规定：宠物尸体必须进行无害化处理。

怀疑传染病或死于传染病的宠物尸体的“无害化”处理，一般有两种措施：掩埋和焚烧。

(1)掩埋。本法掩埋地应远离学校、公共场所、居民住宅区、村庄、动物饲养和屠宰场所、饮用水源地、河流等地区；掩埋坑底铺2～5 cm厚的生石灰或漂白粉等消毒药；将动物尸体及相关动物产品投入坑内，最上层距离地表1.5 m以上，掩埋坑底应高出地下水位1.5 m以上，要防渗、防漏；掩埋后需将掩埋土夯实，掩埋后的地表环境应使用有效消毒药喷洒消毒。掩埋是处理宠物尸体的优选方法，因为它简单、便利易行，而且污染少，但不适用于患有炭疽等芽孢杆菌类疫病，以及牛海绵状脑病、绵羊和山羊痒病的染疫动物及产品、组织的处理。

(2)焚烧。使用焚烧炉焚烧病害动物，能有效处理死亡动物的隐患，防止对环境和公共卫生安全的危害。应用动物无害化焚烧炉，燃室温度在550～850 ℃，完全符合国家标准。焚烧时无烟无味，残渣量小。

三、宠物传染病的感染、传染与流行

(一)宠物传染病的感染与传染

致病微生物侵入动物机体，并在一定的器官组织生长繁殖，从而引起动物机体的一系列病理反应，这个过程称为感染，被感染的动物称为患病动物。患病动物在代谢过程中会排出病原性微生物。通过直接与患病动物及其排泄污染物接触，或通过其他媒介如风、空气等的传播而导致其他动物发病的现象称为传染。病原微生物进入动物机体后，因病原微生物繁殖速度和致病力的不同，以及被感染动物的种类和抵抗力的差异，致使被感染动物的症状表现有所不同。

(二)感染的类型

根据病原微生物的来源、数量、毒力，动物的种类、体况、易感性等的不同，动物会表现出如下不同的感染形式。

1.外源性和内源性感染

病原体由体外侵入动物机体所引起的感染称为外源性感染。寄生在动物体内的某些微生物，由某些因素导致机体体况下降、抵抗力降低时，会表现出其对机体的致病性，引起机体发病，这种感染称为内源性感染。

2.单纯感染、混合感染、继发感染

由单一病原体引起的感染，称为单纯感染。两种以上病原体参与的感染，称为混合感染，如鸡新城疫与传染性法氏囊病经常混合感染导致幼体禽鸟发病。当机体感染一种病原体而抵抗力下降时，会被其他病原体侵入引起新的感染，这种现象称为继发感染。多数病毒性疾病可继发细菌性感染，细菌性疾病也可继发病毒性感染，如新城疫与呼吸道疾病。

3.显性感染和隐性感染

当侵入机体的病原微生物的数量和毒力超过机体的防御功能时，病原微生物在机体内不断生长繁殖，就会引起动物机体的一系列病理变化和临床症状，这种情况称为显性感染；而侵入机体内的病原微生物，虽可在机体的某些器官组织生长繁殖，但机体不表现任何症状，机体与病原微生物之间的作用处于一种暂时的相对平衡状态，这种情况称为隐性感染。在机体抵抗力下降时，隐性感染也可转变为显性感染。还有些感染，临床症状较轻，不见特征性症状即行康复，称为一过型或消散型感染。开始时临床症状较重，但不见特征性症状而迅速康复，称为顿挫型感染。

4.局部感染和全身性感染

机体抵抗力强，而病原体的数量少或毒力弱，只表现出局部的病症，称为局部感染，如局部的化脓性病灶。这种局部感染，在机体抵抗力低时，可表现为全身性感染，如菌血症、毒血症、脓毒症、败血症等。

5.典型感染和非典型感染

患病动物能够表现出特征性的临诊症状，这种感染称为典型感染。患病动物表现出的症状与应有的特征性症状不同，或轻或重，这种情况称为非典型感染。

6.良性感染和恶性感染

一般以患病动物的死亡率作为判定传染病严重性的主要指标。如果该病不引起动物的大批死亡，称为良性感染，对于宠物来说，主要是发病期间的个别死亡。如引起大批死亡，称为恶性感染。

(三)传染病的发展阶段

易感动物感染了相应的病原体后，会有一定的临诊表现，这种表现出现和持续的时间及其发展情况，主要取决于病原体的数量、毒力大小和被感染动物的体况，而且具有一定的规律性，大致可分为潜伏期、前驱期、发病期和转归期四个阶段。

1.潜伏期

由病原体侵入机体并进行繁殖起至疾病的临诊症状出现这一段时间称为潜伏期。由于动物品种、个体的易感性和侵入机体病原体的数量、毒力的不同，疾病潜伏期的长短有一定的差异。一般急性传染病的潜伏期较短，差异范围较小，而慢性传染病的潜伏期较长且差异范围较大。处于潜伏期的动物可能会排毒，是疾病传播的一个传染源。

2.前驱期

在此期内，临诊症状开始出现，还没有特征性症状表现，可见到一般性症状，如发热、精神异常、食欲下降等。不同的传染病，此期的长短也有差异，可几小时至一两日。

3. 发病期

在此期内，明显地表现出相应疾病的特征性症状，易于对疾病进行诊断和识别，是疾病发展的高峰阶段。

4. 转归期

当机体抵抗力增强时，会对机体内病原体的生长繁殖产生抑制作用和吞噬作用，机体代谢增强，病理变化减弱，症状逐渐消退，患病个体逐渐康复，故又称此期为康复期。但当机体抵抗力减弱，病原体的致病性增强时，动物在此期就会以死亡为转归。康复后的动物保留一定时间的特异性免疫作用，同时，也会在一定时期内带毒和排毒，也是主要的传染源之一。

(四)传染病的流行

传染病可以通过直接接触和某些媒介物在易感动物之间传染，当某种传染发展为区域性或在更大范围内的易感动物间传播时，便形成了传染病的流行。传染病的流行需要有一定的条件，即传染源、传播途径和易感动物。同时，这种流行还会受到一定因素的影响，包括环境因素和社会因素的作用。传染病的流行有一定的规律性，搞清楚这些问题，有助于制定相应的防疫措施，在一定程度上控制传染病的流行。

1. 传染源

主要是指被病原体感染的动物，在生存活动过程中不断地向环境排出病原体，包括患传染病动物和带菌(毒)动物。

(1)患病动物：严格来说，患病动物是指具有某种传染病的临诊表现的动物。因此，其包括了传染病发展过程中的前驱期和发病期的动物，在这两个阶段内的动物，排出的病原体的数量和毒力均较大，是主要的传染源。

(2)带菌(毒)动物：又可称为病原携带者，主要是指外表无症状但携带并排出病原体的动物。主要包括潜伏期病原携带者、恢复期病原携带者和健康病原携带者。

潜伏期病原携带者是指感染后至症状出现前即能排出病原体的动物，如狂犬病感染动物。但大多数的传染病感染者，在此阶段基本上不具备排出病原体的条件，也就起不到传染源的作用。

恢复期病原携带者是指患病动物在临诊症状消失后仍能排出病原体的动物，如患布氏杆菌病的动物。而大多数患病动物在此期排出病原体的数量已很少，但应进行多次的病原学检查才能确定。

健康病原携带者是指能排出病原体，但从未表现出任何相应的临诊症状的动物，主要是隐性感染动物。由于这些动物没有临诊症状，不易被察觉，可能会成为引发传染病的重要传染源。

2. 传播途径

指病原体由传染源排出后，经一定方式再侵入其他易感动物所经的途径。可分为两大类：一是水平传播，即传染病在群体之间和个体之间以水平形式横向水平传播；二是垂直传播，即从母体到其后代两代之间的传播。

(1)水平传播：传播方式可分为直接接触传播和间接接触传播两种。

①直接接触传播。在没有任何外界因素的参与下，被感染的动物与易感动物通过交配、舔咬等方式直接接触而引起的传播方式。其特点是一个接一个地发生，不易造成广泛流行。

②间接接触传播。病原体通过传播媒介，即外界因素的作用使易感动物发生感染的方式。

经空气传播：主要以飞沫、飞沫核或尘埃为媒介传播。某些呼吸道病，由于咳嗽、喷嚏作用，带有病原体的微细泡沫喷射于空气中，被易感动物吸入而感染，这种传播方式称为飞沫传染。这种喷出的微细泡沫中的水分蒸发变干后，成为蛋白质和细菌或病毒组成的飞沫核，这种飞沫核传播的距离较短，但随着传染源和易感动物的不断分散、集结，也会造成传染病在大范围内流行，即飞沫核传染。尘埃传染则是由于传染源排出的分泌物、排泄物和处理不当的尸体所散布的病原体附着在某些物质上，由于气流冲击而飘浮于空气中，被易感动物吸入而感染的方式。

经污染的饲料和水传播：某些传染病如沙门氏菌病、鸡新城疫等主要是经消化道感染。当患病动物的分泌物、排泄物和病死动物尸体及其流出物通过各种途径污染了饲料和饮水时，易感动物因食入受污染的饲料和水而被感染。

经污染的土壤传播：患病动物排出的分泌物、排泄物和尸体内含有的病原体，落入土壤后而在其中生存，这些病原体称为土壤性微生物，其抵抗力较强，能长时间生存，如破伤风、丹毒的病原体，当易感动物食入或外伤性接触时即被感染。

经活的媒介物传播：非本种动物和人类也可起到传播媒介的作用。如蚊、蜱的吸血传播，蝇、鸟的机械传播，吸血蝙蝠、狐的直接传播等。饲养人员、兽医等不注意卫生防疫制度、消毒不严等均可起到传播媒介的作用。

(2)垂直传播：主要有以下几种方式。

①经胎盘传播：受感染的怀孕动物经胎盘血流将病原体传播给胎儿而使胎儿受感染。

②经卵传播：由携带病原体的卵细胞发育而使胚胎受感染。

③经产道传播：病原体经怀孕动物阴道通过子宫颈口到达绒毛膜或胎盘引起胎儿感染。

3.动物的易感性

指动物对某种传染病病原体感受性的大小。动物群体中易感个体的多少，直接影响到传染病是否能造成流行以及疫病的严重程度，而动物易感性的高低与病原体的种类和毒力大小有关，但其主要还是取决于动物体的遗传特征及其特异性免疫状态。外界环境条件如气候、饲料、饲养管理卫生条件等因素都可能直接影响到动物的易感性和病原体的传播。

(1)动物体的内在因素：某种病原体可以引起不同种类的多种动物的感染而表现不同的临诊反应，这是由遗传性决定的。年轻动物对一般传染病的易感性较老龄动物高，主要取决于动物的特异性免疫状态。

(2)外界因素：主要指环境卫生、饲料、饲养密度、温湿度等对动物易感性的影响。

(3)特异免疫状态：在疾病流行后存活的个体都可以获得特异免疫力，其后代由于获得母源抗体也具有一定的免疫力，因此在疾病常发地区，动物的易感性较低。当新引进的易感动物的比例增加而其又无特异性免疫力时，就容易引起疾病的流行。

4.疫源地和自然疫源地

(1)疫源地：在发生传染病的地区，不仅是患病动物和带菌(毒)者散播病原体，所有可能接触过患病动物的可疑动物和该范围内的环境、饲料、用具和笼舍等也有病原体污染，这种有传染源及其排出的病原体存在的地区称为疫源地。范围较小或单个传染源所构成的疫源地称为疫点，若干个疫源地连成片且范围较大时称为疫区。凡是与疫源地接触的动物，都有受感染并形成新疫源地的可能。一系列疫源地的相继发生，就构成了传染病的流行过程。

(2)自然疫源地：某些疾病的病原体在自然条件下，即使没有人类和饲养动物的参与，也可以通过传播媒介(主要是吸血节肢动物)感染宿主(主要是野生脊椎动物)造成流行，并长期在自然界循环延续其后代。人和所饲养动物的感染，对其在自然界的保存来说是不必要的，这种现象称为自然疫源性。具有自然疫源性的疾病称为自然疫源性疾病，存在自然疫源性疾病的地方称为自然疫源地。自然疫源性疾病具有明显的地区性和季节性等特点，并受到人与动物活动的影响。

5.传染病流行过程发展的规律性

(1)传染病流行过程的形式：根据在一定时间内发病率的高低和传播范围的大小分为以下4种形式：

①散发性。发病数目小，且在较长时间内只有个别零星的散在发生，各病例在发病时间与地点上没有明显的关系。

②地方流行性。在较长时间内和一定的地区内发生较小规模的动物传染病。

③流行性。在一定的时间内和较大范围内的动物个体的疾病发生率较高；在某些群体或一定范围内的动物个体，短时间内出现大量病例时，俗称“暴发”。

④大流行。是指某种传染病的大规模的流行，其范围可涉及一个或几个国家甚至整个大陆。

(2)传染病流行的季节性和周期性：某些传染病经常发生于一定的季节或在一定的季节出现发病率显著上升的现象，称为流行过程的季节性。某些传染病经过一定的间隔期可重复性地流行，这种现象称为传染病的周期性。掌握传染病的周期性，有助于制定有效的防疫措施，减少疾病带来的损失。

四、疫苗基础知识

(一)抗原(antigen/Ag)

抗原是指能够刺激机体产生特异性免疫应答(即免疫原性)，并能与免疫应答产物抗体和致敏淋巴细胞结合，发生特异性免疫效应(即抗原性)的物质。抗原通常是一种蛋白质，但多糖和核酸等也可作为抗原。

病毒是抗原，疫苗主要成分是抗原，测犬瘟热、犬细小病毒感染用的抗原试纸即犬瘟热抗原试纸、犬细小病毒抗原试纸。

(二)抗体(antibody/Ab)

抗体是指机体的免疫系统在抗原刺激下，由B淋巴细胞或记忆细胞增殖分化成的浆细胞所产生的、可与相应抗原发生特异性结合的免疫球蛋白。主要分布在血清中，也分布于组织液及外分泌液中。

病毒(抗原)刺激机体产生抗体，疫苗(抗原)刺激机体的免疫系统产生抗体。高免血清、单克隆抗体、免疫球蛋白是抗体。测犬瘟热、犬细小病毒免疫情况用的抗体试纸即犬瘟热抗体试纸、犬细小病毒抗体试纸。

(三)疫苗

疫苗是将病原微生物及其代谢产物，经过人工减毒、灭活或利用基因工程等方法制成的用于预防传染病的自动免疫制剂。疫苗保留了病原微生物刺激机体免疫系统的特性。当机体接触到这种不具伤害力的病原微生物后，免疫系统便会产生一定的保护物质，如免疫激素、活性生理物质、特殊抗体等；当机体再次接触到这种病原微生物时，机体的免疫系统便会依循其原有的记忆，制造更多的保护物质来阻止病原微生物的伤害。

1.减毒(活)疫苗

用人工定向变异方法，或从自然界筛选出毒力减弱或基本无毒的活微生物制成的疫苗。此种疫苗有繁殖能力。

常见犬用减毒(活)疫苗有犬瘟热病毒疫苗、犬细小病毒疫苗、犬腺病毒疫苗、犬副流感病毒疫苗。

2.灭活疫苗

选用免疫原性好的病原微生物，经人工培养，再用物理或化学方法将其杀灭制成的疫苗。此种疫苗失去繁殖能力，但保留免疫原性。

常见犬用灭活疫苗有钩端螺旋体疫苗、犬冠状病毒疫苗、狂犬病毒疫苗。

五、宠物微生物检验病料的采集、保存和送检

在实际工作中，有的宠物传染病根据流行特点、临诊症状、剖检变化便可以确诊，有的宠物传染病则不能，必须采集病料进行实验室检验后才能确诊。

(一)采集

1.脓汁、鼻汁、阴道分泌物、胸腔积液及腹水的采集

一般用灭菌棉球蘸取病料后，放入灭菌试管中。采集破溃脓肿内的脓汁和胸腔积液、腹水等时，可用灭菌注射器抽取，放入灭菌小瓶内。对较黏稠的脓汁，可向脓肿内注入 1～2 mL 灭菌生理盐水，然后再吸取。

2.血液的采集

(1)全血：采血前在注射器内先吸入灭菌的5%柠檬酸钠溶液 1 mL，再采血约 10 mL，混合后注入灭菌容器内，一般采取静脉血。

(2)血清：无菌操作采血 10 mL，注入灭菌试管或小瓶中，在室温或恒温箱内静置 1～2 h。待血液凝固后放置于 4 ℃冰箱内 2 h，析出血清装入干净灭苗小瓶，或将采取的血液经 1 000 r/min 离心 5～10 min，分离出血清。

3.血液涂片

采集宠物静脉末梢血、推薄膜血液涂片数张备用。

4.胆汁的采集

可采取整个胆囊，或用烧红铁片烫烙胆囊表面，再用灭菌吸管或注射器刺入胆囊内取胆汁数毫升，置于灭菌小瓶内。

5.心、肝、脾、肺、肾和淋巴结等实质器官的采集

应在剖开胸、腹腔后立即采取，并注意无菌操作，采取的脏器分别置于灭菌的容器或塑料袋中。

6.肠内容物及肠壁的采集

烫烙肠道表面，用小刀切一小孔，用吸管从小孔插入采取肠黏膜上黏液或肠内容物，装入

试管。如检肠壁，应将肠内容物除掉，用灭菌生理盐水冲洗后，置于盛有50%甘油水溶液或饱和氯化钠溶液的容器中送检。

7.脑、脊髓的采集

进行病毒检查时，根据实验需要，采取脑、脊髓组织并浸入50%甘油生理盐水中，或将整个头部割下用浸过0.1%升汞液的纱布包裹，再装入塑料袋，外包装严密包装之后送检。

(二)保存

1.细菌检验病料

无菌采取的脏器病料，应低温下保存，有污染可能时，应将病料放在30%甘油缓冲液或饱和氯化钠溶液中。液体材料置灭菌试管或小瓶中，加塞密封即可。

2.病毒检验病料

应尽快置于低温条件下保存。如无冷冻条件，可将采取的病料保存于50%甘油生理盐水中，将容器封固。

3.血清学检验材料

血清应低温保存，但不要反复冻融，也可在每毫升血清中加入3%～5%苯酚1～2滴防止腐败。

(三)送检

1.病料包装

将病料放入容器中，加塞、加盖并贴上胶条。用记号笔注明内容物及采取时间等。将其装入塑料袋中，再置于加有冰块的广口保温瓶中，最好在瓶内放些氧化胺，中层放冰块，上层放病料。

2.病料运送

病料无论是派人送，还是邮寄，都必须在运送过程中严防包装破损，避免病料接触高温及日光，防止病料腐败和病原微生物的死亡。

3.送检信息

送检病料时，随病料提供的信息包括送检的种类、动物年龄、性别、发病日期、死亡时间及取材时间；信息中注明是否进行过预防接种，是否治疗过，疗效如何；信息中注明送检动物的主要临床症状和剖检病变及初步诊断；信息中注明送检地区是否有类似疫病的流行及其流行特点、发病动物种类、发病数和死亡数；信息中注明送检的目的和要求。

学习情境二

国产犬五联疫苗相关病毒性传染病的防治技术

项目一　犬瘟热的防治技术

【案例导入】

一只 8 月龄、雄性金毛猎犬，体温 40.2 ℃，四肢抽搐，大小便失禁，患病已有半月，食欲减少，脚垫变硬，表现出明显的足垫角质层增生，流黄脓性鼻涕，经犬瘟热快速检测试纸卡检测结果呈阳性(+)。

【项目描述】

犬瘟热的症状

一、宠物入院症状、诊断评估与记录

(一)一般检查项目评估

1. 病史

未免疫的幼犬和接触过病原(病犬及其分泌物)的犬要考虑犬瘟热感染的风险。

2. 临床症状

经医生临床检查，患犬鼻镜比较干燥，鼻翼两旁有少量眼分泌物，呼吸急促，眼睑黏膜潮红肿胀，体温升高至 40.2 ℃，有发热表现，被毛无光，肛门周围有腥臭分泌物黏附在尾部皮毛上，精神沉郁。

3. 犬瘟热病毒抗原检测

采用犬瘟热病毒胶体金试纸检测患犬体内抗原，取患犬眼、鼻分泌物、唾液或尿液等为检测样品，可在 5～10 min 内做出诊断(图 2-1)。

犬瘟热病毒检测卡的使用

(二)重点检查项目评估

1. 血液学和生化指标

初期会出现淋巴细胞减少、中性粒细胞减少、球蛋白升高或白蛋白降

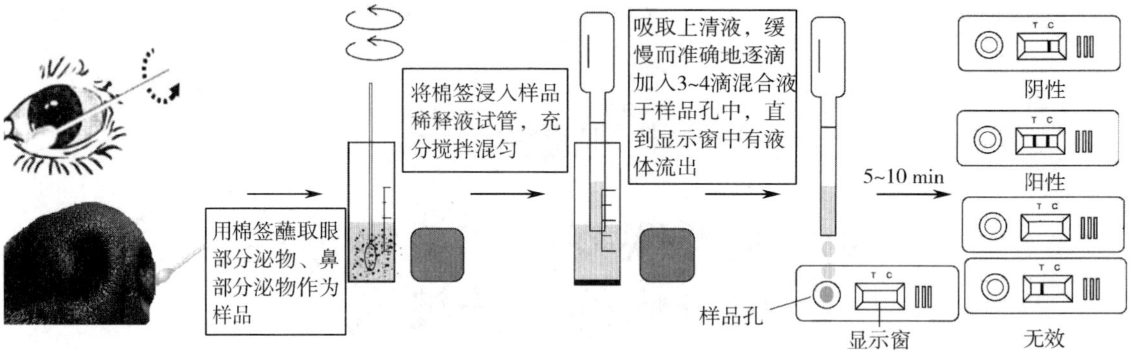

图 2-1　犬瘟热病毒胶体金试纸检测流程

低，无特异性结果。

2. 包涵体检查

从鼻黏膜、眼结膜采样，制作涂片（方法与检查病毒抗原相同）。用苏木精-伊红染色，检查包涵体；也可直接采血涂片，吉姆萨染色，在红细胞和白细胞（主要是淋巴细胞和中性粒细胞）中可检出同样的包涵体。

包涵体嗜酸性染色，主要在细胞质中，大小为 1～2 μm，呈圆形或椭圆形，偶见细胞核中。在犬瘟热病毒感染的细胞中出现特征的包涵体，这是犬瘟热病毒感染的重要标志之一。

（三）并发症评估

1. 眼睛的损伤

眼睛的损伤是由于犬瘟热病毒侵袭眼神经和视网膜所致。眼神经炎及眼睛突然失明、瞳孔反射消失为明显特征。

2. 死胎

在母犬腹中感染犬瘟热是很少见的，但是也有可能发生。未出生的胎儿经胎盘感染可在 28～42 d 产生神经症状。母犬会表现为轻微或不显症状的感染。此期间感染病毒可导致流产、死胎。

3. 牙釉质损伤

新生幼犬在永久齿长出来之前若感染了犬瘟热病毒，会造成牙釉质的严重损伤，牙齿生长不规则，这是病毒直接损伤处于生长期的牙齿釉质层所导致的。

4. 血液的损害

患犬在血液检查中可见淋巴细胞减少，白细胞吞噬功能下降，偶尔可在淋巴细胞和单核细胞中检出病毒抗原和包涵体。

5. 心肌损伤

小于 7 日龄的新生仔犬感染后还可出现心肌病。临床症状包括：呼吸困难、抑郁、厌食、虚脱和衰弱。病理变化以心肌变性、坏死和矿化作用为特征，并伴有炎性细胞浸润。

【相关知识】

犬瘟热是由犬瘟热病毒（Canine distemper virus，CDV）引起的犬和肉食目中许多动物的一种高度接触传染性传染病，以早期表现双相热、急性鼻卡他以及随后的支气管炎、卡他性肺炎、严重的胃肠炎和神经症状为特征，少数病犬的鼻和足垫可发生角化过度。

病原　副黏病毒科麻疹病毒属的犬瘟热病毒，呈圆形或不整形，有时呈长丝状，大小100～300 nm，病毒基因组为负链RNA，核衣壳呈螺旋形，直径为15～17 nm，外被双层囊膜，膜上有长约1.3 nm纤突，只有一个血清型。非洲绿猴肾细胞（Vero细胞）是培养本病毒的首选细胞，在体外实验中，通过细胞培养经过一定时间后，可观察到传代细胞变圆，坏死，出现致细胞病变效应（Cytopathic effect，CPE），可使肾细胞内的物质出现异常沉积，细胞融合形成合胞体，并在胞浆内出现包涵体。将本病毒通过雪貂连续传代可增强对雪貂的致病力，但对犬的毒力逐渐减弱。病毒通过鸡胚绒毛尿囊膜接种传代，毒力可减弱。

病毒对紫外线和乙醚、氯仿等有机溶剂敏感。最适pH 7.0，在pH 4.5～9.0条件下均可存活。病毒在－70 ℃可存活数年，冻干可长期保存。对热和干燥敏感，50～60 ℃ 30 min灭活。临诊上常用3%福尔马林、5%苯酚溶液以及3%氢氧化钠溶液作为消毒剂，有良好的杀灭病毒作用。

流行病学　病犬是最重要的传染来源。病毒大量地存在于受感染和患病动物的眼、鼻分泌物、唾液中，也见于血液、脑脊液、淋巴结、肝、脾、脊髓、心包液及胸腹水中，并且从尿中长期排毒，污染周围环境。因此，犬舍、犬饲养场以及犬经常到的其他地方，都可能存在病毒。

传播途径是病犬与健犬直接接触，主要经呼吸道感染，其次为消化道感染，也可经眼结膜和胎盘传染。雪貂最易感染，感染后死亡率几乎是100%。犬科动物如犬、狼、豺等，鼬科动物如貂、雪貂、白鼬、南美鼬鼠、臭鼬、黄鼠狼、獾、水獭等，以及浣熊科的浣熊、蜜熊、白鼻熊、大小熊猫等都对犬瘟热有自然易感性。2月龄以内的仔犬由于母源抗体的保护，80%不受感染；3～12月龄的幼犬易感性最高；2岁以上的犬发病率逐渐降低。犬瘟热康复犬可获终身免疫力。

本病多发生于寒冷季节（10月到第2年的2月），似有一定的周期性，每2～3年流行一次，但现在有些地方这种周期性不明显，可常年发生。

发病机理　感染后病毒主要从鼻咽和呼吸道散布到支气管淋巴结和扁桃体进行原发性增殖，引起病毒血症，病毒分布到全身淋巴器官、骨髓和上皮结构的固有膜。约50%的犬于感染后迅速产生抗体，不出现临诊症状。50%的感染犬体内病毒继续增殖，广泛侵害多个系统的上皮细胞，而呈现特征性的症状。病毒通过脑膜巨噬细胞扩散到脑，并在3～4周时出现神经症状。有些感染犬仅有神经症状，这是由于病毒在抗体达到保护水平之前，已扩散到脑所致。老龄犬发生脑炎时要考虑有感染犬瘟热病毒的可能性。研究证明，在犬瘟热的临诊表现中，继发性细菌感染也具有很重要的作用。

症状　潜伏期一般3～5 d。若野毒株来源于异种动物，由于需要一段适应时间，潜伏期可拉长到30～90 d。病犬最初精神沉郁（图2-2），食欲不振。眼、鼻流出浆液性分泌物，后变为脓性，有时混有血丝，发臭。发热39.5～41 ℃，约持续2 d，以后下降到常温。此时病犬感觉良好，食欲恢复。2～3 d后再次发热持续数周之久，即所谓的双相型发热（体温两次升高），此时病情又趋恶化。鼻镜、眼睑干燥甚至龟裂（图2-3）；厌食，常有呕吐和发生肺炎。严重病例发生腹泻，粪便呈水样，恶臭，混有黏液和血液。病犬消瘦，脱水，体重不断下降，足垫和鼻过度角质化（图2-4）。

图 2-2 病犬精神沉郁

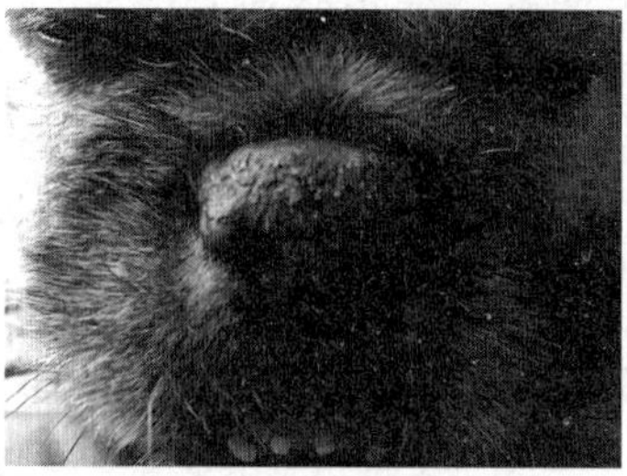

图 2-3 鼻镜干裂

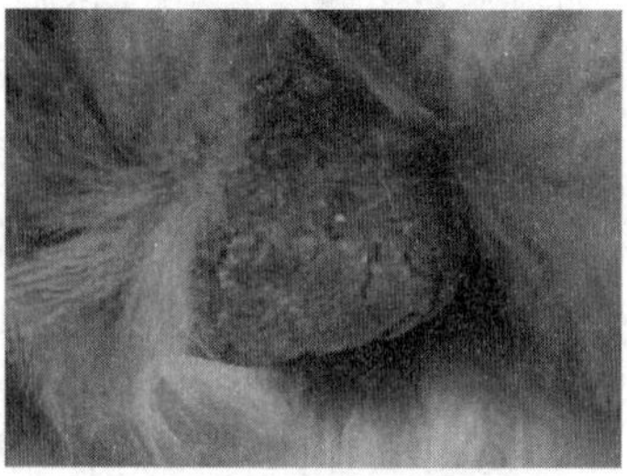

图 2-4 足垫角质化

发热初期，少数幼犬下腹部、大腿内侧和外耳道发生水疱性脓疱性皮疹。康复时干枯消失。这可能是继发性细菌感染引起的，因为单纯性病毒感染不见这种皮疹。

神经症状一般多在感染后 3～4 周出现，全身症状好转后几天至十几天才出现。经胎盘感染的幼犬可在 4～7 周龄时发生神经症状，且成窝发作。犬瘟热的神经症状视病毒侵害中枢神经系统的部位不同而有差异：或呈现癫痫、转圈，或共济失调、反射异常，或颈部强直、肌肉痉挛，但咬肌群反复节律性颤动是本病常见的神经症状。病犬出现惊厥症状后，一般多取死亡转归。有些病例在其症状消失后，还遗留舞蹈病、麻痹或瘫痪等症状。

仔犬于 7 日龄内感染时常出现心肌炎，双目失明，幼犬在永久齿长出之前感染本病，则有牙釉质严重损害，表现牙齿生长不规则。成年犬发生本病后，常因嗅觉细胞萎缩而有嗅觉缺损。妊娠母犬感染本病可发生流产、死胎和仔犬成活率下降等症状。

在发热的早期白细胞减少，但后期如细菌性继发感染未被控制，则出现明显的白细胞增多。病程一般 2 周或稍长些，并发卡他性肺炎和肠炎的病程可能较长；发生神经症状的病程最长。根据品种、年龄、有无并发和继发感染、护理和治疗条件的不同，病死率差异很大，波动于 30％～80％。

病变 本病病变分布广泛。有些病例皮肤出现水疱性、脓疱性皮疹；有些病例鼻和脚底表皮角质层增生而呈角化病。上呼吸道、眼结膜呈卡他性或化脓性炎症。肺呈现卡他性或化脓性支气管肺炎，支气管或肺泡中充满渗出液。在消化道中可见胃黏膜潮红。卡他性或出血性肠炎，大肠常有过量黏液，直肠黏膜皱襞出血，脾肿大，胸腺常明显缩小，且多呈胶冻状。肾上腺皮质变性。轻度间质性附睾炎和睾丸炎。中枢和外周神经很少有肉眼变化。

组织学检查可在病犬的很多组织细胞中发现嗜酸性的核内和胞浆内包涵体，呈圆形或椭圆形，直径 1～2 μm。胞浆内包涵体主要见于泌尿道、膀胱、呼吸系统、胆管、大小肠黏膜上皮细胞内以及肾上腺髓质、淋巴结、扁桃体和脾脏的某些细胞中。核内包涵体主要发现于膀胱细胞，一般难以检查到。表现神经症状的病犬可见脑血管袖套现象，非化脓性软脑膜炎以及白质出现空泡，很多潘金奇(Purkinje)细胞变性以及小脑神经胶质瘤病。

诊断 典型症状为眼、鼻流出浆液性分泌物，体温呈双相热型。病情恶化后，眼睑肿胀，呕吐，腹泻；神经型有神经症状，癫痫样阵发性发作；肺炎型咳嗽声嘶，呼吸困难，有大量黏液性、脓性鼻漏，听诊肺部有显著湿啰音。瘫痪型后肢麻痹瘫痪，患病幼犬下腹部、股内侧有丘疹、脓疱，有的鼻翼、足垫角质化。但本病常因存在混合感染(如与犬传染性肝炎等)和细菌继发性感染而使临诊表现复杂化，只有将临诊调查资料与实验室检查结果结合考虑才能确诊。

1.包涵体检查

用刀片在病犬鼻黏膜上刮取上皮细胞，病犬死后可刮取膀胱、肾盂、胆囊和胆管等黏膜，做成涂片，干燥，甲醇固定，经苏木精-伊红染色后，镜检。包涵体为红色，见于胞浆内，一个细胞内可能有1～10个，平均2～3个，圆形或椭圆形，边缘清晰。发现包涵体可作为诊断依据。有时仅根据包涵体的存在，可能导致假阳性诊断，最好进行病毒分离鉴定或血清学检查。

2.病毒分离

发病早期采淋巴组织；急性病例取胸腺、脾、肺、肝、淋巴结；呈脑炎症状者采小脑等病料，制成10%乳剂，加适量双抗或经微孔滤膜过滤后，腹腔接种1～2周龄或断乳15 d的易感幼犬5 mL，症状明显，常于发病后2周死亡；或脑内接种易感雪貂0.5～1.0 mL，8～12 d鼻流水样分泌物，不久变为脓性，眼睑水肿、黏连，嘴角出现水疱和脓疮，脚肿，两趾发红，病貂蜷缩，拒食，于发病5～6 d后死亡；也可将上述病料乳剂经无菌处理后接种于犬肾原代细胞、鸡胚成纤维细胞或仔犬肺泡巨噬细胞(后者细胞培养物在1～2 d内出现胞浆内包涵体)，在2 d内形成大细胞，进行病毒分离。剖检时也可直接培养病犬的肺泡巨噬细胞以分离病毒。这是一种容易成功和快速分离病毒的方法。病毒于细胞上培养后，可用免疫荧光抗体技术或琼脂扩散试验进行病毒鉴定。从鸡胚、乳鼠或仓鼠等自然病例分离病毒是不适合的，因为只有已经适应的毒株，才能在这些宿主体内生长繁殖。

3.血清学检查

血清中和试验、荧光抗体检查、琼脂扩散试验和酶标抗体法等都可选用来诊断本病。①血清中和试验：将被检血清稀释后加入病毒，25 ℃作用2 h，与制备好的犬肾或绿猴肾细胞悬液混合接种于微量培养板，5% CO_2 条件下35～36 ℃培养3 d，染色检查CPE。②荧光抗体检查：急性病犬的淋巴细胞、结膜、阴道细胞、脑脊髓液涂片做荧光抗体染色，其阳性胞浆显示弥散性荧光。亚急性或慢性犬瘟热病犬由于产生中和抗体，通常难以查出阳性细胞，该法比检查包涵体更有意义。

4.分子诊断技术

PCR和核酸探针技术可用于本病诊断，简便快速，灵敏特异。

在本病的诊断中要注意与犬传染性肝炎、犬细小病毒性肠炎、钩端螺旋体病、狂犬病及犬副伤寒作区别诊断。犬传染性肝炎缺乏呼吸道症状，有剧烈腹痛特别是剑突压痛。血液不易凝结，如有出血，往往出血不止。剖检时有特征性的肝和胆囊病变及体腔的血液渗出液。而犬瘟热则无此变化。犬传染性肝炎组织学检查为核内包涵体，而犬瘟热则是胞浆内和核内包涵体，且以胞浆内包涵体为主。肠炎型犬细小病毒病典型症状为出血性腹泻，病犬发病急，病死率高，眼、鼻缺乏卡他性炎症。发病初期(3～9 d)，其粪便上清液对猪的红细胞具有较高的凝集作用。

钩端螺旋体病不发生呼吸道炎症和结膜炎，但有明显黄疸。病原为钩端螺旋体。狂犬病有喉头和咬肌麻痹症状及攻击性，而犬瘟热则没有。副伤寒生前无呼吸道症状和皮疹，剖检见脾显著肿大，病原为沙门氏菌。而犬瘟热病例的脾一般正常或稍肿，病原为病毒。

防治　发现疫情应立即隔离病犬，深埋或焚毁病死犬尸，彻底消毒(用3%福尔马林、3%氢氧化钠或5%苯酚溶液等)污染环境、场地、犬舍以及用具等。对未出现症状的同群犬和其他受威胁的易感犬进行紧急接种。平时严格兽医卫生防疫措施，坚持进行免疫注射，犬瘟热是可以预防的。我国目前用于预防本病的疫苗有单价苗(鸡胚细胞弱毒冻干苗)、三联苗(犬瘟热、犬传染性肝炎和犬细小病毒)、五联苗(犬瘟热、犬细小病毒、传染性肝炎、犬腺病毒Ⅱ型、犬副流感)。

二、按医嘱进行治疗

1.治疗原则

本病尚无特效的抗病毒药物,对症或支持治疗。

2.药物治疗

在出现临床症状之后用大剂量的犬瘟热单克隆抗体或抗犬瘟热高免血清皮下或肌肉注射,剂量一般应大于1~2 mL/kg体重,连用2~3 d,可控制本病的发展。

在犬瘟热最初发热期间给予大剂量的高免血清,可以使机体获得足够的抗体,防止出现临床症状,达到治疗目的。对于犬瘟热临床症状明显、出现神经症状的中后期病犬,即使注射犬瘟热高免血清也大多很难治愈。

对症或支持治疗,退热,补液,补糖,防止继发感染,加强饲养管理等方法,对本病有一定的辅助治疗作用。对发热患犬,应用阿尼利定(安痛定)并配合应用氢化可的松或地塞米松。有便血症状的,可应用卡巴克洛(安络血)或酚磺乙胺(止血敏)。早期输液和配合应用犬干扰素、细胞因子等免疫增强剂,能有效防止机体脱水,提高抗病力,促进患犬康复。为抑制病毒增殖和控制细菌继发感染,常应用利巴韦林(病毒唑)、双黄连、清开灵、氨苄西林、头孢菌素Ⅴ或头孢曲松等。

3.预防

本病的预防办法是定期接种犬瘟疫苗。免疫程序是:首免50 d龄进行,二免80 d龄进行,三免110 d龄进行。三次免疫后,以后每年免疫1次。为防止幼犬感染传染病,可于母犬配种45 d左右加免一次。目前市场上出售的六联苗、五联苗、三联苗均可按以上程序进行免疫。

一旦发生犬瘟热,为了防止疫情蔓延,必须迅速将病犬严格隔离,病舍及环境用氢氧化钠、次氯酸钠、来苏儿等彻底消毒。严格禁止病犬和健康犬接触。对尚未发病有感染可能的假定健康犬及受疫情威胁的犬,应立即用犬瘟热高免血清进行被动免疫或用小儿麻疹疫苗做紧急预防注射,待疫情稳定后,再注射犬瘟热疫苗。

三、宠物出院指导

1.护理指导

定期进行活动场地消毒,保持良好的饲养环境。

2.预后

在病初患犬尚未出现典型症状时,尽快注射犬瘟热单克隆抗体或大剂量高免血清,可使免疫状态增强到足以阻止疾病发展。若特征性临床症状,尤其是神经症状出现,则预后不良,患犬即使经耐心治疗后幸存,往往遗留四肢抽搐或意识不清的后遗症。

病例分析

2019年10月9日,宠物医院接诊一只8月龄雄金毛猎犬,该犬体温40.2 ℃,四肢抽搐,大小便失禁，生病已有半个月左右。食欲减少，足垫变硬，明显的足垫角质层增生。流黄浓鼻涕，经化验 CDV 呈强阳性(＋＋＋)，对该犬进行抢救治疗：

第一天用药：①5％葡萄糖 250 mL；双黄连 20 mL×2(静脉输液)；②5％葡萄糖 100 mL；苯酚氢钠 10 mL(静脉注射)；③5％葡萄糖 100 mL；利巴韦林 1 mL；头孢曲松 1 g(静脉注射)；④犬瘟热单克隆抗体 5 mL×10(加倍剂量)；⑤β-干扰素 1 mL。配药：黄金粉、钙片、消毒威、营养膏。

第二天该犬体温恢复正常(38.6 ℃)，仍然发抖，但是发抖的次数已经有所减少。因此继续抢救治疗，用药情况同第一天。连续用药至第七天，再次做 CDV 化验，结果呈阴性(—)。

第八天开始减少犬瘟热单克隆抗体的使用剂量，同时补充患犬的营养，选用脂肪乳静脉输液。其他用药和第一天一样。连续用药至第十天，该犬已基本恢复健康，偶尔仍有发抖现象。

项目二　犬传染性肝炎的防治技术

【案例导入】

一患犬表现为精神沉郁，食欲不振，饮欲明显增加，呕吐，腹泻。医生临床检查发现：眼角膜浑浊呈蓝色，分泌物增多。口腔黏膜有出血与黄染现象，颈部淋巴结触诊有明显肿大，体温上升至 39.9 ℃。经诊断为犬传染性肝炎。

【项目描述】

一、宠物入院症状、诊断评估与记录

(一)一般检查项目评估

1. 病史

本病常发生在一岁以下未接种疫苗的幼犬。

2. 临床症状

病犬初期症状与犬瘟热很相似，表现为精神沉郁，食欲不振，饮欲明显增加，呕吐，腹泻。触诊肝区显著疼痛。

3. 腹部 X 光检查

肝大或腹水。

(二)重点检查项目评估

1. 血常规检查白细胞和淋巴细胞变化

血清生化(肝功)检查谷丙转氨酶 ALT 升高、谷草转氨酶 AST 升高，胆红素增多，红细胞

数、血色素、比容下降，低血糖。尿常规检查呈胆红素尿及蛋白尿。

2. 对死亡患犬剖检

一般可见肝脏略肿大，胆囊壁水肿，小肠出血，胸腹腔内积有多量清凉、浅红色液体。组织学变化为肝实质呈不同程度的变性，在肝细胞及窦状隙内皮细胞内含有核内包涵体。

3. RT-PCR 检测

确诊采集口腔咽喉的分泌液、尿液、粪便、肝脏、肾脏和扁桃体等病料做病毒 RT-PCR 检测。

(三)并发症评估

贫血、黄疸、咽炎、扁桃体炎、低血糖、角膜穿孔、结膜炎。

【相关知识】

犬传染性肝炎是由犬传染性肝炎病毒(Infectious canine hepatitis virus，ICHV)引起的犬的一种急性、高度接触传染性败血性的传染病，特征为循环障碍、肝小叶中心坏死以及肝实质和内皮细胞出现核内包涵体。本病最早于 1947 年由 Rubarth 氏发现，所以也叫 Rubarth 氏病。目前，广泛分布于全世界。我国于 1983 年发现此病。

病原　犬传染性肝炎病毒属腺病毒科哺乳动物腺病毒属。世界各地分离毒株抗原性相同。

犬的腺病毒分为 CA-Ⅰ型和 CA-Ⅱ型。CA-Ⅰ型是引起犬传染性肝炎的病原，称为犬传染性肝炎病毒(ICHV)。CA-Ⅱ型是引起犬传染性喉气管炎的病原。

犬传染性肝炎病毒易在犬肾和睾丸细胞内增殖，也可在猪、豚鼠和水貂等的肺和肾细胞中有不同程度增殖，并出现 CPE，主要特征是细胞肿胀变圆、聚集成葡萄串样，也可产生蚀斑。感染细胞内常有核内包涵体，核内病毒粒子呈晶格状排列，已感染犬瘟热病毒的细胞，仍可感染和增殖本病毒。本病毒在 4 ℃、pH 7.5～8.0 时能凝集鸡红细胞，在 pH 6.5～7.5 时能凝集大鼠和人 O 型红细胞，这种血凝作用能为特异性抗血清所抑制。利用这种特性可进行血凝抑制试验。

本病毒的抵抗力相当强大，在污染物上能存活 10～14 d，在冰箱中保存 9 个月仍有传染性。冻干可长期保存。37 ℃可存活 2～9 d，60 ℃、3～5 min 灭活。对乙醚和氯仿有耐受性，在室温下能抵抗 95%酒精达 24 h，污染的注射器和针头仅用酒精棉球消毒仍可传播本病。苯酚、碘酊及氢氧化钠是常用的有效消毒剂。

流行病学　犬和狐(银狐、红狐)对本病易感性高，山狗、浣熊、黑熊也有易感性。本病也可感染人，但不引起临床症状。

本病可发生于任何季节。无年龄和品种差异。很多国家的犬群中抗体检出率都高达 45%～75%。本病常见于 1 岁以内的幼犬，刚断奶的小犬最易发病。幼犬的病死率高达 25%～40%。成年犬临诊症状少见。

症状　犬传染性肝炎人工接种感染的犬潜伏期 2～6 d，自然感染的犬潜伏期 6～9 d。病犬食欲减退，饮欲增加。常见呕吐、腹泻和眼、鼻流浆性黏性分泌物。常有腹痛(剑状软骨部位)和呻吟。某些病例头颈和下腹部水肿。一般没有神经症状，也很少出现黄疸，除非肝脏损害严重(图 2-5)。病犬体温升高到 40～41 ℃，持续 1 d。然后降至接近常温，持续 1 d，接着又第二次体温升高，呈所谓马鞍型体温曲线。病犬黏膜苍白，有时牙龈有出血斑。扁桃体常急性发炎肿大，心搏增强，呼吸加速，很多病例出现蛋白尿。病犬血液不易凝结，如有出血，往往流

血不止,出血时间较长的转归不良。在急性症状消失后 7～10 d,约有 20% 康复犬的一眼或两眼呈暂时性角膜混浊(眼色素层炎),称为肝炎性蓝眼病(图 2-6)。病程一般 2～14 d,大多在 2 周内康复或死亡。幼犬患病时,常于 1～2 d 内突然死亡,如耐过 48 h,多能康复。成年犬多能耐过,产生坚强的免疫力。

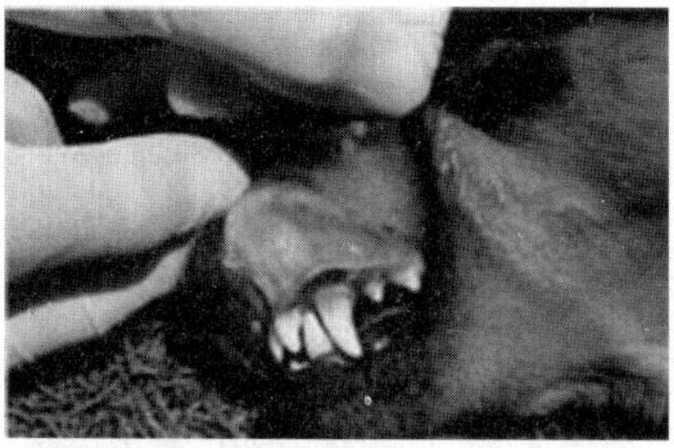

图 2-5　部分病例出现黄疸症状

图 2-6　肝炎性蓝眼病

病变　剖检病变常见皮下水肿,腹腔积液,暴露在空气中常可凝固。肠系膜可有纤维蛋白渗出物。肝略肿大,包膜紧张,肝小叶清楚。胆囊黑红色,胆囊壁常水肿、增厚、出血,有纤维蛋白沉着,脾肿大。胸腺点状出血。体表淋巴结、颈淋巴结和肠系膜淋巴结出血。

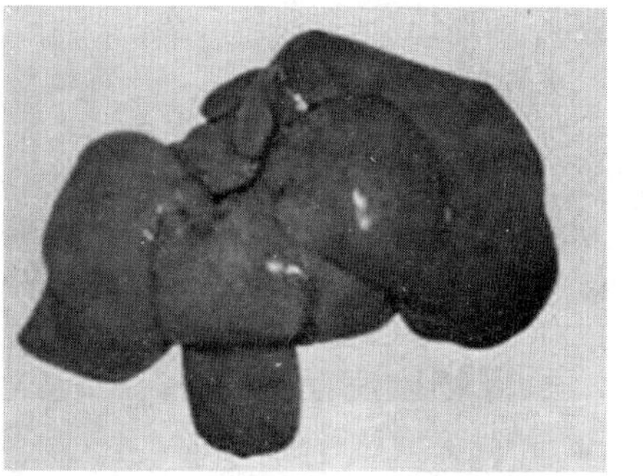

图 2-7　病犬肝脏色淡,有出血点

组织学变化:肝实质呈不同程度的变性、坏死,窦状隙内有严重的局限性瘀血和血液瘀滞(图 2-7)。肝细胞及窦状隙内皮细胞内有核内包涵体,呈圆形或椭圆形,一个核内一个。通过肝切面印片或抹片染色镜检即可检查到。此外脾、淋巴结、肾、脑血管等处的内皮细胞也见有核内包涵体。

剖检可见各脏器组织尤其心内膜、脑膜、脑脊髓膜、唾液腺、胰腺和肺点状出血。组织学检查可见脑脊髓和软脑膜血管呈袖套现象。各器官的内皮细胞和肝上皮细胞中,可见有和犬肝炎同样的核内包涵体。

诊断　根据临床症状,结合流行病学资料和剖检变化,可做出初步诊断。必要时,可抽取发热期血液、尿液等,死亡病犬的肝脏、脾脏及腹水等进行病毒分离鉴定。也可进行血清学诊断如荧光抗体检查、补体结合反应、琼脂扩散反应、中和试验和血凝抑制试验等。

临床诊断时要注意与犬瘟热相鉴别。犬患传染性肝炎时,常见有暂时性角膜浑浊,出血后凝血时间延长,剖检可见有肝脏、胆囊的病变及体腔血样渗出液,而犬瘟热无此变化。组织学检查,犬传染性肝炎为核内包涵体,犬瘟热则在核内和胞浆内均有包涵体,而且以胞浆内包涵体为主。

病毒分离:生前采发热初期血液、扁桃体拭子和尿液,死亡动物则采肝、脾等病料,处理后,接种犬肾原代和继代细胞、易感幼犬或仔狐眼前房。腺病毒的特征性细胞病变在接种后 30 h 至 6～7 d 出现,并可检出包涵体;后者可见角膜混浊,产生包涵体。

血清学试验:荧光抗体检查扁桃体涂片可提供早期诊断。采取发病初期和其后 14 d 的双份血清,进行凝集抑制试验。当抗体升高 4 倍以上时即可作为现症感染的证明。此外补体结合试验、琼扩试验、中和试验和皮内变态反应等也可用于诊断。

分子诊断技术:在病毒的早期转录区选择适当的保守区域作引物,可区分犬腺病毒 CA-Ⅰ型和 CA-Ⅱ型,前者 PCR 扩增产物大小为 520 bp,后者则为 1 030 bp,可用于犬传染性肝炎病毒的检测。

二、按医嘱进行治疗

1. 治疗原则

本病尚无特效的抗病毒药物,一般采用对症或支持治疗。

2. 药物治疗

在发病初期大剂量使用抗犬腺病毒Ⅰ型高免血清治疗有一定的作用。一旦出现明显的临床症状,即使使用大剂量的高免血清也很难有治疗作用。抗犬腺病毒Ⅰ型高免血清 2～3 mL/kg 体重;保肝措施可使用肝炎灵(山豆根)注射液和肌苷注射液、维生素 B_6 等;因本病导致肝内凝血因子合成不足,血小板显著减少,所以使用常规止血药往往没有效果,最好及时输血或输入血浆补充凝血因子与血小板;静脉补充 5%葡萄糖生理盐水或复方生理盐水,三磷酸腺苷、辅酶 A 对本病康复有一定作用;全身应用抗生素可防止继发细菌感染;对患有角膜炎的犬可用 0.5%利多卡因和氯霉素眼药水交替点眼。

3. 预防

防止盲目由外地引进犬,以免病毒传入,患病后康复的犬一定要单独饲养,最少隔离半年以上。防止本病发生最好的办法是定期给犬做健康免疫,免疫程序同犬瘟热疫苗。

三、宠物出院指导

1. 护理指导

加强饲养管理,饲料中添加足够的维生素 A、维生素 D 和维生素 E。抗角膜炎或结膜炎治疗,可以眼底封闭或结膜下封闭治疗,结合点眼治疗。

2. 预后

由于病毒对肝脏与小血管内皮细胞造成损害,采用常规药物一般难以控制患犬出血症状,最终患病幼犬大多因严重贫血及脱水而死亡。成犬通常可以耐过,大多在 2 周内康复,并获得免疫力。

病例分析

2011 年 9 月 6 日,宠物医院接诊一只雪纳瑞犬,该犬体重 6 kg,2 岁,雌性,幼时接种过五联苗,就诊前 2 d 出现呕吐、无食欲、饮水量少、小便苍黄、排便少、精神沉郁等症状。就诊时患犬表现精神沉郁,不爱运动,肛温为 39.7 ℃;腹前部触诊有轻度腹痛表现,眼结膜轻度黄染。治疗 9 d 时,左眼出现角膜水肿现象,并于 10 d 加重,眼睛呈现“蓝色”,14 d 左右消失,右眼始终颜色正常。就诊当日检测的白细胞总数低于正常范围;血小板数明显低于正常值,结果预示早期病毒感染的迹象。就诊 14 d 检测结果显示,白细胞总数上升,高于正常范围,表明后期继发细菌感染;血小板稍有上升,但仍低于正常值,表明患犬处于缓慢恢复中。检测当日肝脏谷丙转氨酶和谷草转氨酶指标结果超出正常值范围,总胆红素达到正常值2倍,白蛋白总数出现轻度下降,表明犬处于急性肝炎(或肝坏死)阶段,肝脏功能受到了影响。治疗4 d时,谷丙转氨酶达到正常值上限的9倍,总胆红素达到正常值上限的4倍。治疗到14 d时,谷丙转氨酶已降到正常值上限的2倍左右,反映肾脏功能指标的尿素氮与肌酐也处于正常范围内,表明患犬处于恢复中。考虑到该犬感染了犬传染性肝炎病毒,治疗以抗病毒、保肝治疗为主。

治疗药物如下:犬用干扰素50万IU/kg,犬五联血清1 mL/kg,皮下注射,1次/d;ATP 4.0 mL、辅酶A 1支,维生素C 2支,维生素B_6 1支,维生素B_{12} 1支,加入250 mL的10%葡萄糖注射液中静脉滴注。经上述治疗后,当日下午患犬体温降低到38.9 ℃。2 d时精神仍差,可视黏膜黄染症状加重,无食欲,体温39.7 ℃,治疗药物同上,增加犬用白蛋白5 mL,溶于100 mL的5%糖盐水中静脉滴注。到4 d时,患犬精神沉郁,临诊体温36.7 ℃,无食欲,血常规检查结果见WBC升高、RBC下降;肝功能检测结果为ALT及AST仍很高,TBIL升高。考虑到患犬病情恶化,治疗药物进行了调整。犬源血浆50 mL,复方氨基酸注射液150 mL静脉滴注;ATP 2 mL,维生素C 2 mL,辅酶A半瓶,加入100 mL的10%葡萄糖注射液中静脉滴注,氨苄西林0.5 g,犬用干扰素50万IU/kg,皮下注射。5 d时患犬精神明显好转,体温37.6 ℃,复用上方药物。6 d时体温38.7 ℃,可以少量饮食,同时口服护肝片及强心定,倍力补血1 mL/次,2次/d。到9 d时,患犬左眼角膜变蓝,但精神较好。药物调整如下:犬用干扰素40万IU/kg;ATP 1 mL,维生素C 2 mL,辅酶A半瓶,加入150 mL的10%葡萄糖注射液中进行静脉滴注。10 d起左眼角膜水肿区开始缩小,右侧未见角膜水肿,精神好转,食欲正常,口服护肝片,抗病毒滴眼液滴眼。到14 d,角膜"蓝眼"现象基本消失,精神及食欲明显好转,肝功能指标已趋于正常。

项目三　犬细小病毒病防治技术

【案例导入】

某市动物疫病预防控制中心宠物门诊部收诊一例病犬。该病犬7月龄,体重16 kg,有一日未进食,前一天晚上开始呕吐,呕吐物为食物,呈黏液状伴有血液。早上腹泻,病初粪便呈稀状,后粪便呈番茄酱色样的血便,有特殊的腥臭气味。对其进行体温检测为41.3 ℃。用犬细小病毒快速检测试纸卡检测结果呈阳性。

【项目描述】

一、宠物入院症状、诊断评估与记录

(一)一般检查项目评估

1.病史

了解该犬是否直接或间接接触过感染犬细小病毒的病犬。

2. 临床症状

病犬呕吐、腹痛频繁，腹泻出现咖啡色或番茄酱色样的血便，并有特殊的腥臭味，可做初步诊断。

3. 抗原检测

犬细小病毒抗原快速检测试纸卡是利用双抗夹心法原理，采用免疫层析金标技术。检测时用生理盐水沾湿棉签从直肠取样，或从新鲜粪便中直接取样；将棉签浸入装有样品稀释液的试管，充分搅拌混匀后，用一次性滴管取上清液；取出试纸，开封后平放在桌面，从滴管中缓慢而准确地滴加2～3滴混合液，5 min后判断结果(图2-8)。

犬细小病毒
检测卡的使用

犬细小病毒抗原快速检测试纸卡结果判断(图2-9)：①阴性结果，试纸卡C线显示红色色带，T线不显红色；②阳性结果，试纸卡C、T线都显示红色色带；③无效，当试纸卡C线不显示红色色带时，无论T线是否显示红色都视为无效。

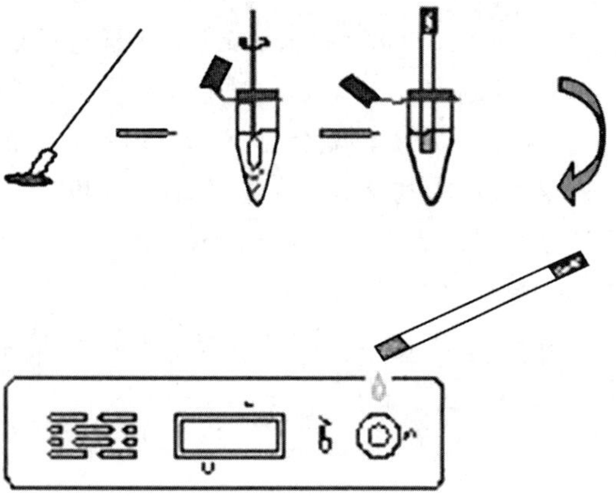

图2-8　犬细小病毒试纸检测

图2-9　结果判断

(二)重点检查项目评估

1. 全血细胞计数

严重病例血常规检查中淋巴细胞和中性粒细胞减少，脱水造成血细胞压积(PCV)升高。活下来的动物可能出现淋巴细胞增多。血清生化(无特异性)：低血糖、低血钠、低血钾、代谢性酸中毒。

2. 粪便检查

进行粪便检查以排除肠道寄生虫感染。

3. RT-PCR检测

采集犬粪便样本，在粪便样本中加入适量生理盐水(一般为粪便量的1～2倍)，4 000 r/min离心30 min，取上清液进行PCR扩增及其产物的检测，以鉴定是否为犬细小病毒感染。

(三)并发症评估

犬细小病毒最易继发犬瘟热、肠套叠、胰腺炎、脱肛等疾病，如果出现并发症，需及时发现，及时处理，提高治愈率。

【相关知识】

犬细小病毒感染是由犬细小病毒(Canine parvovirus,CPV)引起的犬的一种急性传染病,特征为出血性肠炎或非化脓性心肌炎,多发生于幼犬,病死率10%～50%。

本病于1978年同时在澳大利亚(Kelley氏)和加拿大(Thomson氏等)证实以来,美国、英国、德国、法国、意大利、俄罗斯和日本等国相继发现。我国于1982年证实此病以后,在东北、华东和西南等地区的警犬和良种犬中陆续发生和蔓延,并已分离获得多株病毒,研究报道逐渐增多。

病原　犬细小病毒属于细小病毒科细小病毒属。具有细小病毒属病毒典型形态和结构(图2-10)。病毒粒子细小,直径20～22 nm,呈20面体对称,无囊膜。基因组为单股DNA,大小5 233 bp。病毒粒子有VP_1、VP_2和VP_3三种多肽,其中VP_2为衣壳蛋白主要成分,有血凝活性。病毒在4 ℃和25 ℃都能凝集猪和恒河猴的红细胞,但不凝集其他动物的红细胞。本病毒能在多种不同类型的细胞内增殖(不同于猫泛白细胞减少症),本病毒对外界环境具有较强的抵抗力。在室温下能存活3个月;在60 ℃能活1 h;pH 3处理1 h并不影响其活力;对甲醛、β-丙内酯、羟胺和紫外线敏感,能使之灭活;但对氯仿、乙醚等有机溶剂则不敏感。

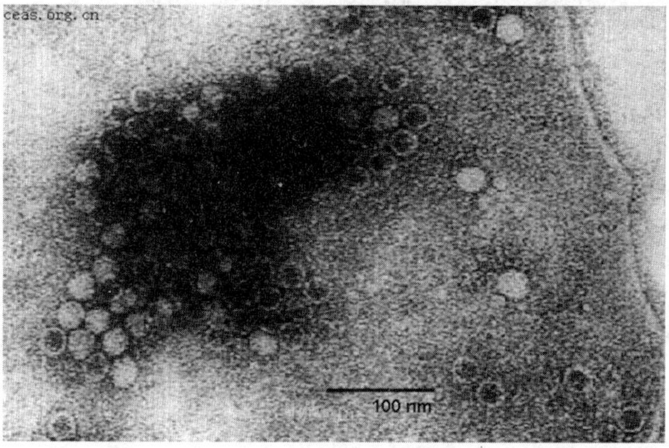

图2-10　CPV电镜照片

流行病学　犬是本病主要的自然宿主。其他犬科动物如丛林犬、鬣狗、郊狼和食蟹狐等也可感染。各种年龄和不同性别的犬都有易感性,但小犬的易感性更高。断乳前后的仔犬易感性最高,其发病率和病死率都高于其他年龄组,往往以同窝暴发为特征。

本病引进新疫区或以前从未发生过本病的商品犬饲养场或犬繁殖场,在早期由于易感性高和犬群密集,大小犬只都感染,可导致暴发性流行。病程较短,病死率较高。几个月后,则只有在小犬中发生新病例。本病主要由直接或间接接触而传染。感染犬和康复带毒犬是传染源。病犬从粪便、尿液、唾液和呕吐物中排毒;而康复犬可能从粪尿中长期排毒,污染饲料、饮水、垫草、食具和周围环境。一般认为传染途径主要是消化道。

本病的发生无明显的季节性。一般夏、秋季多发。天气寒冷,气温骤变,拥挤,卫生水平差和并发感染,可加重病情和提高病死率。

症状　该病的潜伏期一般为7～14 d,在临床上主要以两种形式出现,即出血性肠炎型和心肌炎型,但临床上多以出血性肠炎型出现,心肌炎型少见。

1. 出血性肠炎型

潜伏期 1～2 周，多见于青年犬。最大的特征就是呕吐、腹泻，然后迅速脱水。病犬首先表现为 1～2 d 的厌食，粪便先黄色或灰黄色，常覆有多量黏液和伪膜，而后排出腥臭的暗红色或番茄汁样的血便（图 2-11），具有难闻的恶臭味。食欲废绝，体温升到 40 ℃以上，迅速脱水，迅速表现出眼球下陷、皮肤失去弹性等脱水症状。尿液呈深黄色，有的如清油样。后期表现为耳鼻发凉、末梢循环障碍，走路摇摆，心力衰竭而亡。病程短的 4～5 d，长的 1 周以上。也有些病犬只表现间歇性腹泻。成年犬发病一般不发热。白细胞数减少具有特征性，尤其在病初的 4～5 d 内。

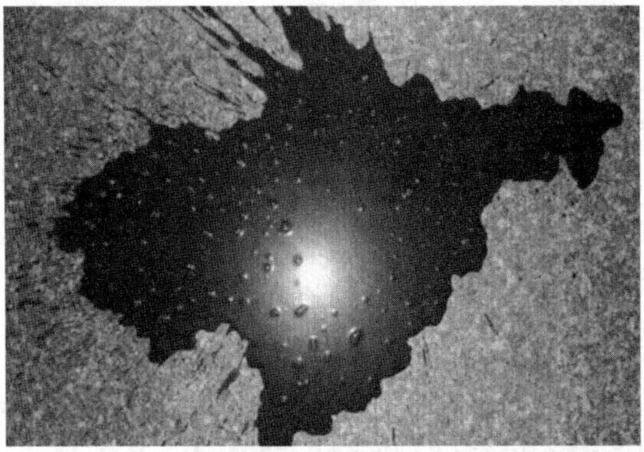

图 2-11　番茄汁样的血便

2. 心肌炎型

此型多发生于 4～6 周龄缺少母源抗体的幼犬。常突然发病，数小时内死亡。感染犬精神、食欲正常，偶见呕吐，或有轻度腹泻和体温升高。或有严重呼吸困难，持续 20～30 min，脉快而弱，可视黏膜苍白，听诊心律不齐。心电图 R 波降低，S － T 波升高。

病变

1. 肠炎型

剖检见病死犬脱水，可视黏膜苍白，腹腔积液。病变主要见于空肠、回肠即小肠中后段。浆膜暗红色，浆膜下充血出血，黏膜坏死、脱落、绒毛萎缩。肠腔扩张，内容物水样，混有血液和黏液。肠系膜淋巴结充血、出血、肿胀。有些变性或完整的小肠上皮细胞内含有核内包涵体。

2. 心肌炎型

剖检见病死犬心脏扩大，心房和心室有瘀血块，心肌或心内膜有非化脓性坏死和出血斑纹，心肌纤维严重损伤。肺脏局部充血、淤血、出血及水肿。

诊断　根据特征性临诊症状（先呕吐后急性出血性肠炎、白细胞显著减少以及幼犬急性心肌炎等），再结合流行病学和病理变化的特点，可以做出初步诊断。确诊可采取小肠后段和心肌病料做组织切片，检查肠上皮和心肌细胞是否存在核内包涵体。其他的实验室检查包括以下项目。

1. 病毒学检查

（1）电镜检查：采病犬粪便，直接或加等量 PBS 混匀后，以 3 000 r/min 离心 10 min。上清液加等量氯仿，振荡 10 min，离心取上清液，用 2%磷钨酸（pH 6.2）负染后电镜检查。在病的初期可见到大量大小均一、直径 20～22 nm 的圆形和六边形散在病毒粒子，如能进行免疫电镜检查则更佳。

(2)病毒分离与鉴定:常用原代或次代犬胎肾或猫胎肾细胞培养物或它们的细胞系进行培养。粪便病料可先离心,再加入高浓度抗生素或过滤除细菌,最简便的病毒鉴定方法是接种后3～5 d后用荧光抗体检测细胞中的病毒,或测定培养液的血凝性。

2.血清学检查

常用血凝(HA)和血凝抑制(HI)试验。血凝试验用于测定粪便和细胞培养物中的病毒效价。用0.5%～1.0%猪红细胞作指示系统。试验证明,HA＞1∶80可作为阳性感染的指示标准。血凝抑制试验主要用于流行病学调查,也可用于检测粪便中的抗体。

防治　心肌炎型病例转归不良,只要出现心电图变化都难免死亡。发现肠炎型病例立即隔离饲养,加强护理,采用对症疗法(呕吐注射阿托品等;腹泻口服碱式硝酸铋、鞣酸蛋白和注射维生素K、卡巴克洛等止血剂;脱水输液,注意先盐后糖,最好静脉注射,先快后慢,有困难时可行腹腔输液;结膜发绀时则加入苯酚氢钠防止酸中毒,也可口服补液盐)、支持疗法(静脉输进健康犬或康复犬的全血30～200 mL;也可注射其血清或血浆30～50 mL;还可使用维生素C、肌苷、ATP等以增强支持疗法的效果)和防止继发感染[用呋喃唑酮(痢特灵)、庆大霉素、红霉素、卡那霉素等抗菌和抑制病毒的药物]等治疗措施,可能获得痊愈或好转。

二、按医嘱进行治疗

1.治疗原则

以抗菌消炎、抗病毒、增强自身的免疫功能、补充体液与补充营养等为治疗原则。

2.药物治疗

采取以特异性治疗为主的综合治疗方法,疗程一般为7～14 d,在治疗期间,要谨防并发症的发生,同时根据病犬的情况采用对症治疗、支持疗法进行消炎、补液、止血、止呕等。

特异性治疗采用犬细小病毒单克隆抗体同犬血免疫球蛋白、犬用干扰素配伍。

病初尽快注射犬细小病毒单克隆抗体或含抗犬细小病毒抗体的高免血清,同时针对出血性胃肠炎与脱水症状,采取强心补液、抗菌消炎、止吐、止泻和止血对症治疗。根据血气分析结果,精确计算出患犬所需补充的液体量、电解质离子量,调节酸碱平衡。通常静脉滴注5%葡萄糖氯化钠溶液或复方氯化钠溶液,加入适当剂量的病毒唑、庆大霉素或丁胺卡那、止血敏、维生素K、硫酸阿托品或盐酸消旋山莨菪碱注射液。对顽固性呕吐的患犬,建议肌注爱茂尔、氯丙嗪或硫酸阿托品止吐,并可1 d内用药多次。甲氧氯普胺(胃复安)不宜用于本病止吐,胃复安可促进胃肠蠕动的药理效应往往造成肠道大量出血。对出现贫血症状的患犬,输注羧甲基淀粉(代血浆)或全血白蛋白。动物禁食、禁水。

该病的治疗效果与治疗时间的早晚有关。因此,该病治疗的关键是早期诊断、早期治疗。临床诊断时,主要看其腹泻次数与时间、粪便颜色与形状、呕吐物等,再结合细小病毒检测试纸的诊断结果,一般都能做出准确的判断。

3.预防

制定合理的免疫程序是有效预防该病发生的重要手段。目前,所使用的犬细小病毒疫苗大多数是联苗,幼犬首免一般断奶后45 d左右进行,首免后每隔2～3周免疫1次,需连续免疫3次,以后每年重复免疫1次。第2年免疫时间一般比上一年免疫的时间提前30 d进行,以保证维持较高的抗体水平。如果是6月龄以上的犬,则需连续免疫2次即可,间隔2～3周进行第2次免疫,以后每年重复免疫1次。

发现该病后,应立即进行隔离治疗,并做好环境消毒,防止该病扩散。

三、宠物出院指导

(一)护理指导

对呕吐、腹泻较严重的患犬,须禁食、禁饮水,并注意保暖。在恢复期要控制饮食,可饲喂口服补液盐及少量的牛奶、麦乳糖、鸡蛋汤等营养丰富和易消化的食物,切忌饲喂难以消化的肉食,以防病情加重,延误病程。由于治疗期间长期使用抗生素,康复期需要用15～30 d的益生菌类药物调理肠道有益菌群。

(二)预后

犬细小病毒性肠炎的特点是病程短急、恶化迅速,病程短的4～5 d即会死亡,长的1周左右,与犬瘟热明显不同。治疗中若能迅速有效地止吐、止泻和止血,并及时合理地输液纠正水、电解质及酸碱平衡紊乱,可显著提高治愈率。心肌炎型治愈率极低,往往会出现突然死亡。

发生败血症性休克和出血性腹泻的犬预后较差。

病例分析

2011年3月22日,宠物医院接诊一只大麦町犬,据犬主介绍,这只大麦町犬健康状况一向良好,食欲旺盛,进食正常,无犬细小病毒病病史(接种过狂犬病病毒疫苗)。于半月前发病,通过对病犬临床检查,其临床表现为精神高度沉郁,后肢站立不稳,两侧腹部紧缩,体温40.5 ℃,频繁呕吐,呕吐液呈黄色带泡沫水样,剧烈腹泻,排有恶臭的番茄汁样血便,眼角有少量分泌物,食欲废绝。犬细小病毒快速诊断试纸卡检测为细小病毒感染。

治疗使用犬细小病毒单克隆抗体按0.5 mL/kg体重,腹股沟内侧肌肉注射,连用3 d。静注乳酸林格氏液500 mL、20%葡萄糖溶液40 mL、盐酸山莨菪碱注射液1 mL、维生素C 5 mL、ATP 2 mL、10%氯化钾每50 mL中加5 mL抗菌消炎药一次缓慢静注。同时肌肉注射溴米那普鲁卡因注射液1 mL、地塞米松6 mg 、止血敏3 mL,2次/d,7 d为一个疗程。用50 mL的塑料注射器灌注38 ℃ 1%的盐水肥皂溶液,每次灌肠100 mL,灌后病犬立即排出肠道内腐败的内容物,紧接着开始第二次灌注。如此重复,直到排出的粪水变清,恶臭味消失为止。

项目四　犬副流感病毒感染防治技术

【案例导入】

一只金毛犬发病一周,主要是咳嗽、流鼻涕。严重时精神沉郁,厌食。咨询了宠物医院的医生,都怀疑是犬瘟热,但是化验后都不是。按呼吸道感染治疗3 d后并不见好转。宠物医生按临

床检查程序为犬做了详细的检查。经临床检查并结合流行病情况确诊为犬副流感病毒感染。

【项目描述】

一、宠物入院症状、诊断评估与记录

（一）一般检查项目评估

1.病史

病犬精神沉郁，食欲明显下降，打喷嚏频繁。

2.临床症状

体温升高至 41 ℃，呼吸、心跳加快。鼻镜干燥，鼻孔流浆液鼻汁。眼结膜潮红，间歇性咳嗽。病犬全身无力，喜卧。听诊气管和肺区有粗粝的呼吸音。

3.犬副流感病毒抗原快速检测试纸卡检测

用棉签从病犬鼻孔内刮取鼻腔内壁分泌物；将棉签浸入样品稀释液试管，充分搅拌混匀后，静置少许时间，用一次性滴管取上清液（即检测液）；取出试纸，将试纸卡水平放置，用滴管向试纸卡孔缓慢地逐滴加入 3 滴不含气泡的上清液。10 min 内判断结果。结果判定方法同犬细小病毒病原快速检测试纸卡结果判定方法。

（二）重点检查项目评估

部分犬感染可表现后躯麻痹和运动失调等症状。病犬后肢可支撑躯体，但不能行走，膝关节和腓肠肌腱反射和自体感觉不敏感。

（三）并发症评估

当犬感染犬副流感病毒时，常常继发感染支气管败血波氏杆菌、支原体等。

【相关知识】

犬副流感病毒感染是由副流感病毒 5 型（Parainfluenza virus 5）引起的犬的一种传染病，特征为突然发热、卡他性鼻炎和支气管炎。本病于 1967 年 Binn 首次报告，并一直认为仅局限于呼吸道感染。1980 年 Evermann 等发现，患犬也可因急性脑脊髓炎和脑内积水，表现后躯麻痹和运动失调。

病原　副流感病毒 5 型，又称犬副流感病毒（Canine parainfluenza virus，CPIV），为副黏病毒科副黏病毒属成员。核酸类型为单股 RNA。病毒粒子呈多形性，直径 100～180 nm，囊膜表面有特征性凸起，含血凝素和神经氨酸酶。病毒在细胞胞浆中复制，成熟后在细胞膜上以出芽形式释放。

本病毒只有一个血清型，但不同毒株间的毒力有所差异。病毒可在犬和猴肾原代或传代细胞及 Vero 细胞上增殖并产生 CPE，感染细胞胞浆内形成嗜酸性包涵体。病毒可在鸡胚羊膜腔内增殖，但鸡胚不死亡。鸡胚尿囊腔接种，病毒不增殖。本病毒对热、乙醚、酸、碱不稳定，在 0.5%水解乳蛋白和 0.5%牛血清 Hanks 液中 24 h 感染性不变。病毒在 4 ℃和 24 ℃条件下可凝集人 O 型及鸡、豚鼠、大鼠、兔、猫和羊的红细胞。

流行病学　本病毒感染各种年龄犬，幼龄犬病情较重。本病传播迅速，常突然暴发。急性

期病犬是主要传染源，病毒主要存在于呼吸系统，通过呼吸道而感染。常见与支气管败血波氏菌合并感染。

症状 潜伏期较短。病犬突然发热，精神沉郁、厌食，鼻腔流出大量黏性和脓性分泌物。结膜炎，咳嗽和呼吸困难。若与支气管败血波氏菌混合感染，则临床表现更严重，成窝犬咳嗽，并出现肺炎现象，病程 3 周以上。11～12 周龄幼犬死亡率较高。成年犬病症较轻，死亡率较低。有的犬感染 CPIV 后表现后躯麻痹和运动失调等神经症状。

病变 剖检可见鼻孔周围有黏性、脓性分泌物，结膜炎、气管炎和肺炎病变。神经型主要出现急性脑脊髓炎和脑积水。组织学检查鼻上皮细胞水泡变性，纤毛消失，黏膜和黏膜下层有大量白细胞浸润，肺、气管及支气管有炎性细胞浸润。神经型可见脑皮质坏死，血管周围有大量淋巴细胞浸润及非化脓性脑膜炎。

诊断 根据流行病学、临诊症状和病理变化可做出初步诊断，确诊可采取呼吸道病料，适当处理后接种犬肾细胞，每隔 4～5 d 进行一次豚鼠红细胞吸附试验，盲传 2～3 代，出现 CPE。再用特异性豚鼠免疫血清进行 HI 试验进行病毒鉴定。用血清中和试验和 HI 试验检查双份血清抗体是否上升，有回顾性诊断价值。

防治 预防本病主要是加强饲养管理，特别是犬舍周围环境卫生，新购入犬进行检疫、隔离和预防接种。犬群一旦发病，立即隔离、消毒，重病犬及时淘汰。用镇咳药及抗生素治疗，对细菌混合感染有一定疗效。

二、按医嘱进行治疗

1. 治疗原则

增强机体免疫机能，抗病毒感染、抗继发感染，补充体液等。

2. 药物治疗

肌肉注射五联高免血清 2 mL/kg 体重，胸腺素 5 mg，每日一次；病毒唑 30 mg/kg 体重，头孢曲松（菌必治）50 mg/kg 体重，双黄连 1 mL/kg 体重，配合盐水 200 mL 静脉输液；板蓝根冲剂每日 2 次，每次 1 袋。

对干咳的犬可用复方甘草合剂、联邦止咳露等，对严重咳嗽的犬可用超声波气雾疗法；食欲差的犬可静脉输入等渗葡萄糖液，并注意补充 ATP、辅酶 A 和维生素 C、B 族维生素；本病常继发感染支气管败血波氏杆菌、支原体，为防止继发感染，可选用头孢菌素（先锋霉素）、林可霉素、氨苄西林等；抗病毒感染可选用病毒唑等；提高抵抗力，可给予高免血清或静脉注射人血白蛋白。

3. 预防

本病的预防主要是进行免疫接种，目前国内多使用含犬副流感弱毒疫苗的犬用六联弱毒疫苗和五联弱毒疫苗，一般幼犬在 6～8 周龄时进行首免，以 3 周为间隔连续接种 3 次，可取得较好效果。由于本病主要通过空气经呼吸道传播，一旦发生即很快蔓延到整个犬群，难以控制。

三、宠物出院指导

1. 护理指导

定期进行活动场地消毒，保持一个良好的饲养环境。

2. 预后

治疗 5 d 后病情明显好转，病犬体温正常，食欲恢复。

病例分析

2022 年 3 月 5 日，宠物医院接诊一只博美犬，8 月龄，厌食、流涕、咳嗽、发热。刚进 3 月份，开始出现上呼吸道感染的症状。通过临床症状及实验室检查确诊为犬副流感。治疗采用胸腺素 5～10 mg/次，同时配合犬副流感高免血清 2 mL/kg 肌注，1 次/d，连用 3～5 d。病毒唑 20～30 mg/kg，头孢曲松钠 0.1 mg/kg，双黄连 1～3 mL/kg 静脉滴注。适当添加维生素 C、辅酶 A、ATP 后静脉滴注。15 d 后痊愈。

项目五　犬传染性喉头气管炎的防治技术

【案例导入】

李某购买一只 3 个月的幼犬，回家养了 10 d 后，幼犬开始出现咳嗽、流鼻涕，食欲下降，精神沉郁。于是李某带着幼犬去了宠物医院就诊，做了犬瘟热抗原检测，结果为阴性。按感冒治疗 5 d 后不见明显好转，转诊到另一家宠物医院就诊。经宠物医生细心诊断，确认该幼犬患犬腺病毒Ⅱ型引起的传染性喉头气管炎。

【项目描述】

一、宠物入院症状、诊断评估与记录

（一）一般检查项目评估

1. 病史

病犬精神沉郁、不食，并有呕吐和腹泻症状出现。

2. 临床症状

病犬持续性发热，体温在 39.5 ℃以上。鼻部流浆液性鼻液，并随呼吸向外喷水样鼻液。而且阵发性干咳明显，咳中带有少量痰液，呼吸急促，人工压迫气管即可出现咳嗽。

3. 听诊

气管有典型啰音，口腔咽部检查可见扁桃体肿大，咽部红肿。

4. 应用犬腺病毒Ⅱ型抗原快速检测试纸卡（CAV-Ⅱ）检测

检测步骤：用棉签从病犬鼻孔内刮取鼻腔内壁分泌物；将棉签浸入样品稀释液试管，充分搅拌混匀后，静置少许时间，用一次性滴管取上清液；取出试纸，将试纸卡水平放置，用滴管向试纸卡孔缓慢地逐滴加入 3 滴不含气泡的上清液。10 min 内判断结果。结果判定方法同犬细小病毒病原快速检测试纸卡结果判定方法。

（二）重点检查项目评估

（1）X片显示肺部有少量坏死灶。

（2）血液常规检查，嗜中性粒细胞增多、嗜中性粒细胞细胞核左移。

（三）并发症评估

该病往往易与犬瘟热、犬副流感病毒及支气管败血博代氏杆菌混合感染引发肺炎。

【相关知识】

犬传染性喉头气管炎又称犬咳嗽综合征，是由犬腺病毒Ⅱ型病毒引起犬的传染病。临床特征表现为持续高热、咳嗽、浆液性至黏液性鼻漏、扁桃体炎、喉气管炎和肺炎。从临床发病情况统计，该病多见于4个月以下的幼犬。在幼犬可以造成全窝或全群咳嗽。

病原　犬腺病毒Ⅱ型病毒属于腺病毒科、哺乳动物腺病毒属。该病毒在形态、结构和理化特性方面与犬传染性肝炎病毒基本一致，且两者具有70%的基因亲缘关系，在免疫上能交叉保护。犬腺病毒Ⅱ型病毒与犬传染性肝炎病毒的抵抗力相似，在犬舍中可存活数月，一般消毒剂均可杀灭该病毒。

流行病学　本病通过气溶胶（咳嗽、打喷嚏）传播，因此在舍养犬群、动物收容所、宠物店、宠物医院等较常见。另外，通过粪便污染，如人员、笼具、食物及饮水器等也可传播。

患犬传染性喉头气管炎的病犬气管中常分离出犬副流感病毒和支气管败血博氏杆菌。本病混合感染较常见，混合感染显然存在着多种病原微生物间的协同作用。这些病原单独感染仅引起很轻微的症状或者仅停留于呼吸道成为无症状携带者。这些病原主要侵袭上呼吸道黏膜，结果引起呼吸道上皮细胞损伤、急性炎症和呼吸道纤毛功能异常。对幼犬或免疫不全犬，可继发下呼吸道细菌感染而引起致死性肺炎。

症状　犬腺病毒的感染潜伏期为5～6 d。持续性发热(体温在39.5 ℃左右。鼻部流浆液性鼻汁，有时流随呼吸向外喷水样鼻汁。表现6～7 d阵发性干咳，后表现湿咳并有痰液，呼吸喘促，人工压迫气管即可出现咳嗽。口腔咽部检查可见扁桃体肿大，咽部红肿。病状继续发展可引起坏死性肺炎。病犬可表现精神沉郁、不食，并有呕吐和腹泻症状出现。

1.温和型

温和型犬传染性喉头气管炎最常见。由气管支气管炎引发急性阵发性干咳，运动、兴奋或温度、湿度改变，可使咳嗽变得更加频繁。触诊气管很容易引起咳嗽。偶尔可见有轻度的黏液性眼鼻分泌物。犬仍然继续采食，活泼和警觉，而且不发热。临床过程一般可持续7～14 d。

2.严重型

严重型犬传染性喉头气管炎较少见，一般是未免疫的幼犬发生混合感染，特别是在宠物店及动物收容所。并发支气管肺炎可使病情加重。因为气管支气管炎加支气管肺炎可能出现生痰性咳嗽，并出现厌食、精神沉郁、发热、眼鼻分泌物增加（浆液性或黏液脓性鼻炎和结膜炎）。

该病往往易和犬瘟热、犬副流感病毒及支气管败血博氏杆菌混合感染。混合感染的犬预后大多不良。

诊断　犬传染性气管支气管炎的诊断，一般是依据充分的临床表现及病史。血象、放射检查及呼吸道细胞学检查并不具有特异性。

1. 血象检查

温和型一般正常，严重型中性淋巴细胞增多。

2. 胸部透视

温和型一般正常，偶尔可见肺脏间质密度轻度增加；严重型可见支气管肺炎。

3. 分离培养

取鼻腔拭子和气管、支气管冲洗液进行波氏杆菌和支原体分离培养。但分离到博氏杆菌或支原体仅能做出推测性诊断，因为无症状犬的呼吸道也可能带有这些病菌。病毒分离不适合于临床诊断。

二、按医嘱进行治疗

1. 治疗原则

本病尚无特效的抗病毒药物，对症或支持治疗。

2. 药物治疗

目前我国还没有犬腺病毒Ⅱ型高免血清，所以发现本病一般均采用对症疗法，一般用镇咳药、祛痰剂、补充电解质、葡萄糖等防止继发感染。

典型的温和型犬传染性气管支气管炎在 7～14 d 内自限性发展，所以对症状轻微的犬不需要进行特别的治疗。而对于严重型，因为侵害到下呼吸道时可致死，所以必须对细菌性支气管肺炎进行治疗。

对咳嗽持续时间超过 14 d 的病例，应考虑犬传染性气管支气管炎之外的其他病因。

支气管败血波氏杆菌对氯霉素、四环素、庆大霉素、卡那霉素和新生霉素等敏感；支原体一般对四环素敏感，但对药物的敏感性会发生变化，有条件的情况下应进行药敏试验选择药物，特别是严重型和慢性病例。

对于附着于黏膜表面纤毛上的波氏杆菌，抗生素喷雾效果可能更好，因为全身给药药物很难达到这些部位。

对生痰性咳嗽，建议不要使用镇咳药。但对温和型犬传染性气管支气管炎，为减少咳嗽噪声及减缓症状，可以使用。

3. 预防

(1)发病后应马上隔离。犬舍及环境用 2%氢氧化钠溶液、3%来苏儿消毒。

(2)预防接种多采用多价苗联合进行免疫，其免疫程序同犬瘟热。目前荷兰英特威公司生产的“犬窝咳疫苗”采取滴鼻方法，无痛苦，可达到预防效果。

三、宠物出院指导

1. 护理指导

注意犬舍保暖、通风，避免牵病犬散步、运动等，以免引起阵咳。

2. 预后

混合感染的犬预后大多不良。

病例分析

2010年初春，某养犬基地买入一批幼犬，犬龄三个月以上，大多呈现典型的气管炎症状，阵发性干咳，连续性发出“咔、咔”咳嗽声，早晚尤为明显，咳嗽随运动及进食加剧，部分犬伴随剧烈咳嗽甚至发生呕吐，经X光检查可见胸部纹理明显变粗，阴影明显。结合临床症状及实验室检测可以确定为犬传染性气管支气管炎。治疗：祛痰止咳平喘选用喷托维林（咳必清）片25 mg/kg体重，2次/d口服；抗病毒选用利巴韦林6 mg/kg体重，2次/d肌注或静注控制继发感染选用乙酰红霉素口服，2片/次，2次/d；呼吸困难的幼犬可配合输液治疗，静脉输入葡萄糖、头孢唑林钠、地塞米松、肌苷、辅酶A、ATP等药物。通过进行以上的治疗方案，一周后病犬大多康复，其余症状明显减轻。

学习情境三

猫三联疫苗相关病毒性传染病的防治技术

项目一　猫瘟热的防治技术

【案例导入】

一只生病的大白猫被主人带到宠物医院。据猫的主人描述，该猫已经 3 岁，从来没有注射过疫苗。病猫精神沉郁，一点东西也不吃。大便初期不成形，后来逐渐成水样稀便并且混有血液，体温升高到 41 ℃以上。宠物医生经过详细检查确诊为猫泛白细胞减少症，也就是猫瘟。

【项目描述】

一、宠物入院症状、诊断评估与记录

（一）一般检查项目评估

1. 病史

患猫频繁呕吐及异常姿势表现。

2. 临床症状

诊断可见起初症状不明显，表现为精神倦怠，发热，体温升高至 41 ℃以上，持续 24 h 左右后下降至常温，但经 2～3 d 又可上升，呈典型的双相热型。腹泻，脱水，体重下降，眼鼻流出脓性分泌物。

（二）重点检查项目评估

1. 实验室检验猫白细胞数

实验室检验猫白细胞数对本病有重要的诊断价值。猫正常白细胞数为 12.5×10^{9} 个/L，若实验室检查结果为 8.0×10^{9} 个/L 左右，应怀疑发生本病；结果为 5.0×10^{9} 个/L 者应视为重症病例；若降至 2.0×10^{9} 个/L 以下，多提示预后不良。

2. 实验室其他诊断方法

还有血凝与血凝抑制试验、免疫荧光试验和 ELISA 方法等。

（三）并发症评估

脱水及继发细菌感染常是造成猝死的原因。其他并发症包括口腔溃烂、血痢、黄疸及广泛性血管内凝血症候群。

【相关知识】

猫瘟热又称猫泛白细胞减少症或猫传染性肠炎，是由猫泛白细胞减少症病毒引起的猫和其他猫科动物的一种急性、高度接触传染性疾病。临床表现为高热、腹泻、呕吐及白细胞减少。

病原 猫泛白细胞减少症病毒（Feline panleukopenia virus，FPV）属细小病毒科，具有细小病毒典型的理化特性。在抗原性方面很难与水貂肠炎病毒区分开。核酸限制性内切酶图谱与浣熊细小病毒无区别，但与犬细小病毒、水貂肠炎病毒不同。

猫泛白细胞减少症病毒可在原代或传代猫肾细胞内繁殖，但在犬的细胞上不生长。病毒对外界环境因素和部分消毒药物及热有较强的抵抗力，80 ℃ 2 h才能将其灭活。0.175%次氯酸钠溶液是最有效和实用的消毒药。

流行病学 本病毒可感染所有的猫科动物，但主要是感染家猫。被感染猫是病毒的重要贮存宿主。无论是感染急性期，还是无症状感染动物都可通过尿液、粪便及体液分泌物排出病毒，特别是粪便的排毒时间可持续6周左右。病毒广泛存在于外界环境中，存活时间可能达到1年以上。本病主要经口腔和呼吸道途径感染，动物口咽部接触污染物后即可能感染本病。潜伏期一般在4 d左右。

症状 最急性型，常见不到任何症状而突然死亡；急性型，呈非典型症状，常在24 h内死亡；亚急性型，病猫倦怠、废食、呕吐、腹泻，排出血样稀粪，体温升高达41 ℃以上，持续24 h后降至常温，经2～4 d又回升（呈双相热），后期因腹泻而严重脱水，虚弱，常在第2次升温后不久死亡。

成年猫主要呈亚临床感染。幼龄猫发病率和死亡率最高。临床特征与犬细小病毒性肠炎相似，主要表现为厌食、高热（40～41 ℃）、持续呕吐、腹泻和进行性脱水。呕吐物常常带有胆汁。粪便为水样、黏液性或带血。触诊时，小肠襻变厚、变硬，充满液体并有痛感。猫对细菌性败血症、内毒素血症的易感性增加。

猫在怀孕末期或出生后头2周感染，可对中枢神经系统造成永久性损伤，引起小脑发育不全。感染幼猫出现进行性运动失调、伸展过度、侧摔、趴卧、紧张性震颤等。猫泛白细胞减少症病毒也可感染新生猫的胸腺，引起胸腺萎缩和新生猫早期死亡（幼猫衰竭综合征）。病毒侵害视网膜，引起视网膜发育不良。妊娠猫感染猫泛白细胞减少症病毒后可经胎盘感染胚胎或胎儿，导致胚胎被吸收（不育）、胎儿死亡、胎儿木乃伊化、流产和产死胎。

病变 病毒对快速分裂的细胞具有一定的亲嗜性，尤其是下列细胞易受侵害：侵害肠隐窝上皮细胞，引起急性肠炎；侵害造血组织，引起泛白细胞减少症；侵害淋巴组织，引起淋巴缺失；感染子宫内胎儿，可引起死胎或脑发育不全。感染后2周左右，病毒从大部分脏器中消失，但少部分器官（如肾脏）中少量病毒可持续存在1年左右。

肠道的肉眼变化比较明显，小肠肿大和膨胀。胸腺变小。显微镜下可见肠隐窝上皮坏死，绒毛脱落。淋巴结、胸腺和脾脏的滤泡和副皮质区淋巴细胞缺失。感染的后期可能出现再生

性淋巴增生。由子宫内感染而出现共济失调的患猫，可见脑组织粒细胞缺失、血管袖套及神经元变性。

诊断　凡未接种过疫苗的易感猫，临床上表现为严重的胃肠炎症状，并出现全身性症状和严重的白细胞减少，即可初步诊断为本病。

猫泛白细胞减少症较为特征的变化是严重的白细胞减少，白细胞总数少于 500 个/μL，并持续 2～4 d，直到疾病康复才开始回升。白细胞的减少程度，与临床症状的严重程度相关。

如果白细胞减少持续 5 d 以上或者伴有严重的再生障碍性贫血，应考虑与猫白血病病毒有关的类泛白细胞减少综合征。其他可引起类似泛白细胞减少症的疾病，包括急性沙门氏菌病、伴发内毒素血症的细菌性败血症、胃肠道异物穿孔和腹膜炎。

血清学检查（采取双份血清检查中和抗体的效价消长情况）及病毒的分离，主要用于研究，不太适合于临床诊断。

剖检诊断的依据是肠道隐窝的严重坏死。

二、按医嘱进行治疗

1. 治疗原则

本病可采用特异性疗法和对症疗法，总体治疗原则为消除病原、止吐、抗毒消炎、止酸补液。

2. 药物治疗

特异性疗法　使用猫瘟热高免血清 2 mL/kg 体重，皮下注射，每日 1 次，连用 3 次以上；同时肌注聚肌胞注射液 1～2 mg/次，隔日 1 次，连用 3 次以上。

对症疗法　止吐，胃复安注射液 0.05～0.15 mg/kg 体重，每日 2 次，皮下注射；抗病毒，病毒唑 50～100 mg；防继发感染，氨苄西林 30 mg/kg 体重、地塞米松 2～5 mg，肌肉注射，每日 1～2 次，连用 4 d 以上；防脱水，以 10%葡萄糖液、乳酸林格氏液、能量合剂混合静脉注射，剂量为 50 mL/kg 体重。

3. 预防

预防猫瘟需要给猫接种猫三联疫苗，猫三联主要预防猫瘟、猫鼻支气管炎、猫杯状病毒感染。猫 9 周龄时进行首免，以 3 周为间隔连续接种 3 次，以后每年加强免疫 1 次。

三、宠物出院指导

1. 护理指导

定期进行活动场地消毒，保持一个良好的饲养环境。

2. 预后

本病为猫的致死性传染病，若无特异性高免血清治疗，治愈率很低。幼猫发病的死亡率可高达 50%～90%。只有当呕吐和腹泻停止，食欲和体温恢复正常，白细胞开始增多后才能预示其能够康复。如并发低温和休克（内毒素血症）、黄疸，继发细菌或真菌感染，血液检验白细胞总数降至 2 000 个/L 以下的患猫，则预后不良。

病例分析

2011年10月中旬,宠物医院接诊一只波斯猫,病猫7月龄,精神不振,厌食,呕吐,呕吐物呈黄绿色,口腔及眼、鼻有黏性分泌物,体温40.1 ℃。根据流行病学、病史、典型的临床症状及血液中白细胞大量减少可做出初步诊断。病毒检测为猫瘟。治疗:①猫瘟免疫血清,2 mL/kg体重,肌肉注射,隔日1次。②胃复安注射液0.05～0.15 mg/kg体重,2次/d,皮下注射。③以10%葡萄糖液、乳酸林格氏液、能量合剂混合静脉注射,输液量根据脱水程度而定,一般剂量为50 mL/kg体重。④病毒唑50～100 mg/kg体重、氨苄西林30 mg/kg体重、地塞米松2～5 mg,肌肉注射,1～2次/d,连用4 d以上;或肌肉注射庆大霉素20 mg/kg体重,2次/d,连用4 d。⑤发热病猫应用柴胡注射液,排血便者可用止血敏或维生素K_3注射液。⑥中药疗法,乌药10 g、连翘10 g、金银花10 g,共水煎取汁,让猫自行饮服或滴灌,连服5 d。

项目二　猫传染性鼻气管炎的防治技术

【案例导入】

一只生病的家猫被主人带到宠物医院,家猫3岁,近日食欲下降,不停地打喷嚏、流涕、咳嗽、流眼泪。临床检查体温升高至40 ℃,眼结膜红肿,呼吸急促,体重下降。经宠物医生诊断为猫传染性鼻气管炎。

【项目描述】

一、宠物入院症状、诊断评估与记录

(一)一般检查项目评估

1.病史

病猫食欲下降,不停地打喷嚏、流涕、咳嗽、流眼泪。

2.临床症状

体温升高,眼结膜红肿,呼吸急促,体重下降。

3.呼吸道上皮细胞检查

可在呼吸道上皮细胞中检查出典型的核内嗜酸性包涵体。

(二)重点检查项目评估

(1)本病症状与猫的其他呼吸系统疾病相似,临床确诊较困难。通常会测量猫的体温,对于症状严重、久病不愈或多日不进食的猫,可抽血进行血常规检查及生化检查,以了解其身体状况。

(2)可用中和试验和血凝抑制试验做特异性检查以确定病原。

(三)并发症评估

患猫抵抗力变差,易引起肺炎一类的并发症。

【相关知识】

猫传染性鼻气管炎是由猫疱疹病毒Ⅰ型病毒(Feline herpes virus-1,FHV-1)引起的高度接触性上呼吸道传染病,是猫的最常见呼吸系统疾病之一(另一种为猫杯状病毒感染)。病情可以很严重,尤其在幼猫可并发肺炎引起死亡。

病原　猫疱疹病毒Ⅰ型病毒在分类上属疱疹病毒科甲型疱疹病毒亚科,具有疱疹病毒的一般特性。病毒粒子中心致密,外有囊膜,双股DNA。FHV-1对外界环境抵抗力弱,对酸、热和脂溶剂敏感。甲醛和酚可将其灭活。在−60 ℃条件下可存活180 d,50 ℃ 4～5 min可灭活。在干燥条件下12 h可灭活。

流行病学　FHV-1在世界上广泛分布,该病主要是接触传染,病毒经鼻、眼、口腔分泌物排出,病猫和健康猫通过鼻与鼻直接接触及吸入含有病毒的飞沫经呼吸道感染。静止空气中,可在1 m范围内发生飞沫传播。自然康复的猫能长期带毒和排毒,成为危险的传染源。发病初期的猫,可通过分泌物大量排毒达14 d之久。

症状　本病的潜伏期为2～6 d。幼猫比成年猫易感且症状严重。患猫突然发病,体温升高至40 ℃左右,并且呈稽留热,数日不退,上呼吸道症状明显,阵发性咳嗽和喷嚏,鼻部有浆性和脓性分泌物,结膜炎症状明显,羞明、流泪。精神沉郁、食欲减退或不食、进行性消瘦。鼻液和泪液的特点,初期为透明液体,随症状发展,变为黏脓性的分泌物(图3-1)。约50%以上的幼猫死亡,如继发混合感染死亡率更高。部分患猫可见角膜树枝状充血和结膜水肿的变化。舌、硬腭及软腭、口唇可见溃疡,溃疡初期表现为水泡,2～3 d后破溃,上皮变黄、脱落,出现典型的溃疡灶。慢性病例,可见有慢性鼻窦炎、溃疡性结膜炎和全眼球炎,严重者可失明。血象变化:发病初期可见白细胞(WBC)计数低于正常值,淋巴细胞低。

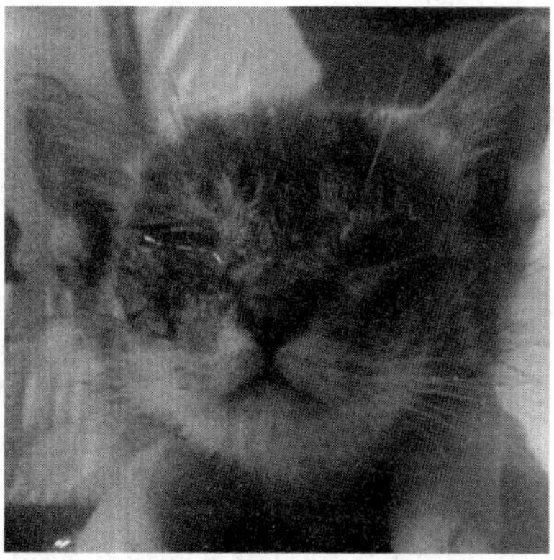

图3-1　幼猫眼部多量脓样分泌物

二、按医嘱进行治疗

1.治疗原则

目前本病尚无特效药治疗。采用支持疗法、对症治疗和防止继发感染,对本病的恢复有良好的作用。

2.药物治疗

应用抗病毒药物如猫干扰素帮助猫对抗病毒;应用广谱抗生素预防和治疗继发的细菌感染;对出现结膜炎的猫可应用抗生素、抗病毒滴眼液;应用科特壮、维肝素等药物调节猫代谢机能,促进食欲;对于食欲不振、症状较重的猫,进行输液治疗,通过输液也可以补充水分和能量;

多日不进食的猫，需强行灌食，帮助其食欲及消化功能恢复，以避免和缓解长期不进食引起消化系统及肝脏功能障碍及损伤。

赖氨酸可以帮助免疫系统抑制疱疹病毒，可减轻患病猫的症状。发表在2002年美国兽医研究杂志的一项研究显示，赖氨酸在减少疱疹病毒感染猫的临床症状方面有效。目前已有供猫食用的赖氨酸膏和赖氨酸粉。

3.预防

注射猫三联疫苗进行预防。建立良好的通风环境和消毒措施，注意环境卫生，降低饲养密度，发现病猫及时隔离、消毒，防止接触传播。

三、宠物出院指导

1.护理指导

猫患传染性鼻气管炎一般眼睛都会出现红肿、多泪、流涕。轻度症状的时候只是出现一些水状的眼泪和鼻涕，如果症状严重鼻涕和眼泪就会成浓稠状，颜色发青黄色。有时候眼泪太多太黏稠还会黏住眼皮，眼睛就睁不开了，鼻涕变干会堵塞鼻孔使其呼吸困难。这个时候一定要用医用棉花蘸温水一点一点地把眼睛和鼻子周围干掉的分泌物化开，轻轻擦去，然后上眼药水。

2.预后

一般情况下，得到合理治疗病情不会特别严重者，预后较良好，治愈率较高。成年猫（特别是老年猫）如果治疗不及时，出现肺部感染的症状则治疗时间长，病情反复而严重，治愈率不高。

病例分析

2011年9月3日宠物医院接诊一患病猫，猫主介绍，在该猫生病之前，他曾经在街上收留1只有感冒症状的幼年猫，在3 d后，收留后的幼年猫很快就由于呼吸衰竭而死亡。同时，自家的猫也出现了类似感冒的症状，出现流鼻涕、流眼泪等，并伴随着食欲的下降，精神沉郁。病猫体温升高，出现阵发性咳嗽，流泪，并有结膜炎的表现；鼻腔有大量分泌物，口腔有溃疡，从口中不断流出脓性分泌物，有臭味。对患病猫采样进行特异的血清学诊断为猫疱疹病毒Ⅰ型感染（猫传染性鼻气管炎）。对病猫进行治疗：抑制病毒复制，给予干扰素10万U/次，皮下注射，1次/2 d；防继发感染给予恩诺沙星片，5 mg/kg体重，口服；防治眼病，给予碘苷（疱疹净）滴眼药，点眼外用，每日5～8次。用药7 d后痊愈。

项目三　猫杯状病毒感染的防治技术

【案例导入】

一病猫精神沉郁、吃食困难，想吃又不敢吃，流涎、打喷嚏、流泪、鼻腔流出浆液性分泌物。临床检查：口腔出现溃疡，溃疡面分布于舌和硬腭部。鼻腔黏膜也出现大小不等的溃疡面。经诊断为猫杯状病毒感染。

【项目描述】

一、宠物入院症状、诊断评估与记录

（一）一般检查项目评估

1.病史

病猫精神沉郁、进食困难。

2.临床症状

口腔出现溃疡，溃疡面分布于舌和硬腭部。

（二）重点检查项目评估

由于症状与猫的其他呼吸系统疾病，尤其是猫传染性鼻气管炎相似，故临床确诊较困难（需实验室进行病毒培养并采用免疫组织化学方法，临床一般不采用）。若同时出现口腔溃疡症状则较可能为本病。

用拭子取咽、眼、鼻分泌物或溃疡物，接种于猫源单层细胞上，培养分离病毒；还可用补体结合反应、荧光抗体技术及免疫扩散试验法进行检查。

（三）并发症评估

幼猫感染后会发展为病毒性肺炎，这也是幼猫死亡率较高的原因，死亡率最高可达到30%。被杯状病毒感染的猫常混合疱疹病毒感染。

【相关知识】

猫杯状病毒感染是猫的一种多发性口腔和呼吸道传染病，又称为猫传染性鼻结膜炎。因毒株和动物的抵抗力不同，症状差别很大，有些毒株主要引起口腔或/和上呼吸道感染，另一些毒株则会导致肺炎。猫杯状病毒感染是猫的多发病之一，发病率较高，死亡率较低，但在小于84日龄的猫常可致死。由于该病毒变异性强，故疫苗预防效果不佳。

病原　猫杯状病毒（Feline calicivirus，FCV）属于杯状病毒科的小RNA病毒。病毒的核酸芯由单链RNA构成。人工培养可在猫肾细胞、猫胸腺细胞及猫肺细胞上生长。病毒对乙醚、氯仿具有抵抗力；但对酸性环境（pH≤3）敏感。加热50 ℃30 min可使病毒灭绝。

自1957年Fastier等首次分离到猫杯状病毒（FCV）以后，人们又从世界上许多国家和地区的家猫和澳大利亚的猎豹中分离到FCV。目前认为，FCV呈世界性分布，并可能感染所有猫科动物，我国猫群中亦存在FCV抗体。

流行病学　猫科动物如野猫、虎、豹均能感染。主要发生于几周以内的幼龄猫。病猫和带毒猫是本病主要传染源。病毒可随猫唾液、眼泪和鼻腔分泌物散播到外界，污染笼具、猫床、垫料和周围环境，也可直接传染给易感猫。病猫在康复后能长时间带毒排毒，仍然是一种危险的传染源。自然条件下，猫等猫科动物如野猫、虎、豹均对此病毒易感，常发生于6～84日龄猫。

症状　感染后的潜伏期为2～3 d，病初精神沉郁，发热至39.5～40.5 ℃。患猫精神欠佳、打喷嚏，口腔及鼻腔分泌物增多，流涎，眼鼻分泌物开始为浆液性、4～5 d后为脓性，出现角膜发炎、羞明等症状。随后，口腔出现溃疡，这是最显著的特征，溃疡面分布于舌和硬腭部，尤其是腭中裂部最常见（图3-2）。有时鼻腔黏膜也出现大小不等的溃疡面。发生口腔溃疡的猫，因口腔不适

而吞咽吃食困难，流口水，有明显的吞咽动作(伸脖子很困难地咽东西)。

严重病例会出现支气管炎甚至肺炎，而致呼吸困难，肺部有干性或湿性啰音，可因肺炎致死。少数病例仅出现肌肉疼痛和角膜炎，见不到呼吸道症状。有些猫可发生免疫介导性的多发性关节炎(机体对抗病毒时产生的免疫复合物沉积)。偶有(少见)病例因免疫复合物沉积而发生肾炎。偶有(少见)猫出现皮肤溃疡。根据毒株毒力不同，症状及病情严重程度可有不同。

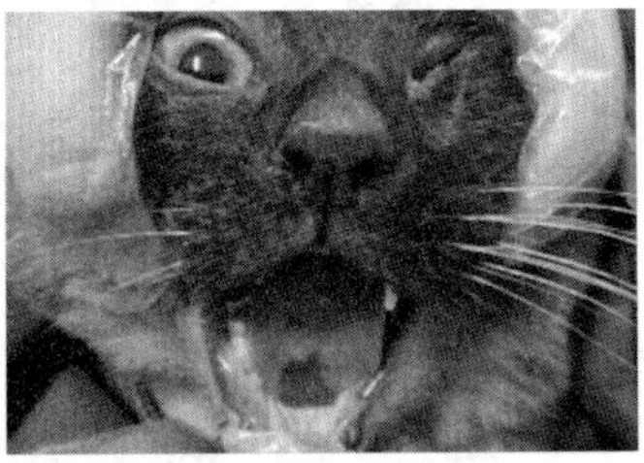

图 3-2　舌面溃疡

杯状病毒感染如不继发其他病毒(如传染性鼻气管炎病毒)感染、细菌性感染，病猫大多数能耐过，7～10 d后可恢复，往往成为带毒者。

二、按医嘱进行治疗

1. 治疗原则

本病尚无特效的抗病毒药物，对症或支持治疗。

2. 药物治疗

目前无特异性治疗方法。一般应用广谱抗生素防止继发感染。

3. 预防

注射猫三联疫苗，但因该病毒变异性强，故疫苗预防效果不佳。

三、宠物出院指导

1. 护理指导

尽量避免高密度养猫，避免在猫多且猫来路混杂处饲养。注意猫舍卫生清洁，新来的猫必须隔离观察并进行免疫接种后再混群饲养。如出现发病猫，及时隔离，清理猫舍，对环境及器具进行消毒。康复猫带毒可达 35 d之久，故康复后需继续隔离。

2. 预后

如果病程较长，由于猫免疫力急剧下降，到后期往往容易继发其他病毒感染，例如猫瘟，会使死亡率大大上升。

病例分析

2012 年 5 月 8 日，宠物医院接诊一病猫，患猫精神欠佳、打喷嚏，口腔及鼻腔分泌物增多，流涎，眼鼻有脓性分泌物流出，角膜发炎、羞明。舌、腭部有溃疡。刮取病理组织物进行荧光抗体染色，检测出杯状病毒抗原的存在。治疗：应用阿莫西林控制细菌的继发感染；用冰硼散吹口腔溃疡部位；用麻黄素、氢化可的松和庆大霉素混合滴鼻；用 5%硼酸溶液洗眼后，再用吗啉呱眼药水和氯霉素眼药水交叉滴眼；中药治疗为银花 15 g、连翘 15 g、黄连 10 g、千里光 10 g、射干 15 g、豆根 12 g、板蓝根 20 g、穿心莲 20 g、大青叶 12 g、甘草 6 g 水煎。用小型金属注射器从口角灌服，每日 3 次。

学习情境四

犬猫其他病毒性传染病的防治技术

项目一　狂犬病的防制技术

【案例导入】

据 2013 年 7 月 30 日台湾新闻报道：7 月中旬发布狂犬病确诊案例至今半个月（统计至 7 月 28 日为止），负责检验狂犬病的“农委会”家卫所总计收到来自各地的食肉目野生动物 55 例，其中 7 例无法检测，因此共采检 48 例，有 12 例判定为狂犬病病毒阳性，其余均为阴性。阳性者全都是鼬獾。

【项目描述】

宠物入院症状、诊断评估与记录

（一）一般检查项目评估

1. 病史

患病动物有被犬、猫或其他宿主动物舔咬史，出现兴奋、恐惧，对外界刺激如风、水、光、声等异常敏感。

2. 典型独特的临床表现

依据患病动物狂暴不安、张口流涎、主动攻击人畜和后期运动失调等临床特征，结合散发及曾被咬伤病史，可做出初步诊断。

（二）重点检查项目评估

1. 狂犬病的实验室诊断

主要应用 ELISA 检测试剂盒，对疑似动物进行狂犬病抗原定性及血清抗体水平检测。

2. 免疫荧光抗体法检测抗原

发病第一周内取唾液、鼻咽洗液、角膜印片、皮肤切片，用荧光抗体染色，狂犬病病毒抗原阳性。

3.病毒检验

死后脑组织标本分离病毒阳性，或印片荧光抗体染色阳性，或脑组织内检到内基氏小体（狂犬病毒包涵体）。

(三)并发症评估

狂犬病病毒经过神经元的途径侵害神经，可损害神经细胞和血管壁，引发神经兴奋或麻痹。

【相关知识】

狂犬病又称恐水病，是由弹状病毒科狂犬病病毒属狂犬病病毒(Rabies virus)侵犯神经系统引起的人畜共患急性传染病，是由狂犬病病毒引起的接触性传染病。该病的临床特征是，患病动物出现极度的神经兴奋、狂暴和意识障碍，最后全身麻痹而死亡。该病潜伏期较长，一旦发病常常因严重的脑脊髓炎，导致全身麻痹，而以死亡告终。同时感染的神经元内出现胞浆内嗜酸性包涵体。人狂犬病多因被感染的犬、猫或野生动物咬伤而感染，病死率近乎100%。

病原 狂犬病病毒属于弹状病毒科狂犬病病毒属。病毒粒子直径为75～80 nm，长140～180 nm，一端钝圆，另一端平凹，呈子弹状或试管状外观。含有5种主要蛋白，即糖蛋白、核蛋白、聚合酶、磷蛋白和膜蛋白。其中糖蛋白在狂犬病病毒致病与免疫中起着关键作用，构成病毒表面的纤突是狂犬病病毒与细胞受体结合的结构，能与乙酰胆碱受体结合，决定了狂犬病毒的嗜神经性。此外，能刺激抗体产生保护性免疫反应。核蛋白是诱导狂犬病细胞免疫的主要成分，因其更为稳定，且高效表达，常应用于狂犬病病毒的诊断、分类和流行病学研究。核蛋白是荧光免疫法检测的靶抗原，有助于临床诊断。

流行病学 患病动物和带毒者是本病的传染源。该病毒感染的范围非常广泛，人及所有温血动物，如犬、猫、猪、牛、马及野生肉食类的狼、狐、豺，各种啮齿类动物，包括鸟类都能感染，尤其是犬科野生动物(如野犬、狐和狼等)更易感染。在患病动物体内以中枢神经组织、唾液腺含毒量最高，其他脏器、血液和乳汁中也可能有少量病毒存在，病毒可在感染组织(如唾液腺和神经细胞)的胞浆内形成狂犬病特有的特异的嗜酸性包涵体，即内基氏小体，呈圆形或椭圆形。传播途径是患病动物和带毒者通过咬伤、抓伤、挠伤其他动物而使其感染。因此，该病发生时具有明显的连锁性，容易追查到传染源。此外，当健康动物的皮肤或黏膜损伤时，如果患病动物和带毒者舔舐或者接触患病动物和带毒者的唾液，则也有感染的可能性。

发病机理 狂犬病病毒为嗜神经病毒，对神经组织有强大的亲和力。病毒一般不进入血液，是通过周围神经逆行向中枢传播，其传播是通过快速突触转送发生的。患病动物唾液中的病毒通过咬伤而进入易感动物的皮下组织，经过潜伏期后，首先在局部伤口的肌肉细胞进行少量繁殖，通过和神经肌肉接头的乙酰胆碱受体结合，侵入神经末梢(从局部伤口至侵入周围神经不少于72 h)。然后沿神经纤维进入神经中枢，在神经细胞中增殖并由中枢神经系统到达外周神经。一旦侵入脊髓神经，就开始大量繁殖，并在数小时即可达到大脑。例如，患病动物唾液腺和唾液中的病毒，就是由中枢神经系统扩散而来的。病毒在中枢神经系统中增殖，既侵害神经细胞，又损害血管壁。血管壁受损后，引起血管周围细胞浸润；神经细胞受刺激后，即可引起各种神经症状，如神志混乱和反射兴奋性增高；当延脑受到侵害时，则可引起发热、多尿和糖尿。该病的后期常常由于神经细胞变性，使患病动物逐渐出现麻痹症状。动物死亡的直接原因就是呼吸中枢麻痹。

症状　特征为狂躁不安、意识紊乱，死亡率可达100%。典型病例的潜伏期为2～8周，有时可达1年或数年。一般分为狂暴型和麻痹型。一般说来，伤口距神经中枢越近、进入伤口的病毒越多，潜伏期越短，最短者只有10 d。

狂暴型可分为前驱期、兴奋期和麻痹期。

前驱期约0.5～1.0 d。病犬精神沉郁，意识模糊，呆立凝视，常躲在暗处，不愿和人接近或不听呼唤，强迫牵引则咬主人。此外患病动物生活习性异常，有逃跑或躲避趋向，有时失踪数日，归来时满身泥泞，主人对其爱抚时常常被咬。食欲反常，喜吃异物，喉头轻度麻痹，吞咽时颈部伸展。瞳孔散大，反射机能亢进，轻度刺激即易兴奋，对反射的兴奋性明显增高，在受到光线、声响或抚摸等刺激时，表现高度惊恐或跳起。有时望空扑咬，嗅舔自己或其他动物的生殖器官，唾液分泌逐渐增多，后躯软弱。

兴奋期约2～4 d，高度兴奋，表现狂暴症状，到处乱跑，可远达几十千米，常攻击人、动物，狂暴发作往往和沉郁交替出现（图4-1）。疲劳时卧地不动，但不久又立起，表现特殊的斜视惶恐表情。当再次受到外界刺激时，又出现新的发作，狂乱攻击，自咬四肢、尾等。随病势发展，陷于意识障碍，反射紊乱，狂咬。显著消瘦，吠声嘶哑，眼球凹陷，散瞳或缩瞳，下颌麻痹，流涎和夹尾等。

图4-1　病犬狂暴发作

麻痹期约1～2 d。麻痹急剧发展，下颌下垂，舌脱出口外，流涎显著，不久后躯及四肢麻痹，卧地不起，最后因呼吸中枢麻痹或衰竭而死。整个病程为6～8 d，少数病例可延长到10 d。

麻痹型兴奋期很短或只有轻微兴奋表现，即转入麻痹期。表现喉头、下颌、后躯麻痹、流涎、张口、吞咽困难和恐水等，经2～4 d死亡。

猫潜伏期一般是1周至2月。发病后可见形态异常，起卧不安，流涎，遇响声或刺激则呈现惊恐症状。很快进入兴奋期，即狂暴期，此时病猫反常吼叫，常主动攻击人畜，狂暴过后转为麻痹期，步态不稳，口腔、咽喉黏膜充血和糜烂，后躯或四肢麻痹，病猫极度衰竭，倒地不起，继而死亡。一般病程1周，短则2～3 d。

病变　常见尸体消瘦，体表有伤痕，口腔和咽喉黏膜充血或糜烂，胃内空虚或有异物，如木片、石头、铁器、玻璃等，胃肠道黏膜充血或出血。内脏充血、实质变性。组织学检查，常发现在大脑海马角、小脑和延脑的神经细胞胞浆内出现嗜酸性包涵体（内基氏小体），呈圆形或椭圆形。此外，脑、脊髓出血，神经细胞核肿大，细胞质内出现空泡、颗粒变性或脂肪变性。

诊断　临床上诊断比较困难，如果出现典型症状，结合病史可初步判断。确诊需进行实验室病理、组织学检查。实验室可检查脑和唾液腺组织中的狂犬病病毒或抗原，送检的样本可取动物的头部，放于加有冰块的密封容器中。样本须冷藏，但不能冷冻，因为冻融的样本不利于病毒的检测。

脑触片法检查：提取患病犬、猫大脑海马角或小脑组织触片，染色观察有无内基氏小体。

动物接种：将病死犬、猫脑组织制成乳剂0.5～1 mL，注射30日龄小白鼠脑内，如果小白鼠在 1～2 周内出现麻痹或脑内出现肿胀，充血出血，便可确诊。该项诊断准确率较高，但费时。也可接种后 3 d 扑杀小白鼠，制取脑触片用荧光抗体法检查，从而缩短诊断时间。

荧光抗体法检查：取怀疑病犬、猫的脑组织或唾液腺冷冻切片或涂片，用荧光抗体染色，在荧光显微镜下看到胞浆内出现黄绿色荧光颗粒即为阳性，该方法准确但要求条件极高。

狂犬病抗原检查：通过酶标快速诊断试剂盒，采用 ELISA 法，检测动物脑组织液或唾液中的狂犬病病毒。实验通过酶标仪测试吸光度得出数值性结果，判定阳性、可疑或阴性，实验耗时 3 h 左右。

狂犬病抗体检查：标准抗原需液氮保存。采用 RFFIT 法精密检测动物血清中狂犬病抗体滴度水平，通过荧光显微镜，进行结果判定。国际标准抗体滴度应高于 0.5 IU，即抗体水平在 0.5 IU 以上时，可确定动物有足够的抗狂犬病病毒感染的能力。

防制　加强动物检疫，防止从国外引进带毒动物和国内转移发病和带毒动物。

加强对犬、猫等动物狂犬病免疫。有计划地对犬、猫等动物进行免疫是控制狂犬病的重要措施，因此对于宠物，特别是犬，应定期进行免疫。目前狂犬病患病动物仍然无法治愈，当发现患病动物或可疑动物时应尽快扑杀，防止其攻击人及其他动物而造成该病的传播。

对狂犬病免疫的同时，还要对免疫效果进行长期监测，评估免疫效果和免疫保护期，从而制定有效的免疫措施，达到较高的免疫保护率。认真贯彻执行所有防止和控制狂犬病的规章制度，包括扑杀野犬、野猫以及各种限养犬等动物的措施。

人狂犬病的预防

管理传染源：加强犬的管理，野犬应尽量捕杀，家犬应进行登记与疫苗注射。病犬立即击毙，尸体焚毁或深埋。

伤口处理：立即用 20% 的肥皂水或清水彻底清洗所有伤口和搔伤处，反复冲洗至少 20 min，再用 75% 乙醇或 2% 碘酒涂擦。如创伤深广、严重或发生在头、面、手、颈等处，除按要求注射狂犬疫苗外，还应在 24 h 内皮试阴性后在创伤处做高效免疫血清浸润注射。伤口在数日内暂不缝合。也可酌情应用抗生素及破伤风抗毒素。

疫苗接种：目前，我国所应用的人用狂犬病疫苗为狂犬病固定毒适应株，接种于原代地鼠肾单层细胞，培养后收获病毒液，加入甲醛溶液灭活后经浓缩 3～5 倍，再加氢氧化铝制成。凡被狂犬病或其他疯动物咬伤、抓伤时，应及时注射本疫苗。

项目二　伪狂犬病的防治技术

【案例导入】

主诉：家犬近两日来嗜睡，精神沉郁，大量流涎，间断性嚎叫，疯狂啃咬前肢、头部，尤其是下颌部奇痒，不断用后肢蹬挠头颈部。该犬为犬场群养犬中的一只，平时会吃未煮熟的猪肉。病犬于 2 d 后死亡，经病料病毒分离和鉴定确诊为伪狂犬病。

【项目描述】

一、宠物入院症状、诊断评估与记录

（一）一般检查项目评估

1.病史

吃过未煮熟的猪肉，患犬不安，对主人的呼唤没有反应，两眼呈惊恐状。

2.临床症状

头部、下颌部奇痒，奇痒部溃烂，周围组织肿胀。唾液增多，不能吞咽。

（二）重点检查项目评估

病理组织学检查，脑神经元和胶质细胞核内可见神经细胞核内嗜酸性包涵体。

（三）并发症评估

病后期发展成脑脊髓炎，出现不同程度的神经症状。

【相关知识】

伪狂犬病（Pseudorabies，PR）是由伪狂犬病毒（Pseudorabies virus，PRV）引起的犬猫及其他动物共患的一种急性传染病。临诊特征是发热、奇痒、脑脊髓和神经炎，人也可感染。最早于 1902 年由匈牙利学者报道，因其临床症状和狂犬病有类似之处，曾被误认为狂犬病，后来启用了伪狂犬病这一病名。

病原　伪狂犬病病毒在分类上属疱疹病毒科甲型疱疹病毒亚科。核酸型为双股 DNA。伪狂犬病病毒仅有 1 个血清型，但从世界各地分离的不同毒株毒力有所差异，同一毒株对不同动物的致病性有所不同。

伪狂犬病病毒对外界环境具有较强的抵抗力。在被污染的动物房内可存活 30～46 d，在肉中存活 35 d 以上。伪狂犬病病毒对乙醚、氯仿等脂溶剂及甲醛、紫外线、1％氢氧化钠等敏感，胰蛋白酶、胃蛋白酶等能灭活病毒，但不损坏衣壳。病毒粒子表面没有能凝集禽类和哺乳动物红细胞的血凝素。

流行病学　伪狂犬病病毒感染动物广泛，猪、牛、羊、犬、猫等均有感染发病的报道。研究证明，猪和鼠类是自然界中病毒的主要贮存宿主，尤其是猪，它们既是原发感染动物，又是病毒的长期贮存和排毒者，是犬猫和其他家畜发病的疫源动物。病毒主要通过呼吸道、消化道及损伤的皮肤和黏膜感染。本病在世界各地一年四季均有发生，但多发于冬、春季，犬和猫伪狂犬病主要发生在猪伪狂犬病的流行区，患病动物是由于吃了死于本病的鼠、猪等尸体或肉而感染。

症状　本病的潜伏期随动物种类和感染途径而异。最短 36 h，最长 10 d，一般多为 3～6 d，主要是通过飞沫、摄食和创伤感染。本病的临床表现和病程随动物种类和年龄而异。

犬猫感染后局部奇痒，疯狂啃咬痒部并哀叫，下颌和咽部麻痹，流涎，但不攻击人和其他动物，多于 1～2 d 死亡，死亡率达 100％。

病犬初期精神沉郁，凝视，舐擦皮肤某一处，随后局部瘙痒，主要见于颌部、耳部和肩部，病犬用爪或嘴咬产生大块烂斑，周围组织肿胀，甚至形成很深的破损。病犬烦躁不安，对外界刺

激反应强烈，有攻击性。后期大部分病犬头颈部肌肉和口唇部肌肉痉挛，呼吸困难而死亡。

猫症状与犬相似，发出痛苦的叫声，呈犬坐姿势，神经过敏。猫的瘙痒程度较犬严重，搔抓头部，致使皮肤破损、发炎。病猫烦躁不安，乱搔乱咬，甚至咬伤舌头。偶尔病猫表现明显的神经症状，运动失调，昏迷，病程很短，一般在症状出现后 18 h 以内死亡。

病变 无特征病变，仅见局部损伤和因动物搔抓造成的皮肤破溃，以颌部、头部、肩部较为常见，皮下呈弥漫性出血，局部淋巴结肿胀、充血。肺水肿，有的病例脑膜充血，脑脊液增多。

组织学检查，大脑灰质及白质有较明显的病变，呈弥漫性非化脓性脑膜脑炎，大脑神经细胞和星状细胞有为数不多的核内包涵体。

诊断 根据流行特点、临床症状和病理变化可以做出初步诊断。确诊需送有条件的实验室进行病毒分离和鉴定。血清学检测具有流行病学意义。

(1)动物接种试验。将病料组织悬液接种于家兔腹侧皮下，接种量 1～2 mL，常在接种后 36～48 h 发病。表现注射部位剧痒、自咬或摩擦痒部，直至掉毛、损伤及出血，四肢麻痹，最终死亡。亦可脑内接种刚断乳的小白鼠。

(2)血清学检测可采取荧光抗体试验、中和试验及琼脂扩散试验等进行诊断。

(3)病理组织学检查，脑神经元和胶质细胞核内可见嗜酸性包涵体。

二、按医嘱进行治疗

1.治疗原则

本病目前还没有特效的治疗方法，主要是以对症治疗为主，即止痒、镇静、消炎。

2.药物治疗

应首先隔离，早期应用抗伪狂犬病高免血清有一定效果，同时使用广谱抗生素以防继发感染，进行对症治疗以减缓病犬症状。

3.预防

疫苗接种是预防伪狂犬病的重要措施。可用伪狂犬病弱毒疫苗或鸡胚细胞灭活苗接种，6～7 d 后再接种 1 次，免疫期达 1 年以上。伪狂犬病主要通过猪和啮齿类动物传播。因此，犬、猫饲养房舍应有隔离设施，防止野鼠进入。同时，犬、猫要分别饲养，在房舍设计上应注意保持一定间隔。控制猪伪狂犬病的流行，同时不要用生猪肉或加工不适当的感染猪肉饲喂犬猫。发现本病应立即隔离犬猫，并用 2%烧碱溶液消毒环境及用具。

三、宠物出院指导

1.护理指导

消灭犬舍中的老鼠和禁喂病猪肉，将犬舍彻底打扫后用 0.1%氢氧化钠溶液消毒。处理病犬及其尸体时要注意自我保护。

2.预后

病犬一般均预后不良，无治疗价值，应尽早捕杀，尸体深埋或烧毁。

病例分析

2021年5月5日下午，2岁龄藏獒犬出现精神不佳、不食的症状，6日上午来宠物医院就诊。患犬表现烦躁不安，拒绝对其触摸，呼吸迫促，四处无目的地走动，偶尔抓挠面部，并呈进行性加重势态。下午3点左右，烦躁症状加重，反复多次在其他物体上蹭磨面部或者抓挠颈部和面部，并出现流涎症状，约下午4点患犬死亡。经询问，犬主家中同一个院内饲养猪和犬已经数年，猪舍距离病死犬舍约50 m，主人有用生猪肉投喂犬的习惯。患犬发病前5～6 d生食过病死猪的肉。在病犬死前的20多天里，家中5月龄育肥猪、3月龄中猪、2月龄左右的小猪先后发病，而母猪从未出现繁殖性疾病，猪场近期从未购进猪只。对患犬的脑组织进行PCR诊断判断为伪狂犬病。本犬死亡原因可能为猪伪狂犬病病毒交叉感染所致。

项目三　犬疱疹病毒感染的防治技术

【案例导入】

主诉：犬场刚开始有一窝新生犬（产后10 d）突然死亡，当时并没有引起足够的重视，而后15窝中的12窝（共78只）幼犬在出生后2周内都发生类似的病症。共死亡69只。发病率为74.2%，死亡率为88.4%。而该犬场3周龄以上的仔犬很少发病。

发病犬的症状：主要表现为上呼吸道感染，流清鼻涕，体温升高，病犬精神迟钝，呼吸困难，喜卧不爱动，有的新生犬甚至完全停止吮乳。粪便稀软无臭味，黄绿色。轻压腹部，病犬即发出痛苦的嚎叫声。有些病犬连续发出痛苦的呻吟。共有6只犬虽然外观健康，但吮乳后经常出现呕吐症状。多数病犬在出现症状后24 h内死亡，病程长的也不超过48 h。在9只耐过性仔犬中，有6只犬留下有中枢神经症状的后遗症，表现为共济失调，向一侧做圆周运动或失明等，致使仔犬失去饲养价值。

经诊断为犬疱疹病毒感染。

【项目描述】

一、宠物入院症状、诊断评估与记录

（一）一般检查项目评估

1.病史

询问发病及死亡情况。病犬精神迟钝，食欲不良或停止吃奶。

2.临床症状

呼吸困难，腹痛，呕吐，排黄绿色粪便。中枢神经症状的后遗症，表现共济失调，向一侧做圆周运动或失明。

（二）重点检查项目评估

对已死亡的23只犬剖检，共有的特征性的病变表现为：各实质脏器表面散在直径约为

2～3 mm 的灰白色坏死灶和小出血点。肺和肾的变化更为严重，肾皮质层散在灰白色的坏死灶，而后包膜下则有红色的出血点。腹腔和胸腔内常有带血的浆液性的体液积留。但也有个别病例表现为脑膜炎变化，脑膜出血、水肿。

（三）并发症评估

21 d 龄以下的幼犬可引起致死性感染。大于 21～30 d 龄的犬主要以上呼吸道感染症状出现，咳嗽、打喷嚏。当继发混合感染时可引起肺炎症状。成年犬可引起生殖系统炎症。

【相关知识】

犬疱疹病毒感染是新生幼犬一种急性、不发热性、致死性的疾病。大于 21 日龄的犬主要以上呼吸道感染症状出现。成年犬可造成母犬不育、流产和死胎，公犬以阴茎炎、包皮炎、精索炎症状出现。

本病于 1965 年首先由 Cannichael 和 Stewart 分别在美国和英国报道。此后，日本、澳大利亚和其他欧洲国家相继发现，现已分布于很多国家和地区。

病原　犬疱疹病毒（Canine herpes virus，CHV）属于疱疹病毒科甲疱疹病毒亚科水痘病毒属成员。病毒具有疱疹病毒所共有的形态特征。本病毒只有 1 个血清型，不同毒株毒力有差异，病毒无血凝性。

本病毒对犬胎肾和新生犬肾原代细胞和传代细胞系最易感，对犬肺和子宫组织细胞也敏感，35～37 ℃条件下可迅速增殖，感染后 12～16 h 即可出现 CPE，初期呈局灶性细胞圆缩、变暗，逐渐向周围扩展，随后由灶状中心部细胞开始脱落。部分细胞核内出现着色不明显的嗜酸性包涵体，感染细胞核内的染色质大部分集聚于核膜位置。本病毒还可在琼脂和甲基纤维素覆盖层下形成界限明显、边缘不整的小型蚀斑。本病毒对热的抵抗力较弱，－70 ℃保存的毒种（含 10％血清的病毒悬液）只能存活数月。冻干毒种保存数年毒价无明显变化。病毒对乙醚等脂溶剂、胰蛋白酶、酸性和碱性磷酸酶等敏感。pH 4.5 时，经 30 min 失去感染力，但在 pH 6.5～7.0 比较稳定。

流行病学　本病毒只感染犬，2 周龄内仔犬最易感，病死率可达 80％；成年犬感染，常无明显临床症状。患病仔犬和康复犬是主要传染源，仔犬主要通过分娩过程中与带毒母犬阴道接触或母犬含毒的飞沫与仔犬间接接触感染发病。康复犬长期带毒，潜伏感染是本病毒的又一特征，病毒还可由母体通过胎盘感染胎儿，但母源抗体滴度的高低可影响仔犬临床症状的严重程度。

症状　该病的潜伏期为 4～6 d，21 日龄以下的幼犬可引起致死性感染。初期病犬痴呆，精神沉郁、不吃奶、体软无力、呼吸困难、压检腹部敏感疼痛、粪便稀软、色黄。体温不高，犬不停嚎叫、不安、颤抖。有的犬表现鼻炎症状，有浆液性鼻漏，鼻黏膜表面广泛性斑点状出血，股内侧皮肤可出现红色丘疹。病犬后期角弓反张、癫痫、知觉丧失。大多数犬在出现症状后 24～48 h 死亡。康复的犬可造成永久性神经症状，运动失调、失明等。

21～30 日龄的犬主要以上呼吸道感染症状出现，咳嗽、打喷嚏。当继发混合感染时可引起肺炎症状。

成年母犬，以生殖道感染为主，阴道黏膜弥漫性小泡状病变，可造成妊娠母犬流产、死胎及不孕等。公犬可见阴茎和包皮慢性炎症，包皮内可有大量脓性分泌物。

病变　死亡仔犬的典型剖检变化为实质脏器表面散在多量芝麻大小的灰白色坏死灶和小

出血点，尤其以肾和肺的变化更为显著。胸腹腔内常有带血的浆液性液体积留，脾常肿大，肠黏膜呈点状出血，全身淋巴结水肿和出血，鼻、气管和支气管有卡他性炎症。组织学变化主要为肝、肾、脾、小肠和脑组织内有轻度细胞浸润，血管周围有散在的坏死灶，上皮组织损伤、变性。在肝和肾坏死区邻近的细胞内可见嗜酸性核内包涵体。妊娠母犬胎儿表面和子宫内膜出现多发性坏死。少数病犬有非化脓性脑膜脑炎变化。

诊断　据流行病学、症状和病理变化可做出初步诊断，确诊必须依靠实验室检查。

病毒抗原检测：采取症状明显幼龄犬肾、脾、肝和肾上腺，或用棉拭子蘸取成年犬或康复犬口腔、上呼吸道和阴道黏膜，制成切片或组织涂片，用荧光抗体染色检测是否存在 CHV 特异抗原，本法准确快速。

病毒分离鉴定：按上述方法采样，无菌处理后接种于犬肾单层细胞，逐日观察有无 CPE，再用中和试验鉴定病毒分离物。

血清学试验：包括血清中和试验和蚀斑减数试验，用于检测本病血清抗体。

鉴别诊断本病各实质脏器有坏死灶和出血点特征性病变，应与犬传染性肝炎和犬瘟热等鉴别。

二、按医嘱进行治疗

1. 治疗原则

本病尚无特效的抗病毒药物，对症或支持治疗。

2. 药物治疗

可用康复的母犬或仔犬自制血清进行注射，可防止感染的幼犬死亡。对病犬给以保温(37 ℃左右)，同时对上呼吸道症状的犬给以广谱抗生素疗法及补液疗法。

3. 预防

本病目前疫苗研制进展不理想，现没有疫苗可用。

三、宠物出院指导

1. 护理指导

加强饲养管理、定期消毒、防止与外来病犬接触是预防本病的有效方法。当疫病流行时，幼犬可用康复犬血清做被动免疫，幼犬也可通过初乳获得母源抗体。发病幼犬常来不及治疗，口服 5%葡萄糖液，防止脱水可改善症状。

2. 预后

21 日龄以下的幼犬，大多数在出现症状后 24～48 h 死亡。康复后可造成永久性神经症状，运动失调、失明等。

病例分析

2021 年 11 月，宠物医院接诊一窝德国牧羊犬，5 只(3 公，2 母)相继患病。体弱犬先发病，经调查仔犬病初腹泻，粪便呈黄绿色，恶臭，呕吐，流涎，精神迟钝，食欲不振，流浆液性鼻汁，后期粪便呈水样，发出持续的嚎叫声音，四肢呈蛙泳状。治疗后有 2 只犬死亡，其他犬愈后良好。经诊断为犬疱疹病毒感染。

治疗方案：大量注射高效价高免血清，使用广谱抗生素进行补液，处方用药为0.9%氯化钠、ATP、CoA、林可霉素、维生素C、强力解毒敏、地塞米松，同时结合抗病毒类药物双黄连静脉输入，口服病毒灵。抽取母犬血液50 mL（母犬无症状），自制血清，并给以3只仔犬注射，3次/d，每次5 mL，连续3 d。对相关仔犬实行血清或球蛋白预防注射。

项目四　犬冠状病毒病的防治技术

【案例导入】

主诉：宠物店购买的三个月大的幼犬呕吐，干咳，拉肚子，不吃不喝，想吐吐不出来，嗜睡，没有精神。病犬像是感冒，又像是肠炎。用犬冠状病毒抗原检测试纸检测，结果为阳性。

【项目描述】

一、宠物入院症状、诊断评估与记录

（一）一般检查项目评估

1.病史

厌食、精神沉郁、腹泻、呕吐。

2.临床症状

粪便呈粥样或水样，黄绿色或橘红色，混有数量不等的黏液，偶可在粪便中看到少量血液。

（二）重点检查项目评估

1.犬冠状-犬轮状病毒快速检测试纸卡

可以帮助宠物医生及宠物主人在10 min内鉴别犬是否感染犬冠状和犬轮状病毒。

2.电镜观察

取新鲜粪便做病毒颗粒电镜观察。

（三）并发症评估

患病犬易小肠套叠，脾肿大。

【相关知识】

犬冠状病毒病（Canine coronavirus disease ）是由犬冠状病毒引起的一种急性肠道性传染病，以呕吐、腹泻、脱水及易复发为特性。本病病毒于1971年首次在美国发生腹泻的军犬的粪便中电镜检出，于1974年首先由Binn在德国报道分离获得。

病原　犬冠状病毒（Canine coronavirus，CCV）属冠状病毒科冠状病毒属成员。病毒具有冠状病毒的一般形态特征，呈圆形或椭圆形，长径80～120 nm，宽径为75～80 nm，有囊膜，囊

膜表面有花瓣状纤突，长约 20 nm，冻融极易脱落，失去感染性。核衣壳呈螺旋状。病毒基因型为单股 RNA。病毒在 CsCl 中的浮密度为 1.15～1.16 g/cm^3。

病毒对氯仿、乙醚、脱氧胆酸盐敏感，对热也敏感。用甲醛、紫外线能灭活。对胰蛋白酶和酸有抵抗力，病毒在粪便中存活 6～9 d。本病毒与猪传染性胃肠炎病毒、猫传染性腹泻病毒和人冠状病毒 229E 株有相关抗原，但至今犬冠状病毒似乎只有 1 个血清型。病毒能在犬肾和胸腺原代细胞及 A72、CRFK 和 FCWF 等传代细胞系上增殖，并产生 CPE，也可在猫肾和猫胚成纤维细胞上生长，但 FCWF 细胞比较敏感。

流行病学　本病可感染犬、貉和狐狸等犬科动物，不同品种、性别和年龄的犬都可感染，但幼犬最易感，发病率几乎 100%，病死率约 50%。病犬和带毒犬是主要传染源。病毒通过直接接触和间接接触，经呼吸道和消化道传染给健康犬及其他易感动物。本病一年四季均可发生，多见于冬季。气候突变，卫生条件差，犬群密度大，断奶转舍及长途运输等可诱发本病。

发病机制　本病毒经口接种易感犬 2 d 后，到达十二指肠上部，主要侵害小肠绒毛 2/3 处的消化吸收细胞。病毒经胞饮作用进入微绒毛之间的肠细胞，在胞质空泡的平滑膜上出芽。由于细胞膜破裂，病毒随脱落的感染细胞进入肠腔内，再感染小肠整个肠段的绒毛上皮细胞，进而绒毛短粗，消化酶和肠吸收功能丧失，导致腹泻。以后随着小肠结构的复原，临床症状消失，排毒减少并终止，血清中产生中和抗体。

症状　本病传播速度快，几日后可蔓延全群，潜伏期 1～5 d，临床症状轻重不一，有的无明显症状，有的可呈现致死性胃肠炎症状。病犬表现嗜睡、衰弱、厌食，初期可见有持续数日呕吐，随后出现腹泻，粪便呈稀粥样或水样，黄绿色或橘红色，恶臭，有时粪便中混有少量黏液，有的粪便中可有少量血液，病犬表现高度脱水，消瘦，眼球下陷，皮肤弹力下降。多数病犬体温变化不大，白细胞数量正常或稍低。该病在幼犬发病时有一定的死亡，有的幼犬死亡很快。成年犬发病一般不死亡，对症治疗后 7～10 d 可恢复。

病变　剖检病变主要是胃肠炎。肠壁菲薄、肠管内充满白色或黄绿色、紫红色血样液体，胃肠黏膜充血、出血和脱落，胃内有黏液。其他如肠系膜淋巴结肿大，胆囊肿大。组织学检查主要见小肠绒毛变短、融合、隐窝变深，绒毛长度与隐窝深度之比发生明显变化。上皮细胞变性，胞浆出现空泡，黏膜固有层水肿，炎性细胞浸润，上皮细胞变平，杯状细胞的内容物排空。

诊断　根据流行病学、临床症状及剖检变化可怀疑本病，确诊则依靠实验室检查。

1. 电镜检查

取粪便用氯仿处理，低速离心，取上清液，滴于铜网上，经磷钨酸负染后，用电镜观察是否有特殊形态的病毒粒子，该法可快速诊断。若取上清液与免疫血清作用，使病毒粒子特异性凝集，则有助于诊断。

2. 病毒分离鉴定

取典型病犬新鲜粪便，经常规处理后，接种于 A72 细胞或犬肾原代细胞培养，用特异抗体染色检测是否存在病毒，或待细胞出现 CPE 后，用已知阳性血清进行中和试验鉴定病毒。为提高病毒分离率，粪样要新鲜，避免反复冻结，最好先将病料感染健康幼犬，取典型发病犬腹泻粪便作为样品分离病毒。也可使用濒死期幼犬肾脏直接进行细胞培养以分离病毒。

此外，中和试验、乳胶凝集试验、ELISA 等方法也可用于诊断本病和检测血清抗体。

二、按医嘱进行治疗

1.治疗原则

对症疗法、静脉输液、止吐、消炎、防止继发感染。

2.药物治疗

特异性治疗采用血清；对症疗法，如止吐、止泻、补液，大部分犬均可自愈；支持疗法维持电解质和酸碱平衡，用抗生素防止继发感染。

3.预防

该病目前已有国产疫苗用来预防，如国产五联、六联血清。减少发病的其他措施是加强饲养管理，严格执行兽医卫生措施。次氯酸钠和漂白粉是本病有效的消毒剂。

三、宠物出院指导

1.护理指导

对病犬治疗前期要禁水禁食，注意保暖。

2.预后

幼犬发病死亡率高，成年犬死亡率较低。对症疗法后大部分犬可自愈。

病例分析

2015 年 1 月 26 日，宠物医院接诊一患病比熊犬，公犬，4 月龄，体重 1.6 kg。主述：20 日开始发病，起初有呕吐症状，2 d 后排稀便，排出粪便呈暗褐色粥状，吐血，在附近门诊没有进行任何化验，按细小病毒病治疗 5 d，效果不佳，故带到本院就诊。临床检查体温，38.7 ℃，脉搏 142 次/min，呼吸 48 次/min，精神较差，被毛粗乱，四肢无力，不愿运动，呈昏睡状，鼻镜干燥，口渴，吐血，便血，可视黏膜苍白，气味恶臭。用犬细小病毒、犬瘟热病毒、犬冠状病毒抗原快速检测试剂盒(胶体金技术)检测结果：CDV 检测(－)，CPV 检测(－)，CCV(＋)。治疗：(1)静脉滴注(1 次/d，连用 5 d)：5%葡萄糖 10 mL＋复方甘草酸铵 0.4 mL；5%葡萄糖 10 mL＋止血敏 0.2 mL＋维生素 K_3 0.3 mL；5%葡萄糖 20 mL＋三磷酸腺苷(ATP)0.2 mL＋肌酐 0.2 mL＋维生素 B_6 0.4 mL；5%葡萄糖 20 mL＋头孢曲松钠 90 mg。(2)皮下注射(1 次/d，连用 5 d)：犬干扰素 150 万 IU；犬血康 2.5 mL；泻呕热毒康 0.1 mL。以上述治疗措施治疗到第 3 天病情有所好转，眼睛可以睁开，能够自行站立，并且没有呕吐、腹泻的症状，7 d 后完全治愈。

项目五　犬轮状病毒病的防治技术

【案例导入】

一周龄的幼犬腹泻，精神沉郁，食欲减退，不愿走动，被毛粗乱，肛门周围皮肤被粪便污染。粪便呈水样，体温降低，心跳加快。用犬轮状病毒快速检测试纸检测，结果为阳性。

【项目描述】

一、宠物入院症状、诊断评估与记录

（一）一般检查项目评估

1.病史

精神沉郁，食欲减退，不愿走动。

2.临床症状

粪便呈水样，体温降低，心跳加快。

3.犬冠状-犬轮状病毒快速检测试纸卡

可以帮助兽医及宠物主人在 10 min 内鉴别犬是否感染犬冠状和犬轮状病毒。

（二）重点检查项目评估

各种年龄的犬都可感染，但成年犬一般为隐性感染，缺乏明显的症状。幼犬常发生严重腹泻，脱水、脱盐严重。

【相关知识】

犬轮状病毒感染主要是幼犬的一种肠道传染病。以腹泻为其主要特征，成年犬感染后一般为隐性感染。

病原　犬轮状病毒(Canine rotavirus，CRV)在分类上属于呼肠孤病毒科轮状病毒属。病毒粒子有内外衣壳，直径约 70 nm，基因组为 11 个节段的双股 RNA。轮状病毒分为不同的群(A～F)、血清型和毒株，其血清学特点、基因组 RNA 电泳型及核酸序列不同。

流行病学　世界各地的多种动物都不同程度地存在轮状病毒感染。成年动物可持续感染。被感染的动物可通过粪便排出大量的病毒。血清学调查发现正常犬抗轮状病毒抗体阳性率高达 79%，表明大多数犬感染过轮状病毒而未表现临床症状。

轮状病毒存在于病犬的肠道内，并随粪便排出体外，污染周围环境。消化道是本病的主要感染途径。痊愈动物仍可从粪便中排毒，但排毒时间多长尚不清楚。轮状病毒在人和动物间有一定的交互感染性，所以，只要病毒在人或一种动物中持续存在，就有可能造成本病在自然界中长期传播。

症状　成年犬轮状病毒感染主要表现为亚临床型。幼龄犬感染后偶尔出现急性肠炎症状。主要表现为水样或黏液性腹泻，但一般为自限性，持续时间短。也有因脱水导致死亡的报道。

2日龄初生犬人工感染轮状病毒后可引起腹泻，肠绒毛出现轻度和中度萎缩。不喂初乳症状更为严重。6月龄以上的犬人工感染轮状病毒，几乎不出现任何症状。

病变 轮状病毒感染的动物，在剖检时可见肠内容物稀薄，肠黏膜发炎、出血。部分感染犬肠黏膜无肉眼变化。

组织学检查可见小肠绒毛萎缩、隐窝细胞增生等。

诊断 在轮状病毒感染期间，可采用商品化酶联免疫试剂盒、电子显微镜技术检查粪便中的病毒，或者进行病毒的分离。

二、按医嘱进行治疗

1.治疗原则

加强饲养管理，补液，防脱水、脱盐。防止细菌继发感染。

2.药物治疗

对于轮状病毒性肠炎，与其他类型的急性腹泻一样，主要强调采用输液治疗和限制饲喂等支持性疗法。大多数感染犬稍加治疗即可顺利康复。

用葡萄糖甘氨酸溶液(葡萄糖 45 g，氯化钙 8.5 g，甘氨酸 6 g，柠檬酸 0.5 g，枸橼酸钾 0.13 g，磷酸二氢钾 4.3 g，水 200 mL)或葡萄糖氨基酸溶液给病犬自由饮用。也可注射葡萄糖盐水和5%苯酚氢钠溶液，以防脱水、脱盐。防止细菌继发感染，可加入抗生素、免疫增强剂等。

3.预防

要保证幼犬能摄食足量的初乳而使其获得免疫保护。也可试用皮下注射成年犬血清。目前尚无疫苗可用。

三、宠物出院指导

1.护理指导

病犬应立即隔离到清洁、干燥、温暖的场所，停止喂奶。

2.预后

幼犬，尤其是仅出生1周左右的幼犬常发生严重腹泻，机体迅速消瘦，常因脱水衰竭而死亡。

病例分析

2021年4月5日，宠物医院接诊一窝腹泻病犬，患病犬排黄绿色稀便并混有黏液，轻度脱水，精神及食欲较为正常，被毛粗乱，肛门周围被粪便污染。将5～6只发生腹泻的幼犬粪便收集起来，测得轮状病毒阳性血清的效价为8，说明是轮状病毒感染。

治疗：停止喂奶，改用代乳品或葡萄糖甘氨酸、氨基酸溶液给病犬自由饮用。每只幼犬2.5～5.0 kg体重，需乳酸林格氏液20 mL、5%葡萄糖注射液20 mL。在5%葡萄糖注射液中提前加入1 mL 50%葡萄糖，ATP和辅酶A各半支，维生素B_1、维生素B_6和维生素C各0.5 mL。阿米卡星皮下注射，0.3 mL/只，利巴韦林0.2 mL/只，干扰素50万IU/只。5 d后康复。

项目六　犬乳头状瘤病的防治技术

【案例导入】

大麦町犬，雄性，6 月龄，体重 23 kg。据主人介绍，该犬 3 个月前从犬市购得，最近两周寄养在朋友家的小仓库内，与其他成年工作犬合养在一起，主人回来后发现犬唇上有异样凸起，而其他犬均未发病。临床检查，动物一般状况良好，口腔检查可见唇外部分布有多个直径 0.1 cm、高 0.5～1.0 cm 细长凸起。经诊断为犬口腔乳头状瘤。

【项目描述】

一、宠物入院症状、诊断评估与记录

(一)一般检查项目评估

1.病史

患有免疫抑制性疾病或使用免疫抑制药物，特别对于成年犬，是造成口腔乳头状瘤的诱因。

2.临床症状

该病常发生于青年犬。产生良性口腔、眼部或皮肤肿瘤的部位特异性乳头状瘤病。

3.瘤体特点

此种瘤呈无痛性，一般不规则，表面不光滑，边界不清，质地较硬，可与皮肤粘连，临床消除期多为 4～8 周。

(二)重点检查项目评估

1.活组织检查

手术切除瘤体，对瘤体组织进行冰冻或常规病理检查以排除恶性肿瘤。

2.皮肤组织病理学

乳头状瘤表皮角化过度且增生，并出现巨大的角质透明蛋白粒和中空细胞(巨大、苍白空泡样角化细胞)。在角化细胞内可见嗜碱性核内包涵体。

3.免疫荧光细胞化学技术诊断

在活检样品上层角化细胞内可发现核内乳头状瘤病毒抗原。

【相关知识】

犬病毒性乳头状瘤病是由犬口腔乳头状瘤病毒引起的，以口腔或皮肤出现乳头状瘤为特征的病毒性传染病。

病原　犬口腔乳状瘤病毒(Canine oral papilloma virus，COPV)是感染犬唯一的大 DNA 病毒。犬口腔乳头状瘤病毒具有高度的宿主、组织特异性，可转化鳞状上皮或油膜的基底层细

胞，只能在其自然宿主体内的特定组织中引起肿瘤。犬乳头状瘤病毒有 2 个型。一种感染 1 岁以内幼犬的口、咽黏膜，引起口腔乳头状瘤；另一种感染老年犬，引起皮肤乳头状瘤。

症状 人工感染表明，潜伏期为 4～6 周。该病最易感染青年犬，最易侵袭的组织为嘴唇边缘和舌部，不易受侵害的部位有上颚、咽、会厌和食道。个别犬在单侧或双侧眼睑边缘会出现多发性乳头状瘤。COPV 在头部、口腔和眼睑出现良性可转移的肿瘤，2 岁或更小的犬更易感。该病毒无性别和种类特异性。多发性乳头状瘤极少发生癌变。

口腔乳头状瘤常先发生在唇部，随后蔓延至颊、舌、眉和咽部等黏膜，大多在 4～21 周内自行消散，极少恶性变。

在犬感染犬口腔乳头状瘤病毒后的一段时间，局部口腔黏膜上皮增厚隆起，开始形成乳头状凸起（图 4-2），随着病程的发展，乳头状凸起成熟转变成菜花状瘤体（图 4-3）。出现受感染组织的轻微出血和不适。脚趾和牙齿的抓伤、咬伤促使肿瘤在口腔内和周围扩散。之后会出现继发性口腔溃疡和感染。长有密集肿瘤或大型肿瘤的病犬会有疼痛或进食困难，之后则会营养不良。

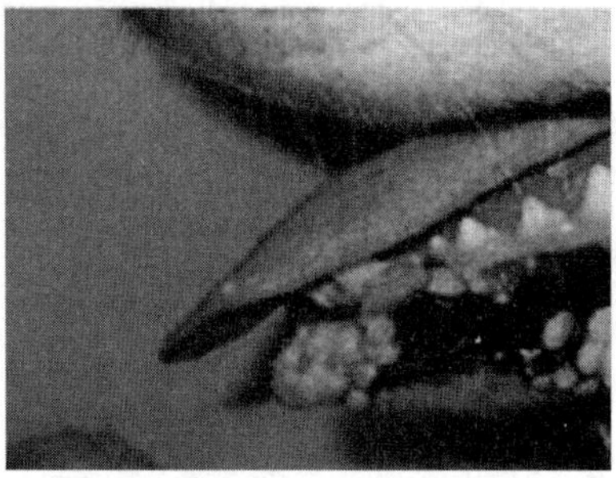

图 4-2 犬口腔乳头状瘤，小凸起状

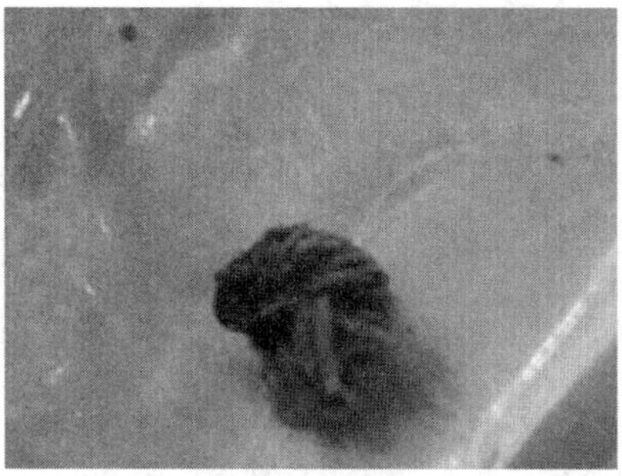

图 4-3 瘤体

眼部乳头状瘤可生长于结膜、角膜或眼睑边缘处（图 4-4）。

皮肤乳头状瘤常呈单一性生长，斑或角化物可生长于身体的任何部位（图 4-5），但多见于四肢末端、指（趾）间或脚垫处。

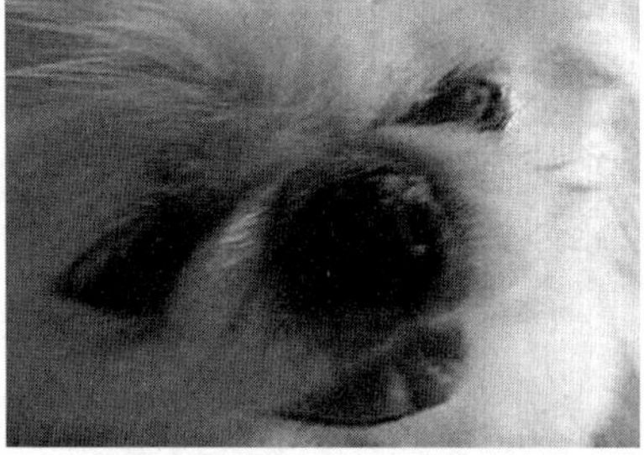

图 4-4 犬眼部乳头状瘤

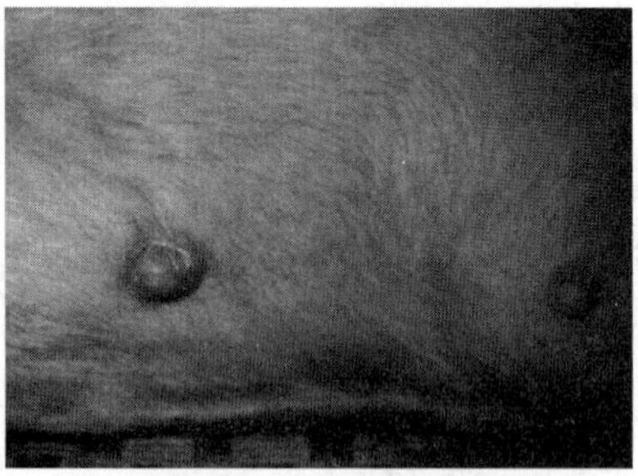

图 4-5 犬皮肤乳头状瘤

康复犬具有免疫性，血清中出现中和抗体，但循环抗体不能使肿瘤消退，机体体液免疫机能下降也不能增加机体对乳头状瘤病毒感染的敏感性，肿瘤的自行消退主要是细胞介导免疫的作用。

病理 犬口腔乳头状瘤感染会出现由传染性多发性乳头状病毒引起的良性皮肤及黏膜肿

瘤。在口腔周围长有大的多发性乳头状瘤(或称为疣)。COPV 引起的肿瘤是由于病毒侵害基细胞,从而导致棘层肥厚和角化过度。感染后的潜伏期为 4～8 周。肿瘤可持续存在 1～5 个月,之后可以自行消退。

诊断　传染性口腔乳头状瘤感染的诊断建立在身体检查和临床病史的基础上。对良性肿瘤的活组织切片检查和肿瘤的肥大程度可确诊该病。

皮肤组织病理学检查:皮肤乳头状瘤表皮角化过度且增生,并出现巨大的角质透明蛋白粒和中空细胞。在角化细胞内可见嗜碱性核内包涵体。

对活检病料做免疫组化检查,在上层角化细胞内可发现核内乳头状瘤病毒抗原。

该病应和良性及恶性肿瘤区别,如齿龈瘤、纤维瘤、血管瘤、血管外皮细胞瘤及组织细胞瘤,这些肿瘤发病缓慢,没有传染性。

治疗　对大多数病例,该病毒引起的肿瘤无须治疗。肿瘤出现 1～5 个月后可自行消退。现在还不太清楚这些肿瘤为什么会自己消退及它们是如何扩散的。手术切除、冷冻手术、电切手术可用于切除大的口腔肿瘤。有报道称出现 5～15 个小肿瘤后就会自发消退,这也缩短了该病的病程。全身性治疗和化学药物治疗对犬不是很有效。

二、按医嘱进行治疗

1.治疗原则

可采取外科手术治疗,也可采用保守疗法。

2.治疗

确认并去除潜在的免疫抑制病因;由于多数乳头状瘤可自行消退并且消退始于诊断后的 1～2 个月,因此无须治疗。偶尔在消退之前,肿瘤会持续 6～24 个月或更长时间;对于持续性的口腔肿瘤,手术切除、冷凝或挤压 5～15 个肿瘤可诱发其自行消退;犬乳头状瘤有自愈性,一般多为 4～21 周。使用长春新碱化疗,也可以用环磷酰胺配合应用六神丸,每周 1 次,一般 2 次就可起到明显的疗效,乳头状瘤脱落。每次化疗前需检查血常规,当白细胞总数正常时做化疗。

治疗方案 1

环磷酰胺 20～100 mg 注射用水 10 mL,一次静脉滴注,按 3 mg/kg 体重用药,每日 1 次,连用 9～14 d。

治疗方案 2

以刀形小烙铁切除乳头状瘤后用冰硼散适量喷撒创面。

治疗方案 3

手术治疗,手术前肌注止血敏 0.5 g,预防出血。麻醉,犬眠宝按 0.1 mL/kg 体重,肌注 1.3 mL,待犬进入麻醉状态,将 2%盐酸利多卡因注射液滴在肿瘤根部,进行表面麻醉。肿瘤根部消毒后进行手术切除。

术式:用止血钳钳夹肿瘤根部(齿龈和舌系膜下不易钳夹止血的,充分暴露肿瘤,直接用组织剪或手术刀剥离),进行常规切除后,用纱布擦去表面血液,用电烙铁或烧热的刀柄直接进行烧烙止血。

3.预防

目前没有疫苗可用于犬口腔乳头状瘤病毒感染的预防。对于发病动物进行隔离。

三、宠物出院指导

1.护理指导

切除肿瘤后，在创面上撒布结晶磺胺，防止继发细菌感染。

2.预后

此肿瘤多为良性，预后良好。在肿瘤生长阶段，烧烙可导致复发和刺激生长。患犬康复后可终身免疫。

项目七　猫传染性腹膜炎的防治技术

【案例导入】

加菲猫，7月龄，雌性，体重2.5 kg，正常免疫，正常驱虫，喂猫粮。精神沉郁，近一个月食欲逐渐下降，直肠温度39.4 ℃，双耳内含黑色油性分泌物，羞明流泪，可视黏膜呈粉红色，触诊颈部无明显异常。听诊心率、呼吸音均无明显异常，腹部逐渐膨大，有波动感。经宠物医生诊断，该猫得了传染性腹膜炎。

【项目描述】

一、宠物入院症状、诊断评估与记录

(一)一般检查项目评估

1.病史

食欲减退，精神沉郁，体重减轻，持续高温。

2.视诊、触诊

大量腹水积聚。

3.临床症状

猫体温升高，呕吐频繁。弓腰，呼吸浅表，呈胸式呼吸，脉搏快而弱。

(二)重点检查项目评估

可以通过B超检测判定猫腹腔是否有积液，再进一步检查血液生化、血常规、李凡他试验、PCR等。通过这些检查再结合临床症状，湿型传染性腹膜炎主要表现为腹水和黄疸，而干型传染性腹膜炎主要表现为眼部疾病和神经症状。由于该病毒是由猫冠状病毒变异而来，因此需要利用PCR技术检查是否有变异的冠状病毒。

(三)并发症评估

有些病例不出现腹水症状，主要表现为眼、中枢神经、肾和肝脏损害。眼角膜水肿，虹膜睫状体发炎，眼房液变红，眼前房中有纤维蛋白凝块；中枢神经症状为后躯运动障碍，背部感觉过敏、痉挛；肝脏受损时出现黄疸；肾功能衰竭，腹部触诊可及肿大肾脏。

【相关知识】

猫传染性腹膜炎(Feline infectious peritonitis，FIP)是由猫传染性腹膜炎病毒(FIPV)引起的进行性、致死性的全身免疫介导性疾病，其病变不仅局限于腹膜。本病分为渗出型和非渗出型。

病原　猫传染性腹膜炎病毒属冠状病毒科冠状病毒属的抗原Ⅰ群。病毒粒子直径约100 nm，有囊膜，从囊膜中伸出许多长约15 nm的纤突。与本病毒密切相关的冠状病毒(包括猫肠道冠状病毒、犬冠状病毒、猪传染性胃肠炎病毒)也可感染猫，但不引起全身性感染或传染性腹膜炎。感染诱导产生的抗体可与猫传染性腹膜炎病毒发生交叉反应，采用常规的血清学方法难于区分。仔猪实验感染猫传染性腹膜炎病毒引起的病变，与猪传染性胃肠炎病毒类似。乳鼠对猫传染性腹膜炎病毒易感，病毒主要在脑内繁殖。猫器官培养、细胞系及单核细胞可用于病毒的增殖。

流行病学　病毒的主要宿主是持续性感染猫。被感染猫的口腔和呼吸道的分泌物、粪便，可能还包括尿液，均可排毒。病毒在干燥的环境中可存活数日，通过摄食和呼吸途径均可感染。妊娠诱导的免疫抑制，可激活潜伏感染的病毒，从而导致胎儿垂直感染。猫通过摄食感染病毒，可能是自然感染的重要途径。

各种年龄的猫均可感染，但以6个月到5岁的猫较为常见。纯种猫发病率似乎偏高。另外，群养和并发猫白血病病毒或猫免疫缺陷病病毒感染后可增加感染机会。

病变　猫传染性腹膜炎的发病机理比较复杂，目前还不完全清楚。病毒首先侵害上呼吸道或肠道上皮和局部淋巴结，然后随吞噬细胞扩散到各个靶器官。病毒可侵害巨噬细胞系统，引起严重的广泛性免疫复合物介导的脉管炎，并伴有坏死和脓性肉芽肿性炎症。猫传染性腹膜炎病毒和相关的猫肠道冠状病毒抗体，可增加猫对传染性腹膜炎的敏感性，体液抗体在病理发生中起重要作用。

症状　病猫首先表现出一些非特异性症状，主要有发热、厌食、不愿活动、消瘦、呕吐、腹泻、脱水和苍白(贫血)。本病早期最常见的症状是长时间的波浪热，抗生素治疗无效。随着病程的发展非特异性症状加剧，临床症状主要表现为以体腔渗出为主的“湿”型和非渗出性器官特异性病变型或“干”型，部分病例表现出两个型的特点。

自然感染病例的潜伏期差异较大，从几日到几周不等，有些甚至可持续数月。其临床症状一般在不知不觉地加剧(隐袭性)，但也有突然迅速加剧的，特别是幼猫。一旦病毒扩散并出现临床症状，疾病即呈进行性发展并最终致死。典型的临床病例一般在3～6周死亡，但也有持续时间超过6个月的病例，在此期间疾病呈间歇性反复。渗出型传染性腹膜炎临床过程一般为急性，非渗出型一般较缓慢，呈隐袭性。

1.渗出型(湿性)

在渗出型猫传染性腹膜炎病例中，85％腹腔有炎性渗出物，35％胸腔有渗出液。

(1)腹腔渗出(腹膜炎)　腹腔渐渐地胀满液体，叩诊或触诊可检测到渗出液。触诊一般无痛感。因腹腔渗出液进入睾丸被膜而引起公猫阴囊肿胀。腹腔炎性渗出物殃及胃肠道(引起呕吐、腹泻)、肝胆系统(引起黄疸)、胰腺(胰腺炎引起呕吐)。触诊腹腔，因肠系膜和腹膜粘连形成不规则的坚硬团块。通过X光检查、腹腔穿刺及液体分析，可以对腹腔渗出液进行分析确诊(图 4-6)。

(2)胸腔渗出(胸膜炎) 由于胸腔的液体压力限制了肺的舒张而出现呼吸困难,病猫呈坐势以利于呼吸,运动后呼吸紊乱加剧。听诊时心和肺音被遮盖,胸部叩诊声音沉闷。胸膜型猫传染性腹膜炎可伴有心包渗出(纤维素性心包炎),可用超声心动图进行检查。

图 4-6 腹部膨大

2. 非渗出型(干性)

非渗出型猫传染性腹膜炎的特征是各脏器,包括腹部(肝脏、脾脏、肾脏)、眼、中枢神经系统和肺脏脓性肉芽肿性炎症和坏死性脉管炎。受侵害的实质脏器表面和内部可见有多个大小不等的灰白色结节。所侵害的器官种类及严重程度不同,其临床表现也不相同。

(1)肾脏 脓性肉芽肿性肾炎,触诊可发现肾肿大、变硬,表面散布有肉芽肿,肾脏外观变得不规则。肾脏损伤程度较深时,出现肾衰(多尿、烦渴)和氮血尿(血尿素氮和血清肌酸酐升高)。

肾型猫传染性腹膜炎实验室检查最为一致的指标是蛋白尿。其他型的渗出性和非渗出性猫传染性腹膜炎都可能出现免疫复合物性肾小球肾炎,但一般为亚临床型。

(2)肝脏 脓性肉芽肿性肝炎,出现肝脏肿大、黄疸及其他与肝病相关的非特异性症状。实验室检查最为一致的指标是胆红素尿和高胆红素血症;血清谷丙转氨酶、碱性磷酸酶和血清胆酸轻度或中度升高。

(3)其他腹腔器官 出现肉芽肿病变后,触诊可发现内脏淋巴结和脾脏肿大,肠壁和腹膜增厚。胰腺病变虽然较少见,但可引起糖尿病。

(4)眼 眼部病变往往为双侧性,主要侵害血管膜或眼色素层,表现为前眼色素层炎(虹膜睫状体炎)等。病变有可能不影响视力。

(5)神经系统 猫传染性腹膜炎可引起多灶性、脓性肉芽肿性脑膜脑炎。临床表现与病灶的神经解剖分布有关。最常见的症状是后躯麻痹、运动失调、颤抖、抽搐等。

(6)肺脏 肉芽肿性肺炎一般在临床上无表现,只有在剖检时才能发现,偶尔出现持续性咳嗽。

(7)生殖系统 猫传染性腹膜炎病毒感染,可能与不育、胎儿重吸收、流产、死胎、生殖道畸形以及产弱胎等繁殖障碍有关。

诊断 猫传染性腹膜炎的诊断要根据临床症状和进行一系列的实验室检查,包括血液学、血清化学、细胞学和血清学指标及放射检查和活体穿刺等。由于临床症状和各项指标均为非特异性的,因此必须加以综合评价,然后进行诊断。

大多数病例血象和血清蛋白电泳分析结果异常,反映了机体的炎性和免疫反应。

血清和尿液检查,可见谷丙转氨酶(ALT)、碱性磷酸酶(ALP)、胆酸和胆红素升高,血尿素氮(BUN)和肌酸酐升高,对于非渗出型猫传染性腹膜炎的诊断具有一定的意义。

在大多数情况下,对体腔中的渗出液、器官肿大及器官浸润等可以通过放射检查加以确认。腹腔器官还可应用超声波显影技术进行造影。胸腔和腹腔的渗出液分析对于诊断猫传染性腹膜炎具有很重要的意义。液体呈淡黄色或金黄色,由于细胞数量较少(有核细胞 1 000～20 000 个/μL)而几乎透明,有一定的黏性并可能含有纤维丝或纤维性团块。液体中蛋白含量高，一般为4～10 g/100 mL，而有核细胞数相对其他类型的渗出液则非常低，这也是猫传染性腹膜炎的特点之一。对本病的渗出液进行电泳分析，γ-球蛋白含量占液体总蛋白的32%以上，白蛋白则低于48%，白蛋白与球蛋白的比例(A/G)小于0.81。细胞学检查以非败血性渗出为特征，以中性粒细胞和巨噬细胞为主，也包括数量不等的浆细胞和淋巴细胞。

检查血清中冠状病毒抗体可以作为一个指征。由于猫传染性腹膜炎病毒与多种冠状病毒有交叉反应，常规的血清学方法又不能区分开，因此结果分析存在一定的困难，不能作为确诊的依据。

猫传染性腹膜炎李凡他试验阳性。李凡他试验是最常作为区别腹腔积液是渗出液还是漏出液的方法之一。阳性表示积液为渗出液，渗出液多为炎症引起，常见于感染性，有时可见于恶性肿瘤；阴性表示积液为漏出液，漏出液为非炎性的，常见原因有血浆胶体渗透压降低，淋巴管阻塞等。猫传染性腹膜炎临床症状会出现炎性腹水，因此采取腹水进行李凡他实验结果呈阳性渗出液。

对于猫传腹的确诊需要采集猫的血液来进行血常规检查和血生化检查，有时也会检测猫血清中抗体来辅助诊断。同时还需要采集猫的腹腔积液来进行李凡他试验以及PCR检测病毒。只有通过以上的检查结果，并综合猫的临床症状才能做出较为准确的诊断。

治疗 对轻度感染或仅仅侵害眼部的病例，偶尔有自行康复的情况。但对于猫传染性腹膜炎病例，一旦出现临床症状，不管采取什么治疗措施，绝大多数在几周或几个月之内死亡。

目前所能采用的治疗措施只能治标，不能治本。少数猫传染性腹膜炎病例经过化学治疗和精心护理，可能会出现短暂的(一般为几周)症状消退期。进行治疗的猫必须体况较好，仍然能够采食，无严重的贫血表现，未出现神经症状，其他器官也未出现明显的功能紊乱及没有并发感染猫白血病病毒。

1.化学疗法

疗效较好的治疗措施是联合使用高剂量的皮质类固醇(按2～4 mg/kg体重口服[泼尼松(强的松龙)]、细胞毒性药物(每周间隔1 d按2 mg/kg体重连续口服4次环磷酰胺)、广谱抗生素(如按20 mg/kg体重口服氨苄青霉素，每日3次)，同时保证营养物质的摄入及体液和电解质平衡。

应注意，皮质类固醇和细胞毒性药物对病毒本身不起作用，主要是控制继发的免疫介导炎性反应，因为炎性反应在致病过程中起重要作用。另外，这两类药物对T淋巴细胞和巨噬细胞介导的细胞免疫反应有不利的影响，很可能促进病毒感染。细胞毒性药物的主要副作用是引起厌食和抑制骨髓，因此应定期进行血象检测。

无论采取什么化学治疗措施，如果在2～4周内没有显示任何疗效，就应该考虑更改治疗方法或不再继续治疗。如果出现好转，治疗至少要持续3个月或更长的时间。

2.支持性疗法

支持性治疗主要是改善猫的生活质量，尽可能延长其生命。主要措施包括：间歇性的体腔引流、输液、通过鼻胃管或胃导管补充营养、输血及抗生素治疗等。

有证据表明，直接作用于猫传染性腹膜炎病毒的抗病毒药物及能刺激T细胞和激活巨噬细胞的免疫调节剂(如干扰素等)，在猫传染性腹膜炎的早期有一定的效果。

二、按医嘱进行治疗

1.治疗原则

输液以防止脱水，使用维生素和激素补充剂以及抗生素防止继发性感染。

2.药物治疗

使用支持治疗和皮质类固醇抗感染治疗，一些猫临床症状暂时得到改善。

抗感染治疗可用糖皮质激素和强的松龙配合环磷酰胺或苯基丙氨酸氮芥；用抗菌药物，可选用青霉素、链霉素 80 mg/kg 体重，每日两次；10%葡萄糖酸钙溶液 20 mL，静脉注射；50%的葡萄糖 30 mL，维生素 C 0.5 g，40%乌洛托品 5 mL，每日 1 次静脉注射。

3.预防

国外有滴鼻用的猫传染性腹膜炎病毒温度敏感弱毒疫苗上市。由于该疫苗具有温度敏感特性，只在咽喉局部繁殖，可刺激鼻腔和胃肠道黏膜产生免疫力和细胞免疫。因为该疫苗激发的体液免疫反应较小，所以不会增加动物对猫传染性腹膜炎的敏感性。

疫苗的免疫方法是对 16 周龄或更大的猫每间隔 3～4 周经鼻内接种两次疫苗，每次 0.5 mL，之后每年再免疫一次。对于高危猫群，间隔 6～9 个月可能就需要免疫一次。

应消灭吸血昆虫（如虱、蚊、蝇等）及老鼠，防止病毒传播。病猫和带毒猫是本病传染源，健康猫应力避与之接触。

三、宠物出院指导

1.护理指导

为猫保暖，勤喂水。

2.预后

病毒除了感染猫的腹膜外，还会侵袭包括肝、肾和大脑在内的多种器官。多数猫患病后一周就会死亡。

病例分析

2014 年 8 月 10 日，李某带一只波斯猫前来宠物医院就诊。主诉：该猫 4 岁，雄性，发病 2 d，不食，无精神，腹部增大，排便正常。发病后立即来院诊治。临床检查，体温 40.0 ℃、脉搏 146 次/min、呼吸 40 次/min。该猫有轻度呼吸困难，结膜潮红，腹部明显膨大。腹腔穿刺检查，有少量麦秆色渗出液。并有浑浊的纤维蛋白样絮状物。初步诊断为猫传染性腹膜炎。

治疗：5%葡萄糖 40 mL、利巴韦林 0.5 g、维生素 C 0.25 g 一次静脉注射。10%葡萄糖酸钙 1 g、40%乌洛托品 10 mL 和 5%葡萄糖生理盐水 50 mL，一次静脉注射。10%葡萄糖 40 mL、ATP 20 mg、辅酶 A 100 IU、头孢曲松钠 0.5 g，一次静脉注射。转移因子 2 mL 肌肉注射、干扰素 2 mL 肌肉注射。以上药物 2 次/d，连用 4 d。

该猫基本痊愈，回家后口服病毒灵片和先锋 4 号片，2 次/d，连用 3 d。9 d 后电话回访，该猫已痊愈。

项目八　猫白血病的防治技术

【案例导入】

主诉：病猫为波斯猫品种，大约1岁，未进行过任何免疫注射。该猫经常与家周围野猫玩耍，1周前发病，主要症状为食欲减退，体重减轻，黏膜苍白，贫血，有时呕吐和腹泻。自诊为消化道感染，连续给猫服用消炎药，未见效果，症状反而更加严重。经诊断为猫白血病。

【项目描述】

一、宠物入院症状、诊断评估与记录

（一）一般检查项目评估

1.病史

食欲减退，体重减轻，黏膜苍白，贫血，有时呕吐和腹泻。

2.临床症状

病猫常表现为消瘦，精神沉郁等一般症状，临床上出现间歇热，被毛粗乱，黏膜苍白，贫血，黏膜和皮肤上出现出血点，有时出现呕吐和腹泻。呼吸和吞咽比较困难，加重病猫的虚脱。触摸动物腹部时，见肝脏及脾脏肿大，全身多处淋巴结肿大，浅表的病变淋巴结可以用手触摸到。

3.实验室检测

取病猫的血液，推制血玻片进行染色，然后使用免疫荧光抗体法进行检测，结果诊断试验为阳性。

（二）重点检查项目评估

对病猫进行血常规检验，检验发现血液红细胞减少，红细胞平均血红蛋白浓度（MCHC）下降，白细胞增多，循环血液中未成熟的淋巴细胞增多，出现类似泛白细胞减少样的症状。

（三）并发症评估

猫白血病病毒约50%会发展为癌症，这些癌症大部分是侵袭淋巴组织（如淋巴结），形成一实质肿瘤（淋巴肉瘤）。有些猫白血病病毒可致非再生障碍性贫血，骨髓增生病，肾功能不全等。

【相关知识】

猫白血病由猫白血病病毒（Feline leukemia virus，FeLV）感染引起，是猫发病和死亡的最重要的传染病之一。病毒持续感染可引起猫严重的免疫抑制，从而导致继发感染和死亡。淋巴肉瘤也是猫白血病病毒引起的最重要的增生性疾病。猫肿瘤中约1/3为造血器官瘤，其中大多数是由白血病病毒引起的淋巴肉瘤。另外，还可引起成红细胞和成髓细胞性增生病。

病原　猫白血病病毒属于反转录病毒科哺乳动物C型反转录病毒属。根据干扰试验和抗体中和试验可分为A、B、C三个亚群。在形态上为典型的C型哺乳动物反转录病毒。

猫白血病病毒A亚群只能在猫细胞中繁殖，而B、C亚群可在多种动物细胞中增殖。本病毒不感染人。

在猫的肿瘤性疾病中，约10%为纤维瘤，其中部分青年猫的纤维瘤是由猫肉瘤病毒(Feline sarcoma virus,FeSV)引起的。猫肉瘤病毒是一种复制缺陷型病毒，与猫白血病病毒基因组和几种细胞致癌基因中的一种发生重组后，具有高度致癌性。

流行病学　猫白血病病毒感染在世界各地都有发生。感染猫通常为A亚群单独感染(50%)，或与B或C亚群混合感染。

所有出现持续性病毒血症的猫，均可排出传染性病毒粒子，并且可能终生排毒。持续性感染猫主要经唾液排毒，唾液中含有高浓度的病毒。呼吸道分泌液、血液、乳液、粪便和尿液均含有数量不等的病毒。本病在猫群中主要是水平传播。经口、鼻接触具有传染性的唾液，打斗，输血，吸吮感染母猫的乳液均可能发生感染。除水平传播外，病毒还可以经胎盘发生垂直感染。

症状　所有的临床表现与白血病病毒的致瘤作用、细胞损伤和免疫抑制作用有关。

猫白血病病毒可引起淋巴性或骨髓性肿瘤，也可引起多种细胞变性和病理损伤，包括骨髓细胞受损(导致贫血、中性粒细胞减少和血小板减少)、淋巴细胞受损(导致T淋巴细胞缺失、淋巴萎缩或淋巴增生)、肠细胞受损(肠炎)，并侵害胎儿和胎盘(导致流产和死胎)。免疫抑制的结果是引起严重的免疫缺陷，增加了对条件性感染的敏感性。另外，免疫功能紊乱可引起免疫介导性疾病和自身免疫病。

1.淋巴增生性肿瘤

淋巴瘤和淋巴白血病均与猫白血病病毒感染有关。根据肿瘤发生的部位，其临床表现有所不同：

(1)纵隔淋巴瘤　多见于年龄较小的猫。前纵隔淋巴组织肿瘤团块压迫气管和食管，引起吞咽障碍和呼吸困难。另外，可引起胸腔积液，积液中含有大量的恶性淋巴细胞，可作为一项诊断指标。

(2)消化道淋巴瘤　相对较少，主要见于年龄较大的猫(平均8岁)。肿瘤主要发生于肠系膜淋巴结或者腹腔内实质脏器，呈局灶性或弥散性分布。临床表现为消瘦、发热、失蛋白性肠病、呕吐等，也可能出现肠道堵塞。回盲瓣是病变常发部位。

(3)白血病　相对来说较为常见。这种增生性淋巴群主要起源于骨髓，外周循环中可见到数量不等的异常淋巴细胞，其他部位也可能出现肿瘤。临床上表现为严重的贫血(红细胞比容小于15%)、倦怠和厌食。

(4)其他　还包括皮肤、鼻腔、眼、肝脏和中枢神经系统的肿瘤。这些部位的肿瘤也可能与其他疾病并发。

2.骨髓增生病

主要特征是骨髓中一个或几个细胞系增生，而其他细胞则被排斥，在外周血和骨髓中可见到这些异常的细胞，并可作为这类疾病的诊断指标。这一类疾病也就按照异常细胞的源细胞进行分类。组织学上可分为骨髓性(粒细胞性)、红细胞性、巨核细胞性或混合型。临床上表现为厌食、精神沉郁、消瘦、进行性贫血和血小板减少及继发感染。因髓外造血导致弥散性肝、脾肿大。

红细胞性骨髓组织增生是这类疾病中最常见的一种，可引起骨髓中红细胞前体增生。外周血红细胞比容低，出现有核红细胞等。

3. 感染性贫血

猫白血病病毒感染可能仅表现为贫血，同时伴发其他相关疾病。这主要是因为骨髓中红细胞被抑制和破坏，或者发育异常，也可能因免疫介导性溶血、血小板减少性出血或骨髓肿瘤及骨髓发育不良等引起。临床上表现为精神沉郁、虚弱、黏膜苍白、脾脏肿大、视网膜出血等。实验室检查可见严重的再生障碍性贫血（细胞比容小于 10%）、大红细胞症、白细胞或血小板减少。

4. 中性粒细胞病

在出现病毒血症时，中性粒细胞和髓细胞前体细胞常常被感染。病毒感染后可出现一过性（骨髓感染后前 3～5 周）、持续性或周期性（10～14 d）中性粒细胞减少。中性粒细胞减少是肿瘤的前期病变，最终发展为骨髓增生病。成髓细胞减少（类泛白细胞减少综合征）主要特征是严重的泛白细胞减少（WBC＝300～3 000 个/μL）及急性肠炎、发热、呕吐及血性腹泻。肠道上皮细胞被病毒严重感染。

5. 血小板病

在出现病毒血症时，血小板和巨核细胞常常被感染，引起血小板减少和出现巨血小板（血小板个体异常大，形态怪异）。

6. 免疫缺陷

猫白血病病毒可引起淋巴组织严重萎缩，对猫的免疫系统造成抑制，增加动物的易感性，尤其是慢性感染和继发感染。常继发猫传染性腹膜炎，疱疹病毒感染，以及曲霉菌、念珠菌、立克次体、弓形虫、隐孢子虫感染等。

7. 特异性的外周淋巴结增生

表现为外周和内脏淋巴结对称性肿大（特别是颌下淋巴结），可达到正常大小的 3 倍。主要发生于 6 个月到 2 岁的犬，其中约有 50%表现发热、厌食和精神沉郁，其余的可能不表现任何症状。部分犬经 2～4 周康复，另一部分经过几个月或几年后发展为淋巴瘤。

8. 免疫介导性疾病

猫白血病病毒感染可引起免疫复合物性肾小球肾炎、慢性进行性多关节炎、免疫介导性溶血性贫血、免疫介导性血小板减少症、溃疡性皮肤黏膜病和全身性类红斑狼疮综合征。

9. 不育、死胎、流产及弱胎

猫白血病病毒感染母猫后可引起不育、胎儿重吸收、流产、死胎、“弱胎综合征”（病毒血症小猫）或经乳传染给哺乳的小猫。

病变　由于本病的病型比较多，病理变化也较为复杂。淋巴组织肿瘤较多见，主要由猫白血病病毒引起。大部分猫的淋巴肉瘤为 T 细胞性肿瘤，只有少数病例是以纯粹的外周血淋巴细胞增多为特征的真性淋巴白血病。

诊断　在兽医临床中对猫白血病病毒的诊断，是一项比较常见的工作。猫白血病病毒的检测，主要用于诊断与该病毒相关的疾病，检疫和筛选亚临床感染猫。

常用于猫白血病病毒感染的诊断方法，有间接免疫荧光抗体技术（IFA）和酶联免疫吸附试验（ELISA）。两种方法都是检查病毒特异性的核心抗原（p27）。前者检查外周血或骨髓触片，需要在专业实验室进行；后者可以应用商品试剂盒检查血液、唾液或眼泪等。除了以上方法之外，有些实验室还从体液或组织中分离病毒做进一步的确诊，但病毒分离不适合于临床诊断。

二、按医嘱进行治疗

1.治疗原则

针对猫白血病目前尚无有效的治疗方法，应用各种免疫调节剂和抗病毒药进行治疗。

2.药物治疗

采用支持疗法，如使用抗生素防止继发感染，输液及补充营养等，可以延长病猫的寿命。患淋巴瘤的猫不经治疗，一般在1～2个月内死亡，但进行抗癌化疗后，部分猫肿瘤消退。

3.预防

免疫接种增加机体抵抗力；适当限制猫在户外自由活动以减少感染机会；采取措施控制病毒在猫舍的传播。

国外有猫白血病病毒亚单位和全病毒灭活疫苗。这些疫苗大部分包括A、B和C三个亚群，有些仅为A亚群。一般在9周龄左右或之后进行首免，3～4周龄后进行二免，然后每年进行一次加强免疫。

三、宠物出院指导

1.护理指导

经常观察患猫的口腔，注意溃疡面的愈合情况。同时留意患猫身体状况的变化，避免引起并发症的出现。

2.预后

患淋巴瘤的猫死亡率高，有些病例虽然输血可能延长猫的存活时间，但由白血病病毒所致的非再生障碍性贫血和骨髓增生病预后不良。

项目九　猫获得性免疫缺陷症的防治技术

【案例导入】

张先生的猫近期患有严重的慢性牙龈炎，牙龈、舌面、咽部大面积溃疡、充血，并有大量的脓性分泌物，宠物医生为张先生的猫进行了血液猫免疫缺陷病毒筛查，结果呈阳性。

【项目描述】

一、宠物入院症状、诊断评估与记录

（一）一般检查项目评估

1.病史

询问病猫是否为流浪猫或自由出入家居的猫，是否外出与其他猫打斗。

2.临床症状

牙龈、舌面、咽部大面积溃疡、充血,并有大量的脓性分泌物。

3.实验室检验

用猫二合一检验套组中猫免疫缺陷病毒/猫白血病毒(SNAP™ FIV/FeLV 组合)快速检测试剂检测。

(二)重点检查项目评估

(1)血液生化及血常规检查白细胞减少(特别是淋巴细胞及嗜中性白细胞)、贫血、高 γ-球蛋白血症。

(2)血液检查有无抗体的存在,是唯一的检测方法。患猫才会有抗体,用检验套组,只需要 3 滴血、2～3 min 即可做出筛检,检测出阳性的猫,可及早隔离与治疗。

(3)当猫感染猫免疫缺陷病毒后,数年内可能都没有任何病征。但在染病的 4～6 周,白细胞数量开始下降,部分猫只会出现淋巴结肿胀。此外,有些猫在染病初期出现体温升高、贫血、腹泻、慢性口炎、齿龈炎、消瘦、慢性鼻炎、结膜炎、上呼吸道感染症等多种慢性病症状,在病例上,甚少有急性死亡的案例。

(三)并发症评估

患猫体温升高、贫血或腹泻、慢性口腔及牙龈发炎、肺炎、皮肤病、窦管传染病、眼疾、中枢神经系统受损。

【相关知识】

猫免疫缺陷病又称为猫艾滋病,是由猫免疫缺陷病毒(Feline immunodeficency virus, FIV)引起的危害猫类的慢性接触性传染病。该病毒主要感染并逐渐破坏特定的 T 淋巴细胞,经过长时间或数年的无症状潜伏期后,T 淋巴细胞慢慢丧失而引发免疫缺陷综合征。本病的主要特征是出现慢性感染或反复感染,而且感染为终身性并最终死亡。

猫免疫缺陷病病毒感染的特征,与人的艾滋病有许多相似之处,因此是人艾滋病研究的重要动物模型,但猫免疫缺陷病病毒与人的疾病无关。

病原　猫免疫缺陷病病毒属于反转录病毒科、慢病毒属,与其他已知的慢病毒无密切相关性。形态学和物理学特征与其他慢病毒相似。囊膜糖蛋白 SU 和 TM 的分子量分别为 95 kD 和 41 kD。Gag 蛋白,MA、CA 和 NC 分别为 16 kD、27 kD 和 10 kD。

猫免疫缺陷病病毒分离株,可以在用有丝分裂原和白细胞介素-2(IL-2)刺激分裂的猫单核细胞培养中增殖,有些分离株在猫的细胞系中可以复制。

适当浓度的含氯制剂、季铵盐类及酚类化合物等消毒药物均可杀灭病毒。

流行病学　本病呈世界性分布。能够在户外自由活动的或能与自由活动的猫接触的宠物猫,群养或者经常引进新猫的猫群,属于高危和高发病率群。户内单独饲养的宠物猫,封闭饲养、环境控制良好的猫群发病率低。纯种猫发病率低。各种年龄的猫均可能被感染(2 个月到 18 岁的猫均有感染的报道)。随着猫年龄的增长,发病率有所增加,在 5 岁或更大的猫中流行率最高。

猫免疫缺陷病病毒感染猫可经唾液排毒,主要是打斗过程中咬伤直接传染,因此公猫的感染率比母猫高 2～3 倍。输血污染也可以引起传染。通过粪便、交配、子宫或泌乳等途径感染者较少见。偶尔也发生接触传染，但感染途径及机理还不清楚。

虎、狮和豹等动物对本病易感。与其他慢病毒类似，猫免疫缺陷病病毒具有很强的宿主特异性，似乎只能在猫科动物细胞中生长。与感染猫接触的畜主、兽医、饲养员及研究人员的血清中 FIV 抗体均为阴性。

症状　急性感染期、无症状潜伏感染期、终末慢性感染期症状如下。

1.急性感染期

这一阶段一般从接触病毒后 4～6 周开始，其影响为一过性而且往往不易觉察，表现为一过性发热（约有 1/3 的感染猫出现，持续 3～14 d），中性粒细胞减少（持续 1～9 周）。全身性淋巴结病变（所有感染猫均发生，持续 2～9 个月）表现为滤泡增生，浆细胞浸润。偶尔发生并发感染，如败血症、蜂窝质炎、化脓性皮炎、贫血和腹泻等。

2.无症状潜伏感染期

在出现免疫缺陷病症状之前，有一段很长的潜伏期，持续时间可长达数年不等。

3.终末慢性感染期

这一阶段的主要特征是获得性免疫缺陷综合征，出现慢性和条件性感染，病情经数月到数年逐渐恶化，有下述一种或多种临床表现：

（1）全身性表现　表现为进行性消瘦（慢性消耗病）；反复发生慢性细菌感染，抗生素治疗可部分康复，但易复发；经常出现不明原因的发热；全身性淋巴结病；持续性或复发性贫血或白细胞减少症（中性粒细胞减少、淋巴细胞减少）。

（2）慢性或复发性细菌感染　是猫免疫缺陷病病毒感染最一致的症状：50%以上的病例出现口腔感染，表现为口炎、牙龈炎和化脓性或浆细胞牙周炎；约 30%的病例出现化脓性鼻炎、肺炎、结膜炎；约 20%的病例由于严重的小肠结肠炎而出现急性或慢性腹泻；约 15%的病例出现化脓性皮炎、脓肿、化脓性耳炎；反复发生泌尿系统感染，如膀胱炎、肾盂肾炎等。

大多数免疫缺陷病毒感染的猫检查口腔、眼睑部和耳部时，可发现异常，如口炎、眼鼻分泌物、外耳炎及皮炎等。

（3）脑病　可能是猫免疫缺陷病病毒直接作用于中枢神经系统的结果。临床上出现行为异常、痴呆、运动失调、脸部痉挛、抽搐等。

（4）肿瘤　由于机体的免疫监视功能受损伤，猫免疫缺陷病病毒感染猫的肿瘤发生率明显升高，其中淋巴瘤和骨髓增殖性肿瘤发生较多，其他肿瘤为散发。

病变　猫免疫缺陷病病毒感染无特定的肉眼或组织学变化。病毒首先在局部淋巴结增殖，然后扩散到全身淋巴结，引起全身性淋巴结病，最后渐渐消退。多数被感染猫病情不再发展，但有些猫出现淋巴缺失和免疫抑制，病理变化与继发感染密切相关。

猫免疫缺陷病病毒感染 CD^{4+}、CD^{8+} 及巨噬细胞，引起 CD^{4+} 和 CD^{8+} 细胞数减少和 CD_4^+/CD_8^+ 比例反转。

诊断　猫免疫缺陷病病毒感染的诊断主要是采用酶联免疫吸附试验、免疫荧光抗体技术或免疫印迹技术，检测血清中抗猫免疫缺陷病病毒抗体。也可采用免疫荧光抗体技术检测病毒抗原，但此法还不太稳定。病毒的分离主要用于研究，不适合临床使用。

酶联免疫吸附试验可用于抗猫免疫缺陷病病毒血清抗体的筛选，准确率高于 99%，可作为高危猫群检测的首选方法。猫一般在感染后2～4周血清学转为阳性。国外已有商品化试剂盒供应。

免疫荧光抗体技术检测抗体所用试剂在部分实验室也可购买到，其准确率可与酶联免疫吸附试验相媲美。

免疫印迹主要检测抗病毒特异性蛋白的抗体，被认为是验证酶联免疫吸附试验阳性结果的“金标准”。

抗体阳性表明此前接触或感染过猫免疫缺陷病病毒，而猫免疫缺陷病病毒感染为终生性，所以抗体阳性表明猫带毒并持续终生。

二、按医嘱进行治疗

1. 治疗原则

猫免疫缺陷病病毒感染目前尚无特异性治疗措施。专门针对病毒治疗的药物不多，多数的抗病毒药物均有副作用，亦会影响到本身的细胞，故建议以支持疗法、对症疗法及预防二次性感染，作为现阶段治疗的主要目标，若有其他病原的合并、继发感染，则更要精心治疗。

2. 药物治疗

在出现临床症状之前，无症状猫可存活数年；出现症状之后，如果选用适当的抗生素结合支持性治疗，仍可以存活数月。

一般的支持性治疗措施包括：

(1)使用广效性抗生素，用以控制细菌的二次性感染。

(2)某些感染猫的慢性口炎及严重的齿龈炎可以外科的方式暂时缓解。

(3)根据动物的状态进行输液和补充营养。

(4)由于抵抗力下降，应防止感染其他传染病。

(5)应做好其他疾病的免疫接种，最好选用灭活疫苗(在早期，猫免疫缺陷病病毒阳性猫仍可以产生免疫应答)。

(6)在猫免疫缺陷病病毒感染末期，随着持续性贫血或白细胞减少、严重消瘦及神经症状的出现，治疗效果较差。

另外，对猫免疫缺陷病病毒血清学阳性猫应避免使用灰黄霉素，因为可能出现灰黄霉素引起的中性粒细胞减少。

3. 预防

国外已研制出猫免疫缺陷病病毒疫苗。由于此病由血液或唾液传播，所以应避免让家中的猫接触到外来猫。要注意种猫应该要有筛检选过，避免经由交配传染或胎盘垂直感染；母代猫或父代猫没有检验过的小猫，均应接受检验；避免家猫外出与野猫接触，可以实行节育手术，降低猫出外游玩的动机。

三、宠物出院指导

1. 护理指导

患有猫免疫缺陷病毒的猫只也可能生存相当长时间。猫主人则应该尽可能保持猫只健康，抵抗疾病及免受伤害；最佳方法是让受感染的猫只留在室内，这样不但可以预防猫只接触病源，更可以防止病毒散播。

2.预后

此病无法治愈。感染猫也可能生存相当长时间。只要有良好的保健，及早确定及治疗猫免疫缺陷病病毒引致的问题，这些猫仍可以好好享受生活。

项目十　猫痘病毒感染的防治技术

【案例导入】

赵先生家养的猫生病了。起初猫表现精神沉郁，食欲下降，眼睛和鼻子有浆液性分泌物。过了几日身上开始起红色的小疙瘩。赵先生很着急，便带猫去宠物医院看病，治疗 3 d。病情未见好转，于是转院找到另一家大型宠物医院，医生详细检查了病猫的情况后，确诊为猫痘病毒感染。

【项目描述】

一、宠物入院症状、诊断评估与记录

1.病史

患猫皮肤上出现结节。

2.临床症状

患猫表现不适，发热，食欲减退，皮肤丘疹，继而发展为水疱并破裂，留下溃疡面或结痂（丘疹或结节最常见于头颈部和四肢，也可发生于机体任何部位）。

3.PCR 检测

采集皮肤水疱内容物，用 PCR 扩增方法，对病毒进行鉴定和序列分析。

（二）并发症评估

临床上患猫表现不适、发热、食欲减退或更严重的致死性全身感染，出现支气管肺炎和渗出性胸膜炎。

【相关知识】

猫痘病毒感染是由牛痘病毒或类牛痘病毒（Cowpox or cowpox-like virus）引起的一种传染病，但在家猫和野生猫中不常发生。

症状　猫痘病毒感染主要症状为皮肤病灶，皮肤损伤多为圆形，通常发生部位为头部、颈部、前肢。大约 20%会出现口腔病变（口腔溃疡）。原发性病变部位通常出现丘疹、斑块、结节、溃疡或蜂窝组织炎和囊肿。20%病例会出现厌食、嗜睡、呕吐、腹泻、结膜炎、肺炎。治疗病程通常为 4～6 周，许多猫皮肤病灶与其他皮肤病灶相比，没有迹象显示，但 12%～20%可能发展轻度鼻炎或结膜炎。还有部分病例可能出现极度沉郁，并发细菌感染，尤其是原发病灶部位可引起全身性感染。然而，大多数猫能康复，严重者伴有肺部疾病（较罕见）可能会导致死亡。

诊断　根据病猫临床特征性症状可以做出初步诊断。可通过免疫荧光测定、采水疱液做电镜观察或 PCR 技术进行诊断，在感染组织内见到痘病毒即可确诊。

二、按医嘱进行治疗

1. 治疗原则

本病尚无特效治疗药物，只能采取支持治疗，并防止继发感染。

2. 药物治疗

大多数痘病毒感染猫，在一至两个月内对症治疗可以恢复。很多情况下因为延迟治疗继发细菌性皮肤感染使病情加重，因此针对病患主要采取支持疗法与液体疗法，使用抗生素控制细菌继发感染，调节机体的电解质平衡。病患佩戴伊丽莎白圈防止自我过度舔伤。抗生素的使用可防止继发感染，禁忌药物之间可能发生相互作用的影响。绝对禁忌免疫抑制剂如糖皮质激素的使用，避免引起全身性致命反应。

3. 预防

避免猫和野生贮存宿主接触，尚无特异性疫苗应用。

三、宠物出院指导

1. 护理指导

类固醇不可以使用，会使病情恶化，并且使伤口扩大。

2. 预后

多数轻微皮肤痘病变的患猫可在 4～6 周内康复，但皮肤广泛性损害和免疫损伤的猫常以死亡告终。

项目十一　猫星状病毒感染的防治技术

【案例导入】

一只 3 岁家猫，雄性，体形消瘦，平时以采食猫粮为主。在发病前曾在宠物店寄养 1 周，回家后第一天发现食欲减退，第二天、第三天出现持续性水样腹泻，经宠物医生诊断，为猫星状病毒感染。

【项目描述】

一、宠物入院症状、诊断评估与记录

1. 病史

持续性水样腹泻，体重减轻、厌食。

2. 临床症状

食欲丧失或减退，脱水，体温升高，腹泻，叩诊皮肤下陷或凹下去的地方回复迟钝。

3.电镜检查

粪便样品直接电镜检查。

【相关知识】

本病是由猫星状病毒感染而引起的一种病毒性传染病，以持续性水样腹泻为主要特征。

病原 猫星状病毒(Feline astrovirus)是一种能引起猫腹泻的单链小RNA病毒。其生物学特征目前资料还不够全面。星状病毒的名称来源于希腊文“astron”，意思为“星”，其特征是病毒呈“星”样的轮廓，故得名为星状病毒(astrovirus)。1995年建立星状病毒科，本科只有星状病毒一属一种。

1987年，Harbour等在腹泻的猫等多种动物体内分离到星状病毒。星状病毒虽然不引起严重疾病，但为人畜共患，且具有一定的流行性。

流行病学 本病主要通过病猫消化道排泄物传染。病猫和隐性带毒猫是主要的传染源，通过直接接触传染。健康猫通过消化道传染。

症状 自然感染猫发生持续性水样腹泻，并伴有体重减轻、厌食和极度虚弱。一般不发生脱水等严重并发症。但大多数猫感染星状病毒后表现为隐性、温和型或自限性感染。

诊断

(1)电镜检查 由于星状病毒在细胞培养中增殖困难，所以粪便样品的直接电镜检查是星状病毒诊断的常用方法。将粪便用蒸馏水稀释成20%悬液，离心后取上清液，用1%磷钨酸钾液(pH 7.0)染色后，电镜检查。如果粪便中有星状病毒存在，根据其特有的星状结构及28～30 nm直径等特征较易检出，必要时可将粪便浓缩处理后再做电镜检查。

(2)分离病毒 由于星状病毒在细胞培养物中的培养比较困难，而且多数星状病毒在细胞培养物中不产生细胞病变，所以给病毒分离工作带来了难度。人、牛、猪和猫的星状病毒能在某些特定的人胚肾、牛胚肾、猪胚肾及猫胚细胞中培养，但溶液中必须不存在血清而添加胰蛋白酶。对细胞培养物中分离到的病毒，可用电镜及免疫荧光试验等方法进行鉴定。

(3)免疫荧光技术 对细胞培养物或组织切片中的星状病毒可用免疫荧光试验检查。对肠道内星状病毒检查，可取活体或尸体的小肠制作冰冻切片，再用免疫荧光试验检查肠上皮中的星状病毒。

(4)从腹泻的粪便中直接分离星状病毒RNA：采用RT-PCR扩增病毒RNA，该方法特异、敏感，并可用于不同血清型的鉴定和序列分析。

二、按医嘱进行治疗

1.治疗原则

本病尚无特效的抗病毒药物，对症或支持治疗。

2.药物治疗

可用生理盐水及时补充失去的水分和电解质，并给予多种维生素。为防止继发感染，应给予广谱抗生素。

3.预防

目前尚无有效疫苗，本病的防治主要依靠一般的消毒和隔离措施。

三、宠物出院指导

1. 护理指导

腹泻较严重的患猫，须禁食、禁饮水，并注意保暖、补液。

2. 预后

患猫胃肠炎症状轻微，病程自限，预后良好。

项目十二　猫海绵状脑病的防制技术

【案例导入】

据《国际流行病学传染病学杂志》1999 年第 03 期刊载（作者：张春平），一名意大利男性与其猫同时发生散发性海绵状脑病。患者为 60 岁男性，无异常饮食习惯，因言语障碍、小脑共济失调、失认和肌阵挛入院。脑电图示弥漫性 α 波活跃，脑磁共振影像无明显异常。10 d 后，患者失语，仅能在简单指令下学话。病人随后入院治疗，2 周后患者死亡。患者喂养的猫在其发病同时出现严重狂躁、抽搐和感觉过敏。主人患病前半月常用罐头食品喂猫，并让猫睡在自己床上，该猫从未咬人。随后数日，病猫出现共济失调，双侧后腿运动障碍。继之共济失调，并有广泛性肌阵挛。死者家属最终将患病猫处死。

【项目描述】

一、宠物入院症状、诊断评估与记录

一般检查项目评估

1. 病史

用罐头食品喂猫。

2. 临床症状

猫狂躁、抽搐和感觉过敏，共济失调，双侧后腿运动障碍，广泛性肌阵挛。

3. 采集猫的脑组织做组织病理学检查

脑皮质灰质部产生空洞状退化；神经元细胞坏死及数目减少；神经星状胶质细胞增多，使脑组织呈现海绵样变性。出现上述变化，则判定为阳性。

【相关知识】

猫海绵状脑病（Feline spongiform encephalopathy，FSE）又称狂猫病，传染性海绵状脑病的一种，是一种以神经症状为特征的传染病，类似于疯牛病。最早 1990 年出现在英国的家猫身上。1990—1997 年英国报道 77 例，大型猫科（美洲狮 3、猎豹 4、老虎 1、豹猫 2 例）也有记载。随后，在其他国家也出现相关病例。

“传染性海绵状脑病”是一类可侵犯人类和动物中枢神经系统的致死疾病，潜伏期长，病程

短，死亡率 100%。目前已知的动物海绵状脑病有 6 种，包括羊瘙痒病、传染性水貂脑病、马骡和麋鹿的慢性消耗病、猫海绵状脑病、捕获的野生反刍动物海绵状脑病和牛海绵状脑病。其中牛海绵状脑病就是我们通常所说的疯牛病。

疯牛病主要发生在欧洲，包括英国、爱尔兰、瑞士、法国、比利时、卢森堡、荷兰、德国、葡萄牙、丹麦、意大利、西班牙、列支敦士登等国，以英国最多。美国、日本等国也有发生。

病原 引起传染性海绵状脑病的病原是一种叫朊毒体（又称朊蛋白、朊病毒、朊粒、prion 蛋白等）的一种分子量很小的、有感染性的蛋白质颗粒，一种不含核酸仅有蛋白质的蛋白感染因子，是非细胞型微生物，具有独特的性质，主要成分是一种蛋白酶抗性蛋白（PrP）。一般使核酸灭活的物理方法如煮沸、紫外线照射、电离辐射等均对其无影响，但胰蛋白酶能使其灭活。

朊蛋白与任何已知的蛋白质都没有同源性，虽然其不含核酸，但具有多样性，不同的株型形成不同的疾病。不同的株型，因其构型不同，感染人和动物的潜伏期长短存在差异；由于沉积在大脑的不同神经细胞内，其导致的病理改变及临床表现也不一样。

猫海绵状脑病被认为是食用感染病原体的牛羊尸体粉渣特别是神经器官所致。

流行病学 据报道，猫患本病是因饲喂含未完全加工已感染疯牛病病毒的肉和骨的饲料所致。

症状 病猫呈进行性神经症状，运动与感觉反应受到严重影响，大部分感染猫行为异常。

诊断 猫海绵状脑病的诊断可通过组织病理学检查进行，病猫呈现典型海绵状脑病病变，脑内出现原纤维和修饰的 PrP 蛋白。

典型的组织病理检查包括：神经纤维网两侧对称性的空泡化、神经元空泡病变（图 4-7）。通常好发于脑中的基底神经节、大脑皮层、丘脑（图 4-8）。

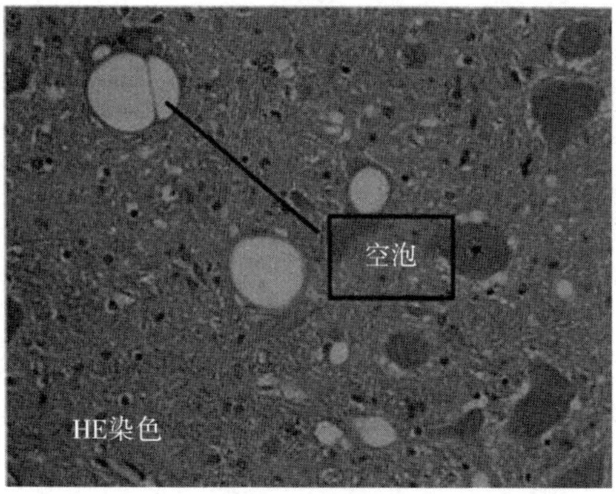

图 4-7 组织病理 HE 染色，神经元空泡病变

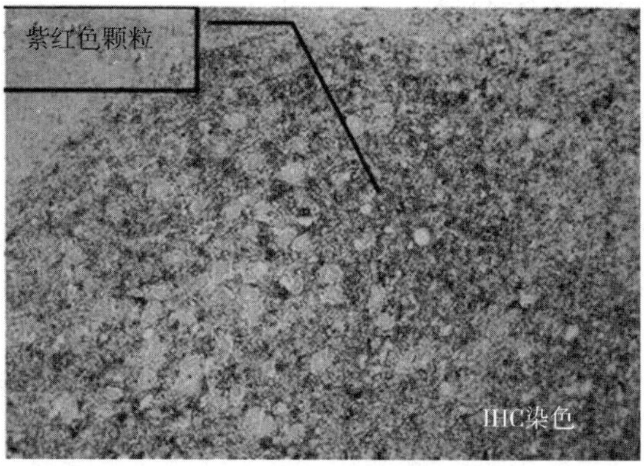

图 4-8 免疫组织化学染色，脑组织在光镜下可见紫红色的 PrP 阳性反应物

二、按医嘱进行治疗

1. 治疗

至今尚无有效疗法。

2. 预防

对本病目前尚无有效治疗方法，感染猫常以死亡告终。如生前怀疑患猫为海绵状脑病，可实施安乐死术。

疯牛病的致病因子仅存在于牛的脑、脊髓和小肠内，因此，避免猫摄入以上疯牛病感染组织，就可有效防止本病发生。按照疯牛病的根除计划，改变饲料加工程序就可消除该病在宠物中的流行。

项目十三　猫呼肠孤病毒感染的防治技术

【案例导入】

一患猫近日出现眼睛流泪、怕光，伴发轻度腹泻，经 PCR 技术诊断为猫呼肠孤病毒感染。

【项目描述】

一、宠物入院症状、诊断评估与记录

（一）一般检查项目评估

1. 病史

怕光羞明，眼有少量浆液性分泌物。

2. 临床症状

表现鼻炎、结膜炎、咽炎和腹泻等症状。

3. PCR 检测

采集结膜、鼻腔分泌物或粪便可确诊。

（二）重点检查项目评估

可用吖啶染料染色接种病料的细胞培养物，检查绿色包涵体；呼肠孤病毒能引起猫肾细胞和牛胎肾细胞产生典型的细胞病变（CPE），故可做 CPE 检查。血清学检查可用中和试验、血凝（HA）和血凝抑制（HI）试验。

【相关知识】

猫呼肠孤病毒感染（Feline reovirus）主要表现为鼻炎、结膜炎和咽炎等上呼吸道症状。最早报道是 1970 年，该病至今还有许多不清楚的地方。

病原　从猫分离的呼肠孤病毒进行实验性感染，可引起上呼吸道的临床症状。这种病毒是 RNA 病毒，对热耐受，此病毒是否就是引起临床呼吸道症状的直接原因尚不明确，但病毒传染性很强。

本病毒对热、胰凝乳蛋白酶、DMSO 和十二烷基硫酸钠（SDS）有强大抵抗力。丁 pH 3.0 稳定，对去氧胆酸盐、乙醚、氯仿、1% H_2O_2、3%福尔马林、5%来苏儿和 1%苯酚有抵抗力。过碘酸盐可迅速杀死本病毒。

流行病学　本病毒有 3 个血清型，它们之间有交叉反应。国外血清学调查表明，美国以血清 1 型和 3 型病毒感染为主。欧洲则以 3 型病毒感染为主，并且病毒感染比较普遍，有存在猫

和人相互传染的可能。本病毒能在易感猫之间迅速传染。病程1～26 d不等。

病变 呼肠孤病毒感染的病例，有上呼吸道炎症、结膜炎及齿龈炎的病变发生。

症状 本病潜伏期为4～20 d，以上呼吸道感染、鼻炎、结膜炎和咽炎为主要症状，尚有齿龈炎发生。自然感染猫可引起腹泻和较轻的上呼吸道症状，并表现瞬膜前突，怕光羞明，眼有少量浆液性分泌物等现象。

诊断 本病确诊可进行病毒分离和鉴定。采取病猫上呼吸道病料接种猫肾细胞，盲传几代产生CPE。感染细胞用pH 4.95、0.01%吖啶橙液染色，胞浆呈橘红色，胞浆内有大而不规则呈苹果绿色包涵体。采集结膜、鼻腔分泌物或粪便采用RT-PCR扩增病毒RNA，该方法特异、敏感，并可用于不同血清型的鉴定和序列分析。

二、按医嘱进行治疗

1.治疗

本病通常不需要治疗，短期即可自愈，若病情需要可进行对症治疗。

2.预防

目前对本病无有效的预防措施，只能依靠综合性防治措施预防本病。

三、宠物出院指导

1.护理指导

定期进行活动场地消毒，保持一个良好的饲养环境。

2.预后

若无并发症病猫不会死亡。

项目十四 猫合胞体病毒感染的防治技术

【案例导入】

一只5岁病猫出现关节肿大，步态僵硬现象，经诊断为猫合胞体病毒感染。

【项目描述】

一、宠物入院症状、诊断评估与记录

(一)一般检查项目评估

1.病史

病猫关节肿大，步态僵硬。

2.临床症状

病猫多见慢性渐进性多关节关节炎。

3.实验室检查

检查病猫关节液,可发现嗜中性粒细胞和大单核细胞数量增多。

(二)重点检查项目评估

(1)抗体及血清检查包括琼脂凝胶免疫扩散核 IFA(间接免疫荧光试验)技术。

(2)对取自于幼猫外周血液的淡黄表层细胞进行培养可用来检测猫合胞体病毒。

【相关知识】

猫合胞体病毒感染是由猫合胞体病毒引起的猫的多关节渐进性关节炎。

病原　猫合胞体病毒(Feline syncytium-forming virus,FeSFV)又叫泡沫病毒(Foamy virus),属反转录病毒科泡沫病毒属中的成员之一,可在灵长类、猫和牛体内引起持久和无症状的感染。

猫合胞体病毒为一种反转录病毒,主要通过咬伤传播,流浪猫和散养的猫比在室内养的猫传染几率要高。病毒也可通过胎盘传播。

症状　多数感染猫临床症状不明显,1.5～5 岁公猫多见慢性渐进性多关节关节炎,表现为关节肿大且步态僵硬,并且有外周淋巴结病变。

诊断　确诊需要进行血清学检查、病原学检查。

二、按医嘱进行治疗

1.治疗

对本病尚无治疗方法,但对免疫抑制治疗有短暂的反应。

2.预防

在养猫的地方将已感染猫淘汰。

项目十五　猫轮状病毒感染的防治技术

【案例导入】

一幼龄猫出现严重腹泻,粪便呈水样,食欲正常,体温正常,经诊断为猫轮状病毒感染。

【项目描述】

一、宠物入院症状、诊断评估与记录

1.病史

猫 3 d 前曾寄养在乡下卫生条件稍差的家庭。

2.临床症状

急性腹泻。

3. PCR 测定

取猫肠道内容物，进行 PCR 测定。

【相关知识】

本病是由猫轮状病毒感染引起的一种病毒性传染病，以急性腹泻为主要特征。

病原 猫轮状病毒(Feline rotavirus，FRV)是一类能够导致多种动物腹泻、相互间高度关联，具有囊膜的 RNA 病毒。

流行病学 猫的轮状病毒感染十分普遍，健康猫和腹泻猫的粪便中均可分离到病毒。不同年龄、品种和性别的猫均对本病毒敏感。但一般成年猫发病率不高。幼猫发生本病往往与断乳、运输、气温突变、饲养管理条件恶化等应急因素和混合感染有关。

症状 目前缺乏对自然感染猫的临床症状的系统描述。实验性感染猫，一般呈现隐性、温和型和自限性腹泻。

二、按医嘱进行治疗

1. 治疗原则

本病尚无特效的抗病毒药物，对症或支持治疗。

2. 药物治疗

对腹泻主要采取补液疗法，可以静脉补给液体和电解质。同时采取支持疗法，应用各种维生素、能量制剂等，补充机体所需。对于有混合感染者，应针对感染的细菌种类，选用敏感药物进行抗菌治疗。

3. 预防

目前还没有有效的疫苗。病猫应隔离，防止相互传染，同时加强环境卫生的消毒工作。

三、宠物出院指导

1. 护理指导

定期进行活动场地消毒，保持一个良好的饲养环境。

2. 预后

无混合感染状况，预后多良好。

项目十六　猫波纳病毒病的防治技术

【案例导入】

一患猫近期出现数日不愿活动、体温升高、肌肉痉挛、后躯轻瘫症状，经诊断为由猫波纳病毒引起的脑脊髓炎。

【项目描述】

一、宠物入院症状、诊断评估与记录

1. 病史

患猫就诊前 2 周出现便秘，精神沉郁，经常眩晕或突然倒地，对光线、音响和触摸表现敏感、惊恐。

2. 临床症状

后躯轻瘫。

3. 取猫脑脊髓液进行分析

呈现非化脓性炎症特征。

4. PCR 检测

结膜或鼻腔分泌物可确诊。

【相关知识】

猫的波纳病是由波纳病毒科中的波纳病毒引起的一种以非化脓性脑膜脑脊髓炎为特征的传染病。

1895 年在德国萨克森州的波纳镇发现马的一种传染病，以神经症状为主，定名为波纳病，1925 年确定其病原为病毒，1999 年为该病毒新建波纳病毒科。20 世纪 90 年代的研究表明，该病毒的感染谱很广，血清学检测及分子流行病学研究表明，病毒分布可能遍及全世界。

病原　波纳病毒属，波纳病毒（Borna disease virus，BDV）是波纳病毒科唯一的种。病毒颗粒球形，有囊膜，直径约 90 nm，芯髓 50～60 nm。基因组为单分子单股负链 RNA，大小为 8 900 nt，含 6 个主要阅读框，编码 6 个蛋白质。病毒在细胞核内复制，产生核内包涵体。病毒对热、酸、脂溶剂及普通消毒剂敏感。

流行病学　波纳病毒可能是一种昆虫媒介病毒，蜱是可能的传播媒介，飞沫传染及经饲料饮水传播也可能存在。

症状　急性感染时，临床症状包括步态摆晃、后肢运动失调、轻瘫，多数病例临床上表现正常，但血清呈阳性。病理表现为非化脓性脑膜脑脊髓炎，包括血管周围淋巴细胞性浸润（血管套）、神经节细胞变性以及神经胶质细胞增生等。

诊断　根据临床症状和躯体运动表现，可对本病做出初步诊断，对脑脊髓液进行分析，应呈现非化脓性炎症特征。可通过检测血清或脑脊液中的抗体，进一步确诊，常规操作是用病毒感染的犬肾上皮连续细胞系，加待检血清等，再做直接免疫荧光检测。抗体的滴度一般较低，仅 1∶（10～64）。在专门的实验室也可用敏感的细胞做病毒分离培养，再做直接荧光或 ELISA 检测。用本病毒的标准引物做 RT-PCR 可直接检测结膜或鼻腔分泌物以及唾液中的病毒。免疫组化法可用于剖检脑组织的抗原检测。

二、按医嘱进行治疗

1. 治疗

本病目前尚无特异性治疗方法，急性感染猫可自然康复。对病情严重的病猫，治疗时可根

据临床症状进行一些对症治疗，以减轻病猫痛苦。

2. 预防

目前还没有有效的疫苗。主要通过防止与病猫接触，严格消毒，保持环境卫生等综合性防治措施来进行预防。

三、宠物出院指导

1. 护理指导

定期进行活动场地消毒，保持一个良好的饲养环境。

2. 预后

多数病例预后不良。

学习情境五

犬猫细菌性传染病的防治技术

项目一　犬猫布鲁氏菌病的防治技术

【案例导入】

一只喜乐蒂母犬1.5岁，3月16日流产，17日来医院准备做B超查看子宫内状况。犬猫产科主治医师接诊后，做了病史调查，建议做布氏杆菌病抗体检查（犬布氏杆菌抗体检测卡），结果为阳性，确诊该犬是布病感染。流产也是布病导致。

【项目描述】

一、宠物入院症状、诊断评估与记录

（一）一般检查项目评估

1.病史

患犬被毛蓬乱，消瘦。经向主人了解，该犬以前有过流产史。

2.临床症状

母犬不孕，习惯性流产，胎膜出现炎症，腹股沟淋巴结肿大。

3.抗体检测

应用犬布鲁氏杆菌抗体快速检测试纸为可疑病犬进行检测。

（二）重点检查项目评估

（1）公犬可能发生单侧性或双侧性睾丸炎、睾丸萎缩、附睾炎、前列腺炎及淋巴结炎；妊娠母犬于妊娠40～50 d流产，其阴道排出绿褐色恶露。

（2）患犬还可出现多发性关节炎、腱鞘炎，跛行。

（3）布鲁氏菌病玻片或虎红平板凝集反应阳性或可疑。

（三）并发症评估

妊娠母犬通常在妊娠后期发生无任何前驱症状的流产，流产的胎儿大多为死胎，也有活

的，但往往数小时或数日内死亡，感染的胎儿可见肺炎、心内膜炎和肝炎。

【相关知识】

布鲁氏菌病(Brucellosis)是由布鲁氏菌引起的人兽共患性传染病，家畜中牛、羊、猪最常发生，且可以传播给人和其他家畜。以生殖器官及胎膜的炎症，流产、不育和多种组织的局部病灶为其特征。犬可感染布鲁氏菌病，但多呈隐性感染，少数可表现出临床症状。

病原 布鲁氏菌属有6个种，有的种还分为不同的生物型。革兰氏染色阴性，为球状、球杆状或短杆状，大小(0.5～0.7 μm)×(0.6～1.5 μm)。无运动性，不产生芽孢和荚膜。犬布鲁氏菌病主要由犬布鲁氏菌引起。犬亦可感染流产布鲁氏菌、马耳他布鲁氏菌、猪布鲁氏菌。我国自1990年以来从人、畜分离到的220株菌中，羊种菌占79.1%，牛种菌占12.27%，猪种菌占0.45%，犬种菌占2.21%，未定种菌占5.51%。

流行病学 犬是犬布鲁氏菌的主要宿主，另外也是羊、牛和猪布鲁氏菌机械携带者或生物学携带者。监测结果发现我国犬布病阳性率为1.68%～13.4%。

自然条件下，犬布鲁氏菌主要经患病及带菌动物传播。流产后母犬的阴道分泌物、流产胎儿及胎盘组织均带菌，母犬排菌可达6周以上。患病母犬的乳汁常成为新生犬的传染源，但这部分母犬的新生幼犬多已在胎盘内发生垂直感染。感染犬的精液及尿液亦可成为犬布鲁氏菌病的传染来源。某些犬在感染后两年内仍可通过交配散播疾病。

本病主要传播途径是消化道，即通过摄食被病原体污染的饲料和饮水而感染。口腔黏膜、结膜和阴道黏膜为最常见的布鲁氏菌侵入门户。消化道黏膜、皮肤创伤亦可使病原侵入体内造成感染。

症状 犬的布鲁氏菌感染，一般多为隐性或仅表现为淋巴结炎，亦可经两周甚至长达半年的潜伏期后表现出全身症状。怀孕母犬常在怀孕40～50 d时发生流产，流产前1～6周病犬一般体温不高，阴唇和阴道黏膜红肿，阴道内流出淡褐色或灰绿色分泌物。流产胎儿常发生部分组织自溶，皮下水肿、淤血和腹部皮下出血。部分母犬感染后并不发生流产，而是怀孕早期(配种后10～20 d)胚胎死亡并被母体吸收。流产母犬可能发生子宫炎，以后往往屡配不孕。公犬可能发生睾丸炎、副睾炎、前列腺炎及包皮炎等。另外，患病犬除发生生殖系统症状外，还可能发生关节炎、腱鞘炎，有时出现跛行。

病变 隐性感染病犬一般无明显的肉眼及病理组织学变化，或仅见淋巴结炎。临床症状较明显的患犬，剖检时可见关节炎、腱鞘炎、骨髓炎、乳腺炎、睾丸炎、淋巴结炎变化。

怀孕母犬流产的胎盘及胎儿常发生部分溶解，由于纤维素性及化脓性炎症或坏死性炎症，常使流产物呈污秽的颜色。

布鲁氏菌除定居于生殖道组织器官，还可随血流到达其他组织器官而引起相应的病变，如随血流到达脊椎椎间盘部位而引起椎间盘炎；到达眼部出现眼前房炎；到达脑部出现脑脊髓炎的变化等。

诊断 怀孕母犬发生流产或母犬不育及公犬出现睾丸炎或副睾炎时即应怀疑本病。确诊应结合流行病学资料、临床症状、细菌学检验及血清学反应进行综合诊断。

1.流行病学及临床诊断

犬群中出现大批怀孕母犬流产及屡配不孕现象，公犬发生睾丸炎、副睾炎、包皮炎及配种能力降低时，应怀疑有本病存在。有时在公犬精液涂片中可见大量肿大的异形细胞出现。

2. 血清学诊断

包括试管凝集试验、补体结合反应、琼脂凝胶扩散试验。国外还有一种玻片凝集快速诊断盒出售。值得注意的是，上述血清学方法及其判定目前尚缺乏统一的标准，且易出现假阳性反应，对某些滴度不高的抗体反应难于解释。这几种血清学方法可以用于对可疑病例进行筛选，以便做进一步的诊断。

3. 细菌学检验

犬感染犬布鲁氏菌后，其菌血症可持续数月到数年，因此取血液进行细菌培养是确诊的最佳方法。无菌采取血液样本接种于营养肉汤，在有氧条件下培养 3～5 d，然后取样接种到固体培养基上进行鉴定。犬布鲁氏菌生长比较缓慢，需要 48～96 h 后才能形成肉眼可见的菌落。也可取流产胎衣、胎儿胃内容物或有病变的肝、脾、淋巴结等组织材料，制成涂片，以鉴别染色法（Ziehl-Neelsen 氏法）染色镜检，见到红色细菌即可确诊。

也可将病料接种于豚鼠，腹腔、皮下、肌肉注射均可，接种 3～6 周后剖杀，可从脏器分离培养病原，部分豚鼠还可出现肉眼变化。同时采取豚鼠血液进行血凝试验，抗体滴度达 1∶5 以上时判为阳性。

二、按医嘱进行治疗

1. 治疗原则

布鲁氏菌病的防治主要在于早期预防。

2. 药物治疗

由于布鲁氏菌寄生于细胞内，抗生素对其较难发挥作用，对于雄性动物药物难于通过血-睾屏障，因此治疗比较困难。治疗期间必须反复进行血液培养以检验疗效，停药后几个月感染还可能反复。抗菌治疗费用较高，早期可口服米诺环素（25 mg/kg 体重，每日 2 次，持续 3 周以上），并配合肌肉注射双氢链霉素（10 mg/kg 体重，每日 2 次，持续 1 周）。也可用庆大霉素替代双氢链霉素。用强力霉素、四环素等配合双氢链霉素使用效果稍差。采用抗生素治疗的同时应用维生素 C、维生素 B_1 等则效果更好。

3. 预防

每年对宠物进行 1～2 次实验室检查。淘汰患病宠物，并且不能做种用。对流产犬更应加倍注意，流产胎儿及流产物、染菌物料应彻底销毁，环境要进行严格消毒。

项目二　犬猫结核病的防治技术

【案例导入】

主诉：10 月中旬，犬出现了食欲不振，容易疲劳，并伴有咳嗽的症状。曾使用青霉素进行了一个多星期的治疗，症状还是不见好转，反而病情愈加严重。

临床症状：病犬精神沉郁，体躯瘦弱，体温 37.5 ℃，有干咳。用提纯的结核菌素于病犬大腿内侧皮内注射 0.1 mL，48 h 后发现病犬注射部位有明显的肿胀，中央有坏死，呈阳性反应。

【项目描述】

一、宠物入院症状、诊断评估与记录

（一）一般检查项目评估

1.病史

犬出现低热、逐渐消瘦，体躯衰弱，易疲劳、咳嗽（干咳或有脓痰），食欲明显降低。

2.临床特征

结核病犬常缺乏明显的临床表现和特征性的症状，皮肤结核可发生皮肤溃疡。有时还可看到杵状趾的现象，特别是足端的骨骼常两侧对称性增大。

肺部结核，常以支气管肺炎症状出现，伴有干咳、呼吸喘促，听诊肺部有啰音，体重下降，食欲减退。胃肠道结核，以消化道症状出现，伴有呕吐、消化不良、腹泻、营养不良、贫血，腹部触压可触到腹腔脏器有大小不同的肿块。骨结核可表现运动障碍、跛行，并易出现骨折。

3.用结核菌素进行皮肤试验

试验时，可用提纯结核菌素，于大腿内侧或肩胛上部皮内注射 0.1 mL（结核菌素 250 IU），48～72 h 后观察注射部位是否发生明显肿胀。

（二）重点检查项目评估

（1）肺部结核可通过 X 射线透视或照相检查。可见有钙化病灶或空洞影。

（2）用鼻腔分泌物、痰液、乳汁及其他病灶进行涂片，抗酸染色后进行镜检，可以直接看到结核杆菌。

（3）病理剖检特征。肺脏的病变为不钙化的肥肉状瓷白色的坚韧结节，甚至将肺包膜突破，然后发生胸膜炎。扁桃体和上颌淋巴结也经常发生结核病变，甚至溶化而突破皮肤，形成瘘管。结核病灶扩大蔓延时，还可发生多发性结核性支气管炎和支气管周围肺炎，支气管周围被结核性肉芽组织呈袖套状包围。肠黏膜上的结核病灶为带堤状边缘的溃疡。

（三）并发症评估

肺部结核，常以支气管肺炎症状出现，伴有干咳、呼吸喘促、听诊肺部有啰音、体重下降，食欲减退。胃肠道结核，以消化道症状出现，伴有呕吐、消化不良、腹泻、营养不良、贫血，腹部触压可触到腹腔脏器有大小不同的肿块。骨结核可表现运动障碍、跛行，并易出现骨折。

【相关知识】

结核病（Tuberculosis）是由结核分枝杆菌引起的人、畜和禽类共患的慢性传染性疾病，偶尔也可能出现急性型，病程发展很快。其特征是在机体多种组织器官形成肉芽肿和干酪样或钙化病灶。

病原 结核分枝杆菌简称结核杆菌，主要可分为牛型、人型和禽型三型。本菌一般呈杆状，稍弯曲，大小为 1～4 μm×0.3～0.6 μm，牛型较人型短而粗。组织内菌体较体外培养物细而长，生长中可出现分枝。菌体有时呈球形、丝状或碎片等多种形态。不产生芽孢和荚膜，

无鞭毛。革兰氏染色呈阳性，但不易染色，常用 Ziehl-Neelsen 抗酸染色。本菌对外界环境和常用消毒剂有相当强的抵抗能力。犬主要对人型及牛型结核杆菌敏感，在机体多种组织内形成肉芽肿和干酪样钙化灶为特征。猫对牛型结核杆菌似乎更易感。

流行病学　结核病呈世界性分布，尤其在人口稠密、卫生和营养条件较差的地区人群患病率更高，再加上结核病患畜(禽)构成了本病的传染源，尤其开放性结核患者，能通过多种途径向外界散播病原。一般认为，犬和猫结核菌感染由人传播而来，迄今尚未见到由犬和猫传染给人的报道。

本病主要通过呼吸道和消化道感染。结核病患者和患畜可通过痰液排出大量结核杆菌，咳嗽形成的气溶胶或被这种痰液污染的尘埃就成为主要的传播媒介。据介绍，直径小于 3～5 μm 的尘埃微粒方能通过上呼吸道而达肺泡造成感染，体积较大的尘埃颗粒则易于沉降在地面，危害性相对较小。由于结核杆菌的侵袭力和感染性不如其他细菌性病原强烈，长期、经常性和较多量细菌感染方能引起易感动物发病。实验证实，猫感染牛型结核杆菌的概率远大于感染人型结核杆菌的概率，这可能与猫饮食结核病牛的乳汁或肉等机会较多有关。临床上猫、犬感染禽型结核杆菌则极少。

发病机理　结核杆菌多通过呼吸道或消化道黏膜进入人体或动物体内，在侵入部位局部及附近淋巴结引起炎性反应，但有时也可能不出现这种炎性变化。进入体内的结核杆菌与吞噬细胞相遇，易被吞噬并在吞噬细胞内继续存活和繁殖，而机体体液免疫对此无能为力。

大多数情况下，结核杆菌可摧毁机体的防御能力而引起进行性疾病。原发性病灶内的结核杆菌可长期存活，一旦机体抵抗力下降或遇有应激因素作用，即可向邻近组织及全身扩散，在多处形成继发病灶，甚至形成全身性结核。

结核杆菌是细胞内寄生细菌，据认为机体对结核病的免疫力主要依靠其细胞免疫功能，这种免疫特点是对外源性重复感染有一定的抵抗力，但对内源感染抵抗力甚微。结核免疫的另一特点是传染性免疫和传染性变态反应同时存在，因此可应用变态反应试验来检验机体对结核杆菌有无免疫力或有无感染与带菌。

症状　室内犬比室外犬发病率高。本病潜伏期长短不一，与犬的年龄、体质、营养和管理情况有关。犬和猫结核病多为亚临床感染，有时则在病原侵入部位引起原发性病灶。犬患结核病常是慢性感染，表现为低热、消瘦、咳嗽、贫血、呕吐并伴有腹泻症状出现。病初易疲劳、虚弱，后出现进行性消瘦，被毛欠光泽，多数犬下午低热。以胸部型最常见，也就是肺结核，慢性干咳，咳血，呼吸困难。病变部听诊有支气管肺泡呼吸音和湿啰音。出现肺空洞时，可听到拍水音。病犬呼出的气体有臭味。犬猫的原发性肠道病灶，可引起呕吐、腹泻等消化道吸收不良症状及贫血。肠系膜淋巴结常肿大，有时在腹部体表就能触摸到。某些病例腹腔渗出液增多。皮肤结核多发于喉部和颈部，病灶边缘呈不规则的肉芽组织溃疡。

结核病灶蔓延至胸膜和心包膜时，可引起胸膜、心包膜渗出物增多，临床上表现为呼吸困难、发绀和右心衰竭。猫的肝、脾等脏器和皮肤也常见结节及溃疡。骨结核时可见跛行及自发性骨折。有的患畜还出现咯血、血尿及黄疸等症状。

病变　剖检时可见患结核病的犬及猫极度消瘦，在许多器官出现多发性的灰白色至黄色有包囊的结节性病灶。犬常可在肺及气管、淋巴结，猫则常在回肠、盲肠淋巴结及肠系膜淋巴结见到原发性病灶。

犬的继发性病灶一般较猫多见，多分布于胸膜、心包膜、肝、心肌、肠壁和中枢神经系统。猫的继发性病灶则常见于肠系膜淋巴结、脾脏和皮肤。一般来说，继发性结核结节较小(1～3 mm)，但在许多器官亦可见到较大的融合性病灶。有的结核病灶中心积有脓汁，外周由包囊围绕，包囊破溃后脓汁排出，形成空洞。

肺结核时，常以渗出性炎症为主，初期表现为小叶性支气管肺炎，进一步发展则可使局部干酪化，多个病灶相互融合后则出现较大范围病变，这种病变组织切面常见灰黄与灰白色交错，形成斑纹状结构。随着病程进一步发展，干酪样坏死组织还能够进一步钙化。

组织学上，可见到结核病灶中央发生坏死，并被炎性浆细胞及巨噬细胞浸润。病灶周围常有组织细胞及成纤维细胞形成的包膜，有时中央部分发生钙化。在包囊组织的组织细胞及上皮样细胞内常可见到短链状或串珠状具抗酸染色性的结核杆菌。

诊断 结核病的临床症状一般为非特征性，怀疑为本病时采用以下方法进行确诊。

1. 血液、生化及透视检验

患结核病的动物常伴有中等程度的白细胞增多和贫血，人血白蛋白含量偏低及球蛋白血症。肺结核时，X 线透视检验可见气管支气管淋巴结炎和间质性肺炎的变化。疾病后期亦可见肺硬化、结节形成及肺钙化灶。继发性结核出现时，亦可见肝、脾、肠系膜淋巴结及骨器官组织的相似病变。

2. 皮肤试验

犬猫结核菌素皮肤试验结果不容易判定。据报道，对于犬，接种卡介苗试验结果更敏感可靠。皮内接种 0.1～0.2 mL 卡介苗，阳性犬 48～72 h 后出现红斑和硬结。因为被感染犬可能出现急性超敏反应，所以试验有一定的风险。由于猫对结核菌素反应微弱，故一般此法不应用于猫。

3. 血清学检验

包括血凝及补体结合反应，它们常作为皮肤试验的补充，尤其补体结合反应的阳性检出符合率可达 50%～80%，具较大的诊断价值。

4. 细菌分离

用于细菌分离的病料常用 4%氢氧化钠处理 30 min，再用 0.3% 新洁尔灭处理以去除杂菌。然后接种于 Lowenstenin-Jensen 氏培养基进行培养。病原性分枝杆菌通常需要较为丰富的培养基，且须培养较长时间。初次分离结核杆菌时，常用 Lowenstenin-Jensen 氏培养基，根据细菌菌落生长状况及生化特性来鉴定分离物。也可将可疑病料，如淋巴结、脾脏和肉芽肿通过腹腔接种于豚鼠、兔、小鼠和仓鼠，以鉴定分枝杆菌的种别。

有时直接采取病料，如痰液、尿液、乳汁、淋巴结及结核病灶做成抹片或涂片，抗酸染色后镜检，可直接检到细菌。近年来，用荧光抗体法检验病料中的结核杆菌，也取得了满意的效果。

治疗 犬结核病已有治愈的报道。但对犬猫结核病而言，首先应考虑其对公共卫生构成的威胁。在治疗过程中，患病犬猫(尤其开放性结核患畜)可能将结核病传染给人或其他动物，因此建议施以安乐死并进行消毒处理。确有治疗价值的，可选用异烟肼，4～8 mg/kg 体重，每日 2～3 次口服；利福平，10～20 mg/kg 体重，每日分 2～3 次口服；链霉素，10 mg/kg 体重，每 8 h 肌肉注射一次(猫对链霉素较敏感，故不宜采用)。

应该强调的是，化学药物治疗结核病在于促进病灶愈合，停止向体外排菌，防止复发，而不能真正杀死体内的结核杆菌。

出现全身症状时，可对症治疗。体温升高者可应用解热药；继发感染时应选用适当的抗菌药物治疗；咳嗽严重者可用镇咳药，如咳必清 25 mg，复方樟脑酊 2～3 mL，或可待因 15 mg，每日 3 次内服。

治疗过程中，应给动物以营养丰富的食物，增强机体自身的抗病能力。冬季应注意保暖。

二、按医嘱进行治疗

1. 治疗原则

抗结核药物治疗对结核病的控制起着决定性的作用，其治疗原则是早期、适量、联合、规律、全程。

2. 药物治疗

对于有治疗价值的，可选用下列药物进行治疗：链霉素，10 mg/kg 体重，肌肉注射，每日 3 次。利福平，10～20 mg/kg 体重，肌肉注射，每日 3 次。利福平，10～20 mg/kg 体重，每日分 2～3 次内服。异烟肼，4～8 mg/kg 体重，每日 2～3 次口服。

出现全身症状的应进行对症治疗，如发热可给予解热镇痛药如安痛定。食欲废绝的可静脉给予高渗糖、氨基酸、白蛋白等，出现胸腹积液的可进行穿刺。有咳嗽症状的，可给予镇咳药如咳必清、复方樟脑酊、复方甘草片或可待因等。有继发感染的应选用适当的抗菌类药物治疗。

在治疗过程中，要坚持长期交替用药，同时应加强护理，提高饲养营养，增强机体自身的抗病能力，不做剧烈运动等。

3. 预防

对犬猫定期进行结核病检疫，可疑及患病动物尽早隔离。发现开放性结核病犬，应立即淘汰。结核菌素阳性犬，除少数名贵品种外，也应及时淘汰，绝不能再与健康犬混群饲养。需要治疗的犬，应在隔离条件下，应用抗结核药物治疗。

平时不用未消毒牛奶及生杂碎饲喂犬猫。对犬舍及犬经常活动的地方要进行严格的消毒。严禁结核病人饲喂和管理犬。

三、宠物出院指导

（一）护理指导

给予高热量、高蛋白、高维生素、富含钙质的食物，保持室内空气新鲜、阳光充足。避免受凉。

（二）预后

多数病例预后不良。

项目三　犬猫支气管败血博代氏杆菌病的防治技术

【案例导入】

两只患犬，品种分别为花可卡和雪纳瑞，均为 3 月龄。临床症状：两只患犬体温分别为 38.6 ℃和 38.9 ℃，食欲均稍差，自鼻孔有浆液黏液性鼻汁流出，咳嗽剧烈、气喘，人工诱咳阳性，尤其按压喉头气管可引发连续剧烈的咳嗽。听诊气管、肺呼吸音粗粝。曾在一家宠物诊所按犬瘟热进行静脉滴注用药治疗 5 d，不见效果，后经确诊为支气管败血博代氏杆菌病。

【项目描述】

一、宠物入院症状、诊断评估与记录

(一)一般检查项目评估

1. 病史

两只患犬于半月前出现食欲下降、消瘦、持续咳嗽现象。

2. 临床症状

连续剧烈的咳嗽，鼻孔有浆液黏液性鼻汁流出。体温一般趋于正常，精神、食欲少有变化，血液和血液生化指标无特征性变化。

3. 涂片染色镜检

用灭菌拭子于鼻腔深部采取分泌物作为被检病料，取被检病料直接涂片，革兰氏染色镜检，检出了革兰氏阴性杆状及球杆状小杆菌，散在并呈两极染色。

(二)重点检查项目评估

进行细菌培养和菌种鉴定。用灭菌拭子于鼻腔深部采取分泌物作为被检病料，取被检病料直接涂于 1% 葡萄糖麦康凯培养基上，37 ℃培养 48 h 后，挑取细菌、镜检为革兰氏阴性的可疑菌落进行纯培养，见有中等大小、圆形、光滑凸起、半透明状菌落长出。取菌落进行生化试验，结果乙酰甲基甲醇(VP)试验(20 ℃培养)、尿素酶试验及氧化酶试验均为阳性，葡萄糖、乳糖发酵试验阴性，能利用枸橼酸盐，不产生靛基质和硫化氢，不液化明胶，石蕊牛乳缓慢变碱，不凝固。检验结果与支气管败血博代氏杆菌相符。

(三)并发症评估

并发或继发感染的容易发展成持续性痉挛性空咳。当与犬副流感病毒、犬腺病毒、犬疱疹病毒、呼肠孤病毒、支原体和多杀性巴氏杆菌等混合感染或继发感染时，可导致犬呼吸道疾病综合征，患犬病情加重和恶化，有的呈现后肢麻痹、运动失调等神经症状，患犬往往以死亡转归。

【相关知识】

犬支气管败血博代氏杆菌病俗称“犬窝咳”，是由支气管败血博代氏杆菌(Bordetella bronchiseptica)引起的一种呼吸道传染病。临床上以咳嗽、流鼻涕为主要特征，犬群中一旦发病，很快引起整窝幼犬发病、咳嗽，故被称为“犬窝咳”。

病原　支气管败血博代氏杆菌是一种无芽孢、单在或成对排列的革兰氏阴性球状杆菌，常呈两极着色，其大小为(0.2～0.5) μm×(1.5～2.0) μm。同时是一种严格需氧、非氧化非发酵型细菌。其与人、犬、猪等多种动物的呼吸道感染有关。该菌是犬猫常见的鼻腔和呼吸道正常菌群的一部分。

流行病学　本病在 1896 年由 Gallivalerio 首次报道，并从病犬肺脏中分离到支气管败血

博代氏杆菌。至今世界不少国家和地区均有本病的报道。我国由于引进国外种犬等动物，将该病带入国内，加之犬的流动性较大，检疫工作不严，使该病在各地养犬场、宠物园和宠物医院的犬群中，有着不同程度的发生和流行。

本病不同品种、不同性别和不同年龄的犬都可感染，但以幼龄犬最为敏感、危害更为严重。患病动物是本病的重要传染源。本病多发于寒冷的春、秋季节，主要通过呼吸道感染，幼犬和幼猫容易发生接触感染。对 4～12 周龄的幼犬和猫可引起严重的呼吸道疾病，对老龄者则病情较轻。

症状　本病自然感染潜伏期为 3～10 d。人工感染 1～2 d 即可显示症状(流鼻涕、咳嗽等)，并可从感染犬鼻液中分离到支气管败血博代氏杆菌。

本病患犬轻者经 1～2 周治疗后，治愈率可达 90%以上，但往往影响幼犬的生长发育。重者则需要较长时间(3～4 周)方可治愈，约有 5%的患犬可发展至支气管肺炎，甚至久治难愈或引起死亡。

病犬临床呈现一种急性鼻咽炎、气管炎和支气管炎症状。临床表现程度，存在明显的年龄相关性，犬年龄越小感染率越高，临床症状越明显，成年犬或老龄犬多呈亚临床型或无症状感染状态。

4～12 周龄幼犬发病率最高，在病的初期患犬两侧鼻孔流出一时性水样分泌物，进而则见脓性鼻漏和间歇性、剧烈性干咳，当运动或兴奋时干咳加剧，甚至干呕以清除喉中的少量痰液，这往往被犬主误认为犬的喉咙被异物卡住。有的患犬呈现阵发性吸气性呼吸困难(逆转性喷嚏)。患犬有时表现不安、摇头、流泪等。当轻微触诊喉头或气管易于诱发咳嗽。胸部听诊在气管和肺区常有粗粝的呼吸音和啰音。大部分患犬经适当的护理和治疗，可以康复，但幼犬的生长发育明显受阻(消瘦、体重减轻等)。有部分病例咳嗽可持续 3～4 周，甚至月余。

在病的后期，当患犬机体抵抗力进一步下降，病原菌进一步侵袭、扩散时，可导致犬支气管肺炎，患犬呈现体温升高至 41～42 ℃，喘气、呼吸困难、呼吸频率加快，精神沉郁，食欲不振或废绝等症状，使之久治难愈或引起死亡。

猫与犬不同，其感染后很少咳嗽。主要症状为发热、打喷嚏、脓性鼻涕和局部淋巴结病变。若肺炎不发展，则临床症状会在 10 d 内减轻。幼猫常常出现支气管肺炎，临床症状包括呼吸困难、发绀甚至死亡。幼猫咳嗽较成年猫多。

病变　本菌特别适合在呼吸道附植。系统感染很罕见。在宿主中，附植于气管和鼻腔纤毛呼吸上皮细胞中。内毒素、外毒素的释放以及其他的损伤导致呼吸道纤毛静止，从而明显阻碍黏膜纤毛的清除机制。

主要呈现鼻炎、气管炎和支气管炎病变。黏膜充血、出血、水肿，黏膜增厚，气管内有血样泡沫状分泌物。肺表面光滑、水肿，有暗红色实变灶，切开有少量液体流出，有的肺上有乳白色小脓疱，切开有乳白色脓液。有的肝大、质脆，切面流出暗红色液体；脾淤血，呈暗褐色；胃有食糜，底部黏膜脱落。其他脏器未发现明显病变。

组织学检查可见呼吸道黏膜上皮的微绒毛上黏附有大量支气管败血博代氏杆菌，黏膜上皮变性，中性粒细胞浸润；腔内也有大量中性粒细胞浸出，浆液较少。感染后 15～30 d 进入恢复期，中性粒细胞减少，仅见单核、嗜酸性粒细胞浸润，鼻黏膜上皮可见小泡。感染后期，腺体和纤维结缔组织增生，黏膜变肥厚，肺部可见脓性病灶。

支气管肺炎组织学检查，可见末梢支气管周围有肺炎病灶，肺泡内可见多量中性粒细胞和少数脱落上皮细胞，以及少量浆液性渗出物。感染后期，支气管炎性减退，渗出程度减轻，肺泡壁增厚，血管周围可见淋巴细胞大量聚集。病程较长而且肺炎病变溶解吸收不好的区域，可见巨噬细胞和成纤维细胞增多。混合感染或继发病例，可见黏膜和肺部有出血和淤血点，有的呈现脑脊髓炎和脑积水等病变。

诊断 根据流行病学、临床症状和病理变化，即可做出初步诊断。为了进一步确诊，可进行实验室检测，包括病原涂片镜检、细菌分离培养、血清学检查和动物接种试验。

(1)涂片检查：用无菌棉拭子，取患犬鼻咽、呼吸道分泌物涂片镜检，如发现疑似细菌，再进行分离、培养。

(2)细菌分离、培养：患犬生前将其呼吸道分泌物放入装有生理盐水或普通肉汤的试管中，送至实验室进行细菌分离培养。或病犬死后可用剖检病灶明显的分泌物进行细菌分离。初次分离可用麦康凯琼脂平板，置于 37 ℃培养 24～48 h，可见中等大小、圆形、淡灰色、半透明的菌落，并具有特殊的腐霉气味。然后进行涂片、染色、镜检。并做凝集和生化检查，做出鉴定。支气管败血博代氏杆菌，有凝集绵羊红细胞的特性，可作为辅助诊断。

(3)血清学检查：犬在感染支气管败血博代氏杆菌后 14～28 d，血清中即可出现凝集性抗体。可采用试管血清凝集法，将待检血清做系列稀释，然后加入等量抗原，充分振荡，放置 37 ℃ 24 h 判断结果，1∶80 以上为阳性。此外，还可以采用酶联免疫吸附试验(ELISA)等做出诊断。

(4)动物接种试验：将菌液注射豚鼠，可于 1～2 d 死亡，剖检可见腹腔有小出血点，肝、脾及部分肠段有黏性半透明渗出物形成的假膜，细菌易自腹腔分离。将菌液接种家兔，于 1～3 d 死亡，将死兔肝、脾、肺进行细菌培养，结果长出菌落与自然发病死犬的菌落相同。经生化试验证明与注射接种的细菌培养物同属于一种细菌。将菌液接种犬，24 h 后流水样鼻液，48 h 开始流脓性鼻液，并呈现咳嗽等一系列临床症状，从鼻涕中分离到接种菌。

二、按医嘱进行治疗

1.治疗原则

以抗菌消炎为主，并结合对症治疗。

2.药物治疗

以抗革兰氏阴性菌为主的抗生素注射，同时配合口服广谱抗生素和平喘止咳药愈酚待因，用药 5 d 后两患犬症状消失，又巩固治疗 2 d，痊愈。

3.预防

为减少发病，要尽力避免健康犬与病犬接触。种犬场应加强种犬的管理，要选择无鼻炎症状或采取鼻腔分泌物经连续 3 次细菌学检查阴性者作为种犬。新引进犬应隔离饲养 1 个月并经细菌学检查确认为阴性后方可入群。对患病后临床治愈的犬应与健康犬隔离饲养，切忌混群，以免传染。支气管败血性博代氏菌疫苗是一种无毒死菌苗，免疫保护的持续时间较短。因此，支气管炎博代氏菌的疫苗免疫，应当用于感染风险可能增加的犬或长期处于高风险的犬(表演犬、经常旅行的犬)。应至少每 6 个月进行一次疫苗免疫。处于高风险的犬，先进行一次滴鼻免疫，2 周后再进行一次注射免疫，可获得最佳保护。使用滴鼻疫苗免疫后，可能会立即出现打喷嚏和流鼻涕的症状，且可能持续数日。如果该症状持续存在超过 3～4 d，则可能在滴鼻免疫之前已经遭受了感染。

三、宠物出院指导

(一)护理指导

加强保暖,防止继发感染。

(二)预后

本病的主要症状为剧烈咳嗽,如能及时发现并采取相应措施,防止合并感染,一般可临床治愈。

项目四　犬猫弯曲菌病的防治技术

【案例导入】

某特种动物养殖场发生一起以幼犬腹泻为主要临床表现的病例,由于发病突然,而且大都发生在4月龄以下的幼犬,发病率和致死率高。给养犬户造成较大的经济损失。

发病情况:犬场技术员介绍,5月3日从外地引入120只幼犬,饲喂了从当地一肉类加工厂购入的肉鸡内脏(主要是肝脏)后,5月9日发现新引入的3只幼犬首先发病,排黏液样粪便,以后迅速增多,约2周后几乎蔓延全群。

临床表现:大部分病犬首先表现腹泻,排黏液样粪便;有的开始体温升高,继而发生腹泻;粪便呈黄白色,黏液状,部分带有血液,还有10余例发生直肠脱出现象;患病幼犬脱水、迅速消瘦,尾部及臀部被粪便污染;有的在发病后期出现呼吸困难现象;病情严重者、特别是日龄较小者如不及时救治,3～7 d内死亡。

经确诊为幼犬空肠弯曲杆菌病。

【项目描述】

一、宠物入院症状、诊断评估与记录

(一)一般检查项目评估

1.病史

询问饲料情况。

2.临床症状

食欲不振,精神沉郁,眼球下陷,皮肤无弹性,腹泻。

3.直接镜检

取新鲜病死犬肠道刮取物抹片,自然干燥,革兰氏染色,显微镜下观察,发现有较多的革兰氏阴性菌,菌体呈多种形态,主要呈S形、弧形及螺旋形,其中以海鸥展翅排列的形状占优势。

(二)重点检查项目评估

1.病菌分离培养

取濒死的典型病例剖杀,剖检并无菌取结肠、直肠内容物,划线法接种于鲜血琼脂培养基上,在 10% CO_2 培养箱中 42 ℃培养 48 h,结果培养基表面长出不溶血、圆形、微突、光滑、无色透明、针尖大小的菌落。但同时有少量其他细菌生长。挑选上述可疑菌落,继续进行纯培养,将其接种于 1%牛胆汁血液琼脂培养基上,在 10% CO_2 培养罐中 42 ℃培养 48~96 h,得到细菌的纯培养物,并对得到的菌落进行涂片染色镜检,形态大小与直接镜检所见相同;用细菌的悬液滴于载玻片上,显微镜下暗视野观察,发现菌体呈螺旋状运动。

2.细菌纯培养物生化试验

将细菌纯培养物置于低氧(5%)条件下进行生化反应,发现该菌不分解葡萄糖、果糖、蔗糖等碳水化合物;靛基质、乙酰甲基甲醇、甲基红、H_2S、尿素、枸橼酸钠盐、丙二酸盐、明胶等试验均为阴性;氧化酶、过氧化氢酶试验阳性;硝酸盐还原阳性。基本符合空肠弯曲杆菌生化特性。

3.动物回归试验

取健康无病 2 月龄幼犬 2 只,口服上述的纯培养物悬液。结果两只幼犬第 2 天均出现腹泻,第 4 天排出黄白色黏液状粪便,第 5 天检查其粪便,排出大量空肠弯曲杆菌。

(三)并发症评估

由于剧烈腹泻,常引发直肠脱垂。

【相关知识】

弯曲杆菌病(Campylobacteriosis)是人和多种动物共患的腹泻性疾病之一,由空肠弯曲杆菌和大肠弯杆菌引起。其主要宿主有犬、猫、犊牛、羊、貂及多种实验动物和人。

病原 空肠弯曲杆菌通常与腹泻疾病有关,而大肠弯杆菌也偶尔从腹泻动物中分离到。另外也从患腹泻的犬及无症状的犬中分离到 U 字形弯杆菌。

本属细菌菌体弯曲呈弧形、S 形、螺旋形或海鸥展翅状,革兰氏染色阴性。大小为(0.2~0.5) μm×(0.5~5.0) μm,一端或两端具有单鞭毛,运动活泼(图 5-1)。细菌对营养要求较高,需要加入血液、血清等物质后方能生长。分离时多采用选择性培养基,如 Skirrow 琼脂、Butzler 培养基和 Campy-BAP 培养基。这些培养基均以血琼脂为基础,加入多种抗生素抑制肠道正常菌群而有利于本菌的分离。本菌微需氧,在含 5%氧、85%氮、10%二氧化碳气体环境中生长最佳。在一般实验室可以采用烛缸法进行分离传代。

流行病学 空肠弯曲杆菌广泛存在于鸡、鸭等各种家禽,犬、猫、猪等家畜,人及多种其他动物肠道中,这些动物即可成为本病病原体的主要贮存宿主和传染源。家禽的带菌率很高,可达 50%~90% ,一般认为是最主要的传染源。猪的带菌率也很高。病原菌随粪便排出体外而污染食物、饮水、饲料及周围环境。也可随牛乳和其他分泌物排出散播传染。与大多数肠道病原相同,主要经粪-口传播,或经食物和饮水途径感染。苍蝇等节肢动物带菌率也很高,可能成为重要的传播者。犬和猫的一个重要感染途径,是摄食未经煮熟的家禽或其他动物制品。

症状 临床上犬和猫主要表现为排出带有多量黏液的水样、胆汁样粪便(可能带有血液或

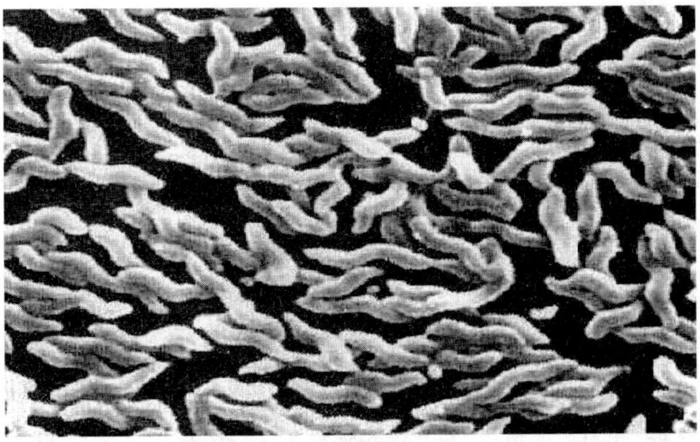

图 5-1　空肠弯曲杆菌电镜图

白细胞)，并持续 3～7 d。部分患病动物出现厌食，偶尔有呕吐，也可能出现发热及白细胞增多。个别犬可能表现为急性胃肠炎(此时应注意与犬细小病毒感染相区别)。某些病例腹泻可能持续 2 周以上或间歇性腹泻。

病变　侵袭性弯杆菌感染可引起胃肠道充血、水肿和溃疡。通常可见结肠充血、水肿，偶尔可见小肠充血。组织学检验可见结肠黏膜上皮细胞高度变低，结肠和回肠杯状细胞减少等。

诊断　粪便直接检验，取新鲜粪便在相差或暗视野显微镜下观察弯杆菌的快速运动。特别是在疾病急性阶段，动物粪便中可排出大量病菌。另外，粪便中出现红细胞或白细胞也有助于诊断。

细菌的分离鉴定，可选用专用选择性培养基对粪便进行培养，空肠弯曲杆菌在 42 ℃微需氧环境下培养可生长，然后进行生化鉴定。

血清学方法，可采用特异性的杀菌试验来检测血清抗体滴度上升情况，也可用酶联免疫吸附试验(ELISA)检验感染情况。

在检验弯杆菌腹泻时，应排除其他的肠道病毒和细菌感染。

治疗　从粪便中分离到空肠弯曲杆菌并不意味着必须使用抗生素治疗。对严重感染的病例或者对人的公共卫生构成威胁时，才有使用抗生素的必要。从动物中分离的空肠弯曲杆菌与从人群中分离的菌株药敏谱相近。可使用庆大霉素、痢特灵、强力霉素或氯霉素治疗。四环素和卡那霉素体外试验有效，但很容易诱导耐药性。虽然经过抗生素治疗，但仍然可以继续排菌，遇此情况可考虑用另一种抗生素连续治疗。进行药物治疗的同时应考虑对其他并发疾病的防治。

二、按医嘱进行治疗

1.治疗原则

抗菌消炎为主的治疗原则，辅以维生素制剂。

2.药物治疗

①庆大霉素，按 3 mg/kg 体重，一次肌肉注射，每日 1～2 次，连用 5～7 d；②氯霉素，按 50 mg/kg 体重，一次肌肉注射，每日 1～2 次，连用 3～5 d；③红霉素，按 10 mg/kg 体重，一次肌肉注射，每日 2 次，连用 5～7 d。同时将适量电解多维添加于口服补液盐中，直到痊愈

为止。

3.预防

加强饲养管理,进行定期消毒,保持用具、室舍以及食物的干净卫生。

三、宠物出院指导

1.护理指导

对患病犬猫,特别是幼龄腹泻犬猫,须注意补充体液和电解质,以有利于治疗。

2.预后

有的病例仅排泄软便,预后良好。有的病例有血样粪便,因严重腹泻造成脱水,最后衰竭而死亡。

项目五　犬猫沙门氏菌病的防治技术

【案例导入】

主诉:1周前,家附近有1头仔猪死亡,仔猪临死前耳尖、胸前、腹下及四肢末梢有紫红色斑点、寒战,死后被随便扔在田边。后来发现自家的3只犬舔食了死亡仔猪,之后3只犬相继发病。

病犬食欲不振,精神沉郁,被毛粗乱。体温升高(39.5 ℃),呼吸困难,咳嗽,打喷嚏,眼有黏性分泌物,角膜混浊。呕吐,腹泻,粪便淡黄色,带血,恶臭,机体脱水,消瘦。死亡1只,剖检肝变性,表面有灰黄色坏死小点,脾肿大。肠系膜淋巴结及大肠淋巴结肿大,肠黏膜上覆盖一层弥漫性坏死性糠麸样物质,大肠黏膜肿胀,肠壁肥厚,大肠坏死性肠炎,肺干酪样坏死,其他无明显异常。

根据病史,临床症状及剖检变化初步诊断为沙门氏菌病。

【项目描述】

一、宠物入院症状、诊断评估与记录

(一)一般检查项目评估

1.病史

询问喂养情况。

2.临床症状

病犬病初表现精神沉郁,食欲减退乃至废绝,体温升高,呕吐,腹痛及剧烈腹泻,排出带有黏膜的血样稀粪,有恶臭味,严重脱水,有的甚至出现休克或抽搐等神经症状,有的还出现呼吸困难等肺炎症状。

3.实验室检验

取病死犬的肝、脾等病料涂片(抹片),革兰氏染色后镜检,可见革兰氏阴性直杆菌。

(二)重点检查项目评估

1.细菌分离、鉴定

在无菌操作下采取刚病死犬或濒死期犬的肝、脾、肺淋巴结、血液(或心血)、肠内容物等病料,直接接种于S. S. 琼脂、麦康凯琼脂或血液琼脂培养基,在37 ℃温箱中培养18～24 h后,可见在S. S. 琼脂和麦康凯琼脂培养基上生长出细小、无色透明、圆整、光滑、扁形的菌落,在血液琼脂培养基上生长出光滑、灰白色、不透明的菌落。挑取菌落涂片后进行革兰氏染色镜检,发现革兰氏阴性直杆菌。生化鉴定:分离出的菌株发酵葡萄糖、麦芽糖、鼠李糖、甘露醇、卫茅醇、木糖、阿拉伯糖、肌醇;不发酵乳糖、蔗糖;靛基质阴性;硫化氢阳性。基本符合沙门氏杆菌生化特性。

2.血清学鉴定

取一洁净玻片,滴注生理盐水一小滴,将培养基上的菌苔挑取少许与玻片上的盐水混匀成菌液,然后用毛细吸管吸取沙门氏菌多价诊断血清一滴,滴于玻片上的菌液内,再将玻片轻轻摇动30～60 s,则于1～2 min内有凝集现象出现。

【相关知识】

沙门氏菌病(Salmonellosis)是由沙门氏菌属细菌引起的人和动物共患性疾病的总称,临床上可表现为肠炎和败血症。犬和猫沙门氏菌病不常见,但健康犬和猫却可以携带多种血清型的沙门氏菌。

病原　能引起犬和猫发病的主要有鼠伤寒沙门氏菌、肠炎沙门氏菌、亚利桑那沙门氏菌及猪霍乱沙门氏菌。部分沙门氏菌感染宿主范围比较广。

流行病学　鼠伤寒沙门氏菌在自然界分布较广,易在动物、人和环境间传播。传染源主要为患病动物,污染的饲料、饮水和其他污染物,空气中含沙门氏菌的尘埃等亦可以成为传染媒介。传播途径主要经消化道及呼吸道。圈养犬和猫往往因采食生肉或未彻底煮熟的肉品而感染;散养犬和猫在自由觅食时吃到腐肉或粪便而感染。饲养员、装食的容器、医院的笼具、内窥镜及其他污染物亦可成为传染媒介。

症状　患犬及患猫症状严重程度取决于年龄、营养状况、免疫状态和是否受应激因素作用等。感染细菌的数量、有无并发症等也是影响症状明显与否的因素。临床上,可将其分为如下三种类型。

1.胃肠炎型

潜伏期(或受到应激因素作用后)3～5 d开始出现症状,往往幼龄及老龄动物较为严重。开始表现为发热(40～41.1 ℃)、萎靡、食欲下降,然后呕吐、腹痛和剧烈腹泻。腹泻开始时粪便稀薄如水,继之转为黏液性,严重者因胃肠道出血而使粪便带有血迹。猫还可见流涎。数日后出现严重脱水,表现为体重减轻,黏膜苍白、虚弱、休克、黄疸,可发生死亡。有神经症状者表现为机体应激性增强,后肢瘫痪,失明,抽搐。部分病例也可出现肺炎症状,咳嗽、呼吸困难和鼻腔出血。

2.菌血症和内毒素血症

这种类型一般为胃肠炎过程前期症状,有时表现不明显,但幼犬、幼猫及免疫力较低的动物，其症状较为明显。患病动物表现极度沉郁，虚弱，体温下降及毛细血管充盈不良，可能出现也可能没有胃肠道症状。

3.亚临床感染

感染少量沙门氏菌或抵抗力较强的动物，可能仅出现一过性或不显任何临床症状。

另外，显性感染或隐性感染而处于菌血症期的动物，病原可定居于某些受损或死亡的器官组织而存活多年，应激因素作用或机体抵抗力下降，即可出现明显的临床症状。子宫内发生感染的犬和猫，还可引起流产、死产或产弱仔。

最急性病犬、猫可于未发现病症时就突然死亡（少于10%）。急性和慢性病犬，表现精神沉郁、食欲减退或废绝、体温升高、呕吐和腹泻；重症犬血便、黏膜苍白、毛细血管充盈不良、发生休克，死前出现黄疸；粪便有腐败臭味，含有黏膜和黏液；由于呕吐和腹泻发生水、电解质紊乱，引起瘫痪、抽搐；有的出现呼吸道炎症；妊娠母犬可发生流产或死胎。大部分3～4周后恢复，少部分继续出现慢性或间歇性腹泻。康复和临床健康动物往往可携带沙门氏菌6周以上。

病变　出现临床症状者，肉眼可见的病理变化为黏膜苍白、脱水，并伴有较大面积黏液性至出血性肠炎。肠黏膜的变化由卡他性炎症到较大面积的坏死脱落。病变明显的部位往往在小肠后段、盲肠和结肠。肠系膜及周围淋巴结肿大并出血。由于局部血栓形成和组织坏死，可在大多数组织器官（肝、脾、肾）表面出现密布的出血点（斑）和坏死灶。肺脏常有水肿及硬化。

组织学检验：病变以纤维素性及纤维性化脓性肺炎、坏死性肝炎、化脓性脑膜炎及出血性溃疡性胃肠炎为主，并可在许多器官（包括骨髓）、脾及淋巴结内发现细菌。

诊断　本病的典型症状（胃肠道变化）易与犬细小病毒或冠状病毒感染及猫泛白细胞减少病症状混淆。通过下列一项或几项检验可做出确诊。

1.血液学和生化检验

严重感染及内毒素血症患犬和猫，可见非再生障碍性贫血，淋巴细胞、血小板和中性粒细胞减少。重症脓毒症患犬或患猫，可在白细胞内见到沙门氏菌菌体。感染局限于某一特定器官时，可见中性粒细胞增多。生化反应异常多见于严重患病的动物，包括低蛋白血症（尤其白蛋白减少）、低血糖和中度肾外性氮血症。

2.细菌分离与鉴定

这是确诊的最可靠方法。在疾病急性期，从分泌物、血、尿、滑液、脑脊液及骨髓中发现沙门氏菌，可确诊为全身感染。剖检时，应从肝、脾、肺、肠系膜淋巴结和肠道采取病料，接种于普通培养基或麦康凯培养基上。但必须注意，即使培养结果阴性也不能排除沙门氏菌感染的可能性，因为在其他细菌共存的条件下，很难培养出沙门氏菌。为此，肠道及口腔所取病料应接种在选择性培养基或增菌培养基（如四硫磺酸盐增菌液、亚硒酸盐增菌液、氯化镁-孔雀绿增菌液），24 h后，再在选择性培养基（如SS琼脂、HE琼脂、麦康凯琼脂等）上传代。获得纯培养后，再进一步鉴定。

3.血清学检验

人医临床上有用凝集反应及间接血凝试验（IHA）诊断沙门氏菌感染者，但用于亚临床感染及处于带菌状态的动物，其特异性则较低。血清学试验与细菌分离鉴定诊断方法相比，以后者为便捷且较准确。

4.粪便细胞学检验

通过检验粪便中白细胞数量的多少，可以判断肠道病变情况。粪便中有大量白细胞出现，是沙门氏菌性肠炎及其他引起肠黏膜大面积破溃的疾病的特征。如粪中缺乏白细胞，则应怀疑病毒性疾患或不需特别治疗的轻度胃肠道炎症。

治疗　发现病猫或病犬应立即隔离，加强管理，给予易消化的流质饲料。为了缓解脱水症状，可经非消化道途径补充等渗盐水。呕吐不太严重者，亦可经口灌服。采用抗菌药物是较常用的治疗方法。氯霉素剂量为 20 mg/kg 体重，内服，每日 4 次，连用 4～6 d，肌肉注射量减半。呋喃唑酮，10 mg/kg 体重，分两次内服，连用 1 周。也可用磺胺类药物内服。

心脏功能衰竭，肌肉注射 0.5%强尔心 1～2 mL(幼犬减半)；有肠道出血症者，可内服安络血，每次 5 ～10 mg，每日 2 ～3 次；清肠止酵，保护肠黏膜，亦可用 0.1%高锰酸钾液或活性炭和次硝酸铋混悬液进行深部灌肠。

二、按医嘱进行治疗

1.治疗原则

补液防止休克，抗菌消炎，对症治疗。

2.药物治疗

抗生素是常用的治疗方法。氯霉素每千克体重 0.02 g，口服，每日 4 次，连用 4～6 d；呋喃唑酮，每千克体重 0.01 g，分两次口服，连用 5～7 d。甲氧苄氨嘧啶，每千克体重 4～8 mg，分两次口服，连用 1 周。也可用大蒜 5～25 g 捣成蒜泥口服，或制成大蒜酊口服。每日 3 次，连服 3～4 d。

为维持心脏功能，用 0.5%强尔心注射液 1～2 mL(幼犬 0.5～1.0 mL)进行肌肉注射，每日两次。为防止脱水，可静脉注射糖盐水或复方氯化钠注射液。为防止出血，可口服安洛血，每次 5～10 mg，每日 4 次。为清肠制酵、保护胃肠黏膜，可用 0.1%高锰酸钾液，或活性炭和次硝酸铋的混悬液，进行深部灌肠。

3.预防

消除病原体的来源，禁喂具有传染性的肉蛋乳类食品；严格隔离病犬，对病犬污染的食具、环境用 5%氨水、3%火碱溶液进行消毒，注意灭鼠灭蝇；死亡的病犬要深埋或烧毁，防止将本病传染给人，注意个人的卫生保护。

三、宠物出院指导

1.护理指导

加强饲养管理，给以易消化的流质饲料。

2.预后

严重病例多数预后不良。

项目六　犬猫大肠杆菌病的防治技术

【案例导入】

某犬场养犬 103 只，发病 4 只，死亡 1 只。病犬表现精神沉郁，厌食，弓背，步态不稳，持续性排淡黄色稀便，并混有黏液、泡沫，后期严重腹泻，粪便呈灰白色，有轻微呕吐等症状。怀疑是犬瘟热病。用犬瘟热高免血清治疗 3 d 后无效。将病死犬剖检发现肺部苍白有出血点，胃底部弥漫性出血，小肠有出血性炎症，肠系膜淋巴结肿大、充血出血，脾肿大，肾脏质地柔软，心肌有出血点等病变。细菌培养大肠杆菌超标。

【项目描述】

一、宠物入院症状、诊断评估与记录

(一)一般检查项目评估

1. 病史

询问病犬的生活史和发病情况。

2. 临床症状

病犬表现精神沉郁，体质衰弱，食欲不振，发热、呕吐、腹痛，排黄白色、黏稠度不均、带腥臭味的粪便，并混有未消化的凝乳块和气泡，肛门周围及尾部常被粪便所污染。

3. 剖检变化

尸检发现胸腔大量淡黄色积液，肺部有部分坏死灶，肺部局部穿孔。肠壁菲薄，有较多溃疡灶，肠道黏膜有大面积出血点。

(二)重点检查项目评估

1. 病料镜检

取病犬新鲜粪便涂片、固定，用革兰氏染色后镜检，可见大量革兰氏阴性粗短杆菌。

2. 细菌分离、鉴定

及时采集病犬排出且未接触地面的粪便，或死亡后由肠道直接采集粪便。将病料接种于麦康凯、普通琼脂、普通肉汤培养基上，37 ℃培养 24 h，结果麦康凯琼脂上可见到红色、圆形、隆起的菌落，普通琼脂上菌落呈半透明露珠状圆形菌落，普通肉汤上呈现均匀混浊状态。

生化反应，该分离菌能发酵乳糖、葡萄糖、麦芽糖，不产生 H_2S，MR 试验阳性，VP 阴性，柠檬酸盐阴性。基本符合大肠杆菌特性。

【相关知识】

大肠杆菌病是由不同血清型的致病性大肠杆菌所引起，是以腹泻、败血症为主要特征的一种犬的急性肠道传染病。

病原　大肠杆菌病由致病性大肠杆菌的某些血清型引起。本菌为革兰氏阴性小杆菌，两端钝圆，有的近似球杆状，不形成芽孢，有鞭毛，运动或不运动，多数菌株有荚膜，有些菌株表面有一种具有毒力因子的黏附性纤毛。属兼性厌氧菌，在普通培养基上生长良好，在液体培养基内呈均匀浑浊，管底常有絮状沉淀，有特殊粪臭味；在营养琼脂上长成光滑形菌落(S)，呈光滑、微隆起、灰白色、湿润状，菌落易分散于盐水中；在血液琼脂上一些菌株产生β型溶血；在麦康凯琼脂上呈红色菌落。

本菌的生化特性为：氧化酶阳性反应，能发酵利用多种碳水化合物，靛基质 MR 反应阴性，不产生脲素酶，不利用丙二酸钠，不液化明胶。

本菌抗原由 O(菌体)、K(荚膜)和 H(鞭毛)三部分组成，O 抗原存在于细胞壁，主要由脂多糖、黏多糖和 O 抗原多糖侧链组成，具有抗原特异性，迄今大肠杆菌 O 抗原血清型菌株已超过 170 个；K 抗原存在于菌细胞荚膜中，是一种对热不稳定的多糖抗原，有一定的免疫活性；H 抗原属鞭毛抗原，是一种蛋白质，不耐热，具有良好的抗原性。

大肠杆菌是一些疾病的特定病原菌，也可引起机会性感染。根据其致病机理的不同可分为肠致病性大肠杆菌、侵袭性大肠杆菌、肠毒素性大肠杆菌等，其中后者是人畜腹泻的主要病原菌，且已发现有定居因子、内毒素和外毒素等 3 种致病因子。

本菌对外环境因素的抵抗力中等，对物理和化学因素较敏感，55 ℃ 1 h 或 60 ℃ 20 min 可杀死。在犬舍内，大肠杆菌在污水、粪便和尘埃中可存活数周至数月。本菌对苯酚和甲醛高度敏感。

流行病学　本病主要侵害幼犬和幼猫，成年犬和成年猫很少发生。在我国的南方地区发病率与死亡率要比北方地区高。几乎无明显的季节性和品种上的差别，但与气温、卫生条件密切相关。病犬与带菌犬自粪便排菌，广泛地污染了环境(犬舍、场地、用具和空气)、饲料、饮水和垫料，从而通过消化道、呼吸道传染，仔犬主要经污染的产房(室、窝)传染发病，且多呈窝发。

本病的发生、流行的另一个重要因素就是各种应激因素的干扰，这对幼犬、幼猫的致病作用更大。诸如潮湿、污秽、粪尿蓄积、卫生状况低下及饲养管理不善导致抗病力下降等都是诱发的重要因素。实践表明，在产仔季节的新生仔发病多，新引进的幼犬、幼猫和初产仔最为严重。

症状　新生仔潜伏期短的 10 多个小时，一般为 1～2 d。幼龄病犬、猫多突然发病死亡，有的出现体温升高到 40 ℃以上，精神萎靡，吮乳停止，排出黄白色混有气泡的稀粪，有腥臭气味，很快昏迷死亡。幼犬病例的潜伏期长短不一，约 34 d。主要表现为神经沉郁、厌食乃至废绝，体温升高到 40～41 ℃，出现呕吐，随后发生剧烈腹泻(图 5-2)。粪便初呈黄绿色、污灰色乃至混有气泡，最后混有血液甚至呈水样(图 5-3)。有的病例发生抽搐、痉挛等神经症状。至后期，病犬出现脱水症状，可视黏膜发绀，两后肢无力，行走摇晃，皮肤缺乏弹力。死前体温降至常温以下。

成年犬和猫精神沉郁，体温 40 ℃左右，粪便稀软，后期呈现水样腹泻，粪便带有黏液及血液，间歇出现神经症状。

病变　尸体污秽不洁，消瘦。实质器官主要出现出血性败血症变化，肝脏充血、肿大，有的有出血点；脾脏肿大、出血；特征性的病变是胃肠道卡他性炎症和出血性肠炎变化，尤以大肠段为重，肠管菲薄，膨满似红肠，肠内容物混有血液呈血水样，肠黏膜脱落，肠系膜淋巴结出血肿胀。

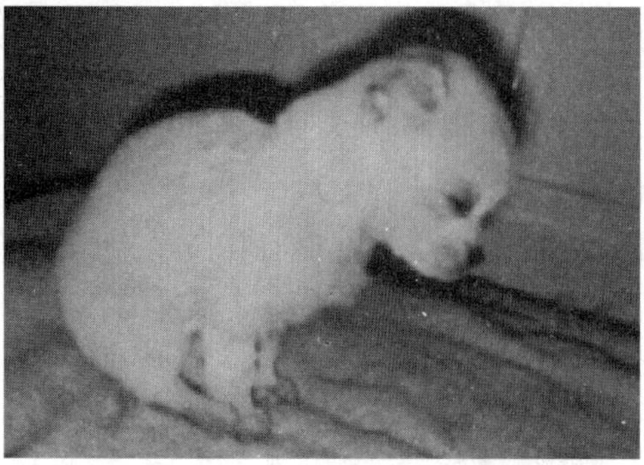

图 5-2　患犬精神沉郁，腹痛明显

图 5-3　患犬排出黏稠不均的黄色粪便

诊断　根据流行病学特点、临床症状和剖检特征只能做出初步诊断，类症鉴别必须进行实验室检查方能确诊。常用的实验室检查方法如下：

(1)病料采取与检查程序。采取未经任何治疗的、急性或亚急性型濒死或刚死不久病犬的肠内容物、肝、脾、血液等病料，病料采取应在无菌操作下进行。

(2)涂片镜检。取病料组织或培养物涂片，做革兰氏染色后镜检，可见到阴性短小杆菌。

(3)分离培养。取病料接种麦康凯琼脂、普通肉汤和普通琼脂，37 ℃培养后可见到在麦康凯琼脂呈红色、在普通琼脂上呈半透明露珠状菌落和在普通肉汤呈均匀浑浊；有些菌株在血液琼脂上形成溶血圈。

(4)生化试验。常用微量生化管进行，本菌能发酵乳糖、葡萄糖，产酸产气；不分解蔗糖，不液化明胶，不产生硫化氢，乙酰甲基甲醇试验与甲基红试验阴性。

(5)动物接种。取培养 24 h 的纯培养物接种小鼠、家兔，可发病死亡，并可做进一步的涂片镜检以判定分离菌株的致病性。

(6)血清型定型。取分离菌株菌液与大肠杆菌标准定型血清做玻片凝集试验，以鉴定血清型。

治疗　有效的治疗方法是分离菌株做药敏试验，选择最敏感药物进行治疗。常用的治疗方法有：①取异源(牛、羊)抗病血清 200 mL，加入新霉素 50 万 IU、维生素 B_{12} 2 000 μg、维生素 B_1 30～40 mg 和青霉素 50 万 IU 制成合剂，必要时隔 1 周重复数次；②庆大霉素，皮下注射 20 mg，每日 2 次，连用 3～5 d。

二、按医嘱进行治疗

1. 治疗原则

根据病情，应用敏感的抗生素，补液，强心，适量补充高糖。

2. 药物治疗

很多药物对大肠杆菌都有较好的疗效，通过药敏试验选择有效的药物。常用的药物有磺胺类药物、氯霉素、大蒜酊，以及其他消炎止泻的药物，如止痢灵，2～4 kg 体重服 1～2 片，5～10 kg 体重服 2～3 片，每日 1～2 次。对重症病例，可静脉或腹腔注射葡萄糖生理盐水和苯酚氢钠溶液，并保证足够的清洁饮用水，预防脱水。

3.预防

平时加强饲养管理，做好日常的防疫卫生工作，尽早使新生仔犬能吃到初乳。母犬临产前，应将产房彻底清扫、消毒，母犬的乳房要经常予以清洗。犬食要卫生、新鲜，严禁饲喂腐败变质的食物。

三、宠物出院指导

1.护理指导

定期进行活动场地消毒，保持一个良好的饲养环境。

2.预后

新生犬猫多预后不良，成年者多预后良好。

项目七　犬猫巴氏杆菌病的防治技术

【案例导入】

某养殖场从外地购入种犬 4 只，进场后未采取任何防疫措施，直接与本场饲养的犬放入同一饲养场中饲养，6 月初相继发病。部分犬突然发生以呕吐、腹泻、呼吸困难为主要特征的疾病。发病犬不分年龄大小，但以幼犬为甚。

根据兽医诊断确诊为犬巴氏杆菌病。

【项目描述】

一、宠物入院症状、诊断评估与记录

(一)一般检查项目评估

1.病史

询问病犬的生活史和发病情况。

2.临床症状

病犬表现为突然发病，精神极度沉郁，体温升高，食欲减少或废绝，饮欲增加，可视黏膜发绀，呕吐，排出淡黄色或黄白色相间的稀粪，咳嗽，呼吸困难，口鼻流出泡沫样液体。

(二)重点检查项目评估

1.涂片染色镜检

取病死犬肝、肺、脾组织涂片，瑞氏染色镜检，见有多个散在或成双排列、形态一致、呈明显两级浓染、两端钝圆的小球杆菌，革兰氏染色呈阴性的球杆菌。

2.进行细菌培养和菌种鉴定

无菌采取病死犬肝、肺、脾组织，接种于鲜血琼脂平板、普通琼脂、麦康凯、肉汤培养基，结果在鲜血琼脂平板上生长出灰白色、边缘整齐、光滑湿润的圆形菌落，菌落周围无溶血现象。

在普通琼脂平板上生长透明露滴状小菌落。肉汤中生长良好，呈均匀混浊，管底生长黏稠沉淀物。麦康凯斜面未见细菌生长。取纯培养物涂片，染色镜检，其菌体形态与病死犬肝、肺、脾组织涂片相同。取分离的纯培养物做生化试验，能分解葡萄糖、果糖、蔗糖、甘露醇产酸不产气，不分解麦芽糖、木糖、乳糖、鼠李糖、山梨醇和甘露醇，生成靛基质，甲基红试验和 V-P 试验均为阴性，过氧化物酶和氧化酶均为阳性。基本符合巴氏杆菌生化特性。

【相关知识】

巴氏杆菌病是由巴氏杆菌属细菌引起的急性、人畜共患的传染病。世界各地都存在，在犬、猫也有发生。

病原 本病为巴氏杆菌所引起，巴氏杆菌属迄今已发现有 19 个种，其中多杀性巴氏杆菌有 3 个亚种，与兽医有关的种有：多杀性巴氏杆菌杀禽亚种、多杀性巴氏杆菌多杀亚种、多杀性巴氏杆菌败血亚种、溶血性巴氏杆菌、犬巴氏杆菌、鸡巴氏杆菌、淋巴管炎巴氏杆菌、梅尔巴氏杆菌和海藻糖巴氏杆菌。犬猫巴氏杆菌病的病原主要是犬巴氏杆菌和嗜肺性巴氏杆菌。

巴氏杆菌为小型、不具运动性的革兰氏阴性短杆菌。吉姆萨染色，镜检可见特殊双极性的染色特性。血液琼脂培养基上可见圆形灰色、具光泽、黏液样、不具溶血性的菌落，且大部分具致病性的巴氏杆菌无法在麦康凯琼脂上生长。巴氏杆菌为动物上呼吸道黏膜常在菌，在环境存活的时间相当短暂。

流行病学 本病原菌属于犬(猫)口腔常在菌，一旦在各种应激因素的作用下，或者在感染其他病原时或抵抗力降低时，就会引发疾病，并在群体中成为致病菌，引起该病的流行。在犬猫场易发生，在散养情况中不多见。幼龄犬猫多发。

带菌犬猫从分泌物、排泄物排菌污染环境、饲料、饮水等。病菌可以通过呼吸道和消化道感染，也可由于争斗损伤、咬伤而由伤口感染。人感染多由犬猫咬伤或抓伤经伤口感染发生。

症状 一般多与犬瘟热、猫泛白细胞减少症等疾病混合发生或继发，幼犬病例症状明显，成犬单独发病的不多。主要表现体温升高到 40 ℃以上，精神沉郁，食欲减退或拒食，渴欲猛增，呼吸迫促乃至困难，流出红色鼻液，咳嗽，气喘或张口呼吸。眼结膜充血潮红，有多量分泌物。有的出现腹泻。有的病犬在后期出现似犬瘟热的神经病状，如痉挛、抽搐、后肢麻痹等。急性病例在 3～5 d 后死亡。

病变 气管黏膜充血、出血。肺呈暗红色，有实变。胸膜、心内外膜上有出血点，胸腔液增量并有渗出物。肝脏肿大，有出血点。胃肠黏膜有卡他性炎症变化。淋巴结肿胀出血，呈棕红色。肾脏充血变软，呈土黄色，皮质有出血点和灰白色小坏死灶。

诊断 结合临床症状、剖检变化不能做出诊断，必须进行实验室检查才可确诊。

生前采取发热期血液、鼻腔和咽喉分泌物，死后采取心血、胸腔渗出物和气管、肺、肝、脾、淋巴结等病料，以及血清做涂(触)片，用瑞氏、亚甲蓝染色液染色后镜检，可见两极浓染的菌；革兰氏染色呈阴性菌；墨汁染色，菌体为红色，荚膜呈现菌体周围的亮圈，背景为黑色特征。

分离培养：取病料接种血液琼脂，37 ℃培养，可根据菌落形态和在 45°折光下观察到的荧光性等特征做出判定。必要时，也可对纯分离菌株进行生化特性检查。最后进行血清定型。

动物接种：取肺、肝、渗出物等病料制成匀浆悬液或分离培养物皮下或腹腔接种小鼠、家兔，在 72 h 内发病死亡。也可在剖检后取病料做涂片镜检，进一步鉴定。

血清学检查：常用的是平板凝集法，血清凝集价在 1∶40 以上判为阳性。琼脂扩散法可检出感染动物，一般在感染后 10～17 d 即可检出抗体，血清抗体可持续数月以上。

治疗　广谱抗生素和磺胺类药物都有一定的疗效。常用的药物有：四环素，每日 50～110 mg/kg 体重，分 2～3 次口服，连服 4～5 d；阿米卡星 5～10 mg/kg 体重，每日 2 次，肌肉注射；磺胺二甲基嘧啶，每日 150～300 mg/kg 体重，分 3 次口服，连服 3～5 d。

二、按医嘱进行治疗

1. 治疗原则

根据病情，应用敏感的抗生素，补液，强心，适量补充高糖。

2. 药物治疗

立即将发病犬和饲养笼中健康犬隔离，发病犬每只肌肉注射青霉素 3 万 IU/ kg，链霉素 1.5 mg/kg，混合肌肉注射，每日 2 次，连用 3 d。同时饮用口服补液盐、维生素 C 片，增加营养，调整电解质平衡，有利于病犬恢复。

3. 预防

重点采取加强饲养管理、卫生防疫和减少应激因素、提高抗病力等综合性措施。目前，尚无有效的疫苗用于免疫预防。此外，在常发地区（场、群）可用土霉素等加入饲料内喂用 1 周，进行间断性的药物预防，如能与其他抗生素或磺胺类药物交替使用则更妥。发病后应及时采取隔离、消毒等有效防治措施。

三、宠物出院指导

1. 护理指导

在日粮中增加维生素 C 片等能提高机体抗病能力，且能控制本病。

2. 预后

多数病例预后良好。

病例分析

某养犬户，以自繁自养的方式笼养犬，现有 40 多只，常以市场猪肉下脚料作为犬的动物性饲料。2013 年 4 月 22 日晨，犬主将从市场上买回的猪肉下脚料和肺脏未经加工，生喂给肉犬。时至下午，突然有两只仔犬抽搐，口吐白沫，呼吸困难，转圈运动，当天晚上死亡。4 月 23 日，又发现有两犬出现同样的症状，不久死亡 1 只，另 1 只昏迷。全群发蔫，不食。经鉴定为多杀性巴氏杆菌感染。确诊后立即给犬肌肉注射青霉素 80 万 IU、庆大霉素 8 万 IU、链霉素 30 万 IU，有高热症状的犬加肌肉注射炎痛宁 2.5 mL，有神经症状的犬肌肉注射安定 1.0 mL。并结合环境消毒等措施，疫情很快得到控制。

项目八　犬猫破伤风梭菌病的防治技术

【案例导入】

王先生家的狗不知什么原因突然抽搐起来，口中不停地吐出白沫。王先生不知道是怎么回事，赶紧带狗去宠物医院看病。来到医院后，主治医师详细检查了病情。确诊为犬的破伤风病发作。

医生问王先生，狗是不是在几日前受过伤，王先生回忆说几天前狗在一个垃圾堆里面玩耍，后来不知怎么了就嗷嗷直叫。当时他也没有太在意。医生怀疑尖锐物体扎伤犬趾，导致犬感染了破伤风梭菌。

【项目描述】

一、宠物入院症状、诊断评估与记录

（一）一般检查项目评估

1.病史

发现患犬有深部创伤。

2.临床症状

抽搐，口中不停地吐出白沫。

3.涂片镜检

取深部坏死组织涂片，镜下看到革兰氏阳性杆菌，有芽孢，位于菌体一端，状如鼓槌，周身鞭毛，无荚膜，多单在，有的呈短链状。

（二）重点检查项目评估

（1）结合临床症状，凡存在深部外伤（创口）和患犬对外界反应性增高、骨骼肌强制性痉挛等即可以判定为本病。

（2）取创内坏死组织接种于细菌培养基，于严格厌氧条件下 37 ℃ 培养 12 d，生化试验鉴定分离物。基本符合破伤风梭菌生化特性。

（三）并发症评估

主要为肺炎、肺水肿。其他可有脊椎压缩性骨折，肌肉持续收缩而致的运动功能障碍。

【相关知识】

梭菌性疾病（Clostridial diseases）是由梭菌引起的。梭菌主要存在于土壤中，并且是动物肠道正常菌群的组成成分之一。本类菌为革兰氏阳性，厌氧，可形成芽孢，芽孢对消毒剂和环境具有极强的抵抗力。部分梭菌可产生致病力很强的毒素。犬和猫对梭菌毒素的抵抗力相对较强。犬偶尔发生破伤风、肉毒素中毒、梭菌性肠炎及气性坏疽，猫则极少发生破伤风和肉毒素中毒。猫梭菌病的症状与犬基本相似。

破伤风是由破伤风梭菌产生的特异性嗜神经型毒素所致的人兽共患性传染病。以患病动物运动神经中枢应激性增高，肌肉持续痉挛收缩为特征。本病发生于世界各地。各种家畜对破伤风均有易感性，犬猫亦可感染，但较其他家畜易感性低。

病原　本病病原为破伤风梭菌。破伤风梭菌菌体细长，长 4～8 μm，宽 0.3～0.5 μm，周身鞭毛，芽孢呈圆形，位于菌体顶端，直径比菌体宽大，似鼓槌状，是本菌形态上的特征(图 5-4)。繁殖体为革兰氏阳性，带上芽孢的菌体易转为革兰氏阴性。破伤风梭菌为专性厌氧菌，最适生长温度为 37 ℃，pH 7.0～7.5，营养要求不高，在普通琼脂平板上培养 24～48 h 后，可形成直径 1 mm 以上不规则的菌落，中心紧密，周边疏松，似羽毛状菌落，易在培养基表面迁徙扩散。在血液琼脂平板上有明显溶血环，在疱肉培养基中培养，肉汤浑浊，肉渣部分被消化，微变黑，产生气体，生成甲基硫醇(有腐败臭味)及硫化氢。一般不发酵糖类，能液化明胶，产生硫化氢，形成吲哚，不能还原硝酸盐为亚硝酸盐。对蛋白质有微弱消化作用。本菌繁殖体抵抗力与其他细菌相似，但芽孢抵抗力强大。在土壤中可存活数十年，能耐煮沸 40～50 min。

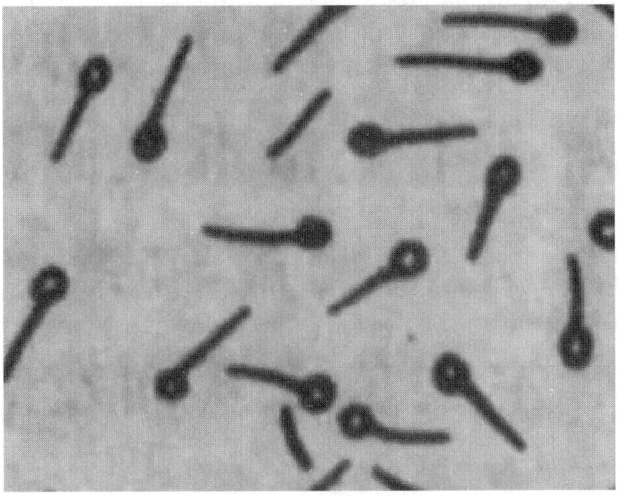

图 5-4　破伤风梭菌

流行病学　由于本病是创伤感染后产生的毒素所致，因而不能通过直接接触传播，故常表现为散发。钉伤、刺伤、脐带伤、阉割伤等可引起感染。本病季节性不太明显，不同品种、年龄、性别的易感动物均可发病，幼龄较老年动物易感。

发病机理　由于破伤风梭菌及其芽孢在自然界中分布甚广，极易通过伤口途径侵入体内，并在适当的环境中繁殖，产生毒素，引起疾病。小而深的创伤，或创口过早被血凝块、痂皮、粪便及土壤等覆盖，或创伤内组织发生坏死及与需氧菌混合感染的情况下，破伤风梭菌能在创伤内形成的厌氧环境中繁殖。其所产生的破伤风毒素可经神经末梢吸收，沿神经纤维上行达中枢神经系统；亦可经淋巴管吸收，经血液循环而达中枢。毒素对中枢神经系统具有高度亲和力，主要作用于脊髓和延脑的运动神经细胞，使机体对刺激的应激性增高，进而使肌肉发生痉挛，并出现破伤风的其他特征症状。

症状　破伤风梭菌侵入伤口，并在伤口内生长繁殖分泌毒素，造成机能紊乱。临床上主要表现为运动神经系统应激性增高、全身肌肉持续性痉挛收缩的特征。

本病潜伏期 5～10 d，有时可长达 3 周。受伤部位越靠近中枢，发病越迅速，病情也越严重。由于犬和猫对破伤风毒素抵抗力较强，故临床上局部性强直较常见，表现为靠近受伤部位的肢体发生强直和痉挛，有时仅表现为暂时的牙关紧闭。部分病例可能出现全身强直性痉挛，除兴奋性和应激性增高外，病犬可呈典型木马样姿势，脊柱僵直或向下弯曲，口角向后，耳朵僵硬竖起，瞬膜突出外露。有时患病动物因呼吸肌痉挛而发生呼吸困难，因咬肌痉挛而使咀嚼和吞咽困难。但疾病过程中一般病犬或病猫神志清醒，体温一般不高，有饮食欲。

临床上，破伤风的症状、病程和严重程度差异很大。严重病例有的在2～3 d内死亡，有的缓慢发生并不严重。若为全身性强直病例，由于患病动物饮食困难，常迅速衰竭，大多在出现症状后3～10 d死亡。康复期可能持续很长时间，有时4～6周后仍可观察到运动不灵活及肌肉僵硬的症状。

大多数病例预后不良，因进食困难造成营养不良、衰竭死亡。但局部强直的患犬预后良好。

病变　因患破伤风死亡的动物，剖检一般无明显变化，仅可在浆膜、黏膜及脊髓膜等处发现小出血点，四肢和躯干肌肉结缔组织发生浆液性浸润。因窒息死亡者血液凝固不良，呈黑紫色；肺充血、水肿，有的可见异物性肺炎变化。

诊断　根据病犬和病猫的特殊临床症状，如骨骼肌强直性痉挛和应激性增高，神志清醒，一般体温正常及多有创伤史等，即可怀疑为本病。临床上，脑炎、狂犬病等有时也有牙关紧闭、角弓反张、肌肉痉挛等症状，但瞬膜不突出，且意识扰乱或昏迷，并有麻痹现象，虽应激性增高，但受轻微刺激时远端肌肉并不发生强直，故可区分开。

从伤口分离细菌不太容易。必要时，可将病料（创伤分泌物或创内坏死组织）接种于细菌培养基，于严格厌氧条件下37 ℃培养12 d，以生化试验鉴定分离物。在厌氧条件下，普通培养基上长成稍凸、略透明的小菌落，似小蝌蚪状。在血液葡萄糖琼脂平板上呈露珠状、光滑、透明的菌落。也可将病料接种于肝片肉汤，经4～7 d培养后以滤液接种小鼠，或将病料制成乳剂注于小鼠尾根部。若上述滤液或病料中含有破伤风外毒素，2～3 d后则实验小鼠表现出强直病状。

治疗

1.加强护理

将病犬或病猫置于干净、光线幽暗的环境中，冬季应注意保暖。要保持环境安静，以减少各种刺激因素。采食困难者，给以易消化、营养丰富的食物和足够的饮水。

2.消除病原

破伤风梭菌主要存在于感染创伤中，故对病犬、病猫应仔细检查，发现创伤处。对创伤中的脓汁、坏死组织及异物等应及时进行清创和扩创术，清理异物和坏死组织。可用3%过氧化氢、1%高锰酸钾或5%～10%碘酊进行消毒，再撒布碘仿硼酸合剂，并结合青霉素、链霉素作创伤周围组织分点注射，肌注200万～300万IU，每日2次，连用5 d为1疗程，同时用2.5%盐酸氯丙嗪注射液4～6 mL，两侧咬肌分点注射。以消除感染，减少毒素的产生。

3.中和毒素

这是特异性治疗破伤风的方法。一般犬猫推荐应用的破伤风抗毒素用量为100～1 000 IU/kg体重，可分点注射于创伤周围组织，亦可静脉注射。静脉注射破伤风血清10万～20万IU，全量血清以百会穴分3 d注射，注射时为防止发生过敏反应，患病动物可预先注射糖皮质激素或抗组胺药。

4. 镇静解痉与其他对症疗法

患病犬猫出现强烈兴奋和强直性痉挛时，可使用镇静解痉药物，用苯巴比妥 6 mg/kg 体重肌肉注射，或用氯丙嗪肌注。采食和饮水困难者，应每日进行补液、补糖。酸中毒时，可静脉注射 5%苯酚氢钠以缓解症状。喉头痉挛造成严重呼吸困难者，可施行气管切开术。体温升高有肺炎症状时，可采用抗生素和磺胺类药治疗。

二、按医嘱进行治疗

1. 治疗原则

加强护理，采用消除病原、中和毒素、镇静解痉、抗菌消炎的对症治疗方法。

2. 药物治疗

找出伤口扩创，用过氧化氢(30%)冲洗伤口，然后用 2%～5%碘酊局部处理伤口，创口内撒布碘仿磺胺粉。伤口暴露、忌包扎；肌内或静脉注射破伤风抗血清 3 万～5 万 IU/次，1 次/d，连用 3 d；抗菌消炎，青霉素 5 万 IU/kg 体重，2～3 次/d，连续注射一周；镇静解痉，氯丙嗪 5 mg/kg 体重。

3. 预防

消除各种不利诱因，加强对犬只的饲养管理，是减少破伤风发病的重要手段。

(1)首推做好预防接种。皮下或肌肉注射破伤风类毒素 0.5～1.0 mL，有助于预防本病。方法：第一次注射时应注射两次，间隔期 20 d，可获得一年的保护期，以后每年注射 1 次即可。

(2)破伤风梭菌在自然界分布很广，当犬在户外活动造成破伤后均有可能感染本病。所以犬在户外受伤后均应到兽医部门立即注射破伤风抗毒素或类毒素，以增加机体的被动和主动免疫力。

(3)做各种手术时，要严格遵循无菌操作技术；必要时，可肌肉注射破伤风抗毒素，犬和猫去势时，可注射破伤风抗毒素预防。

(4)拴养犬只要采取保护措施，防止铁制拴狗链或舍栏等划伤犬体肤，造成感染。犬舍环境、用具宜用 5%苯酚或 3%福尔马林消毒，5～10 d 消毒 1 次，可减少环境中活性致病源。

三、宠物出院指导

1. 护理指导

犬破伤风病，特别是预后不良的重症，必须及时处理伤口、紧急用药物治疗、加强综合护理才能取得理想疗效。

(1)患犬宜在安静、通风良好、温度适宜的舍内静养。治疗期前 1～2 d 要密切观察患犬的呼吸、心搏、排尿情况。保持平直躺卧，以利呼吸通畅；抗心衰使用安钠咖；患犬病初一般不能采食，静脉滴注糖盐水、氨基酸以利尿、排毒、防脱水、补充体能等。

(2)密切观察伤口情况，凡发现有异物、肿胀等病理表现，即使伤口愈合仍要立即切开患部，用 3%过氧化氢冲洗，保持引流、畅通，直至本症“强制性痉挛、局部肌痉挛收缩、反射性兴奋”等典型症状消除为止。

(3)治疗期间每日灌服1剂补液盐50～150 mL仍然很必要，以控制自体酸中毒及维持体内电解质平衡，有助于提高治愈率。

(4)推荐高效中药方剂：枣树皮50 g，苍耳子60 g，防风30 g，天麻30 g，天南星30 g，牛黄1份，诸药混合煎汤，待温凉后取滤液灌服，用量按2～4 mL/kg体重，2～3剂/d，连用3～7 d。

2. 预后

及早发现及早治疗才有治愈希望，否则预后不良。

病例分析

八哥母犬，体重10 kg。该犬2020年5月8日产小犬5只，产后母子一直正常。5月25日凌晨发现该犬无食欲，精神沉郁，步态僵直，不喜运动。中午发现该犬浑身发抖、发烫，不能站立，舌外展，呼吸加快，全身肌肉僵直。临床检查呼吸70次/min，体温39.8 ℃，脉搏140次/min。全身肌肉僵直，关节不能屈曲，尤其是颈部和前肢肌肉僵直较明显，头下垂。结膜潮红，舌色绛红。扶之起立，典型木马状。治疗用安痛定3 mL肌肉注射，破伤风抗毒素1 500 IU肌肉注射，5%葡萄糖150 mL加维生素C 2 g静脉注射。10 min后病犬呼吸减缓，肌肉变软，全身症状缓解。6月18日上午肌肉注射安痛定3 mL，肌肉注射破伤风抗毒素1 500 IU，5%葡萄糖150 mL加维生素C 2 g静脉注射。6月19日，病犬临床症状消失。根据临床症状和治疗方法及治疗效果，确诊为产后破伤风杆菌感染。

项目九　犬猫肉毒梭菌病的防治技术

【案例导入】

5月24日上午，某种犬场饲养的47条种犬中有6条突然精神沉郁，四肢软瘫，其中2条较重。经了解，该场23日晚从宰鸡场取回鸡内脏(稍有异味)，24日晨经简单冲洗后，放在锅中尚未煮沸就取出喂犬，过3～4 h后这6只犬出现症状。经兽医诊断为犬肉毒梭菌引发的中毒病。

【项目描述】

一、宠物入院症状、诊断评估与记录

(一)一般检查项目评估

1. 病史

犬食入腐败变质的饲料(尤其是动物性饲料)而发病。

2. 临床症状

犬群精神不佳，症状轻重不一，有的站立不稳，有的躺卧不起，对外界反应迟钝，已失去往日见人嚎叫、跳跃的现象，病初两后肢软散无力，很快由后躯向前躯延伸，对称性麻痹，继而四肢瘫痪，触之无反抗。病犬体温不高，未见胃肠道症状，神志清楚，见家人摆动尾巴。有的流涎，吞咽困难，双耳下垂，便秘，尿闭，叫声低沉。重者食欲废绝，瞳孔散大，两眼有脓性分泌物，心律不齐，视觉障碍，腹部膨大。

3.涂片染色镜检

取怀疑被肉毒梭菌污染的饲料，死亡动物尸体中的血清、肠黏膜等组织直接涂片进行革兰氏染色镜检。

(二)重点检查项目评估

1.病理剖检

对死亡病犬 2 只进行病理剖检。胃肠黏膜有卡他性炎症和点状出血。心内膜及心外膜有点状出血。

2.动物毒素实验

取尸体组织、胃肠内容物和血清，做动物毒素实验。

【相关知识】

肉毒梭菌毒素中毒主要是因为摄取腐败动物尸体或饲粮中肉毒梭菌(Clostridum botulinum)产生的神经毒素——肉毒梭菌毒素而发生的一种中毒性疾病。临诊上以出现运动中枢神经麻痹和延脑麻痹的症状为特征，死亡率很高。

病原　病原为肉毒梭菌产生的毒素。肉毒梭菌又称肉毒杆菌，革兰氏阳性梭状杆菌，大小为 1 μm×5 μm，有芽孢，呈椭圆形，位于近极端，使细菌呈网球拍状(图 5-5)。无荚膜，但有鞭毛。专性厌氧，肉毒梭菌属中温菌，生长最适温度 25～37 ℃，产毒最适温度为 20～25 ℃，最适 pH 6.6～8.2。当 pH<4.4 或 pH>9.0 时，或环境温度低于 15 ℃或高于 55 ℃时，肉毒梭状芽孢不能繁殖，也不产生毒素。本菌经厌氧培养在琼脂平板上形成不规则菌落；在血平板上有β型溶血；在肉渣汤培养基中消化肉渣而变黑并有恶臭。生化反应随毒素型不同而有所不同。在病原性梭菌中，本菌的特征是发酵蔗糖，不发酵乳糖，各型均液化明胶。产生 H_2S，但不产生吲哚。

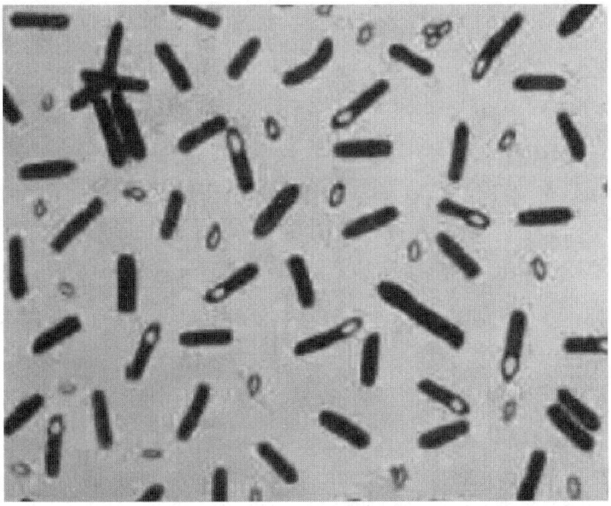

图 5-5　肉毒梭菌

芽孢抗热性强,耐煮沸数小时而不被杀死。高压蒸汽灭菌(120 ℃)30 min 才能杀灭。肉毒毒素煮沸 1 min 或加热 75～85 ℃ 5～10 min 即可失去毒性,但在酸性条件下较稳定。胃液中 24 h 内不被破坏。故可被胃肠道吸收而致病。

在适宜条件(无氧、发酵、适宜的营养基质、18～30 ℃)下肉毒梭菌可迅速生长,大量繁殖,同时产生一种可溶性剧毒的肉毒毒素。肉毒毒素是一种强烈的神经毒素,毒性比氰化钾强一万倍。肉毒梭状芽孢杆菌食物中毒不仅会由于食用肉毒毒素污染的食物引起,而且会由于随同食物摄入的芽孢(或繁殖细胞)在肠道内发芽、繁殖产生毒素而引起中毒。肉毒毒素是目前已知化学毒物与生物毒素中毒性最强烈的一种,其对人致病量为 10～9 mg/kg。肉毒毒素是一种大分子蛋白质,不耐热,80 ℃10 min 以上可完全破坏,pH>7.0 时亦可迅速分解,暴露于日光下迅速失去活力。对消化酶、酸和低温很稳定,毒素在干燥、阴暗、密封条件下可保存多年。

流行病学 肉毒梭菌广泛分布于土壤、海洋和湖泊的沉积物,哺乳动物、鸟类和鱼的肠道、饲料以及食品中。此菌不能在活的机体内生长繁殖,即使进入人畜消化道,也会随粪便排出体外(该毒素能耐受胃酸、胃蛋白酶和胰蛋白酶的作用,因此在消化道内不被破坏),当有适宜营养且获得厌氧环境时,即可生长繁殖并产生肉毒毒素,人畜食入含此毒素的食品、饲料或其他物品,即可中毒而发生肉毒梭菌毒素中毒症。

犬对该毒素有相当的抵抗力,较少发病,猫则极少见。本病主要是由毒素引起的,存在于动物消化道内的肉毒梭菌及其芽孢一般对动物没有危害性,但在特定的条件下也可能产生毒素。

犬猫自然发病主要因摄食了含有毒素的食物,引起中毒的食物有腐肉、腊肠、火腿、鱼及鱼制品和罐头食品等。毒素随被毒素污染的食物、饮水而经口传播。摄食 18～36 h 后发病为典型病症,不典型的可在 4 h 至 8 d 不等时间内发病,这要取决于毒素型和食入量。含毒素饲料采食后在肠道吸收而出现症状,症状出现的速度与含毒素数量及采食饲料量几乎成正比,有时几小时或数日后出现症状。健康易感动物与患病动物直接接触亦不会受到传染。

症状 肉毒梭菌毒素中毒症状与严重程度取决于摄入体内毒素量的多少及动物的敏感性。潜伏期数小时至数日,一般症状出现越早,说明中毒越严重。犬的初期症状为发生进行性、对称性肢体麻痹,一般从后肢向前延伸,进而引起四肢瘫痪,但此时尾巴仍可摆动。患犬反射机能下降,肌肉张力降低,呈明显的运动神经机能病的表现。发生肉毒梭菌毒素中毒的病犬体温一般不高,神志清醒。由于下颌肌张力减弱,可引起下颌下垂,吞咽困难,流涎。严重者则两耳下垂,眼睑反射较差,视觉障碍,瞳孔散大,有时可见结膜炎和溃疡性角膜炎。严重中毒的犬只,由于腹肌及膈肌张力降低,出现呼吸困难,心率快而紊乱,并有便秘及尿潴留。发生肉毒梭菌毒素中毒的犬死亡率较高,若能恢复,一般也需要较长时间。

病变 肉毒梭菌毒素主要作用于神经-肌肉结合点,动物死后剖检一般无特征性病理变化,有时在胃内可发现木、石、骨片等异物,说明生前可能发生异嗜症。咽喉及会厌部黏膜有灰黄色黏液性覆盖物,黏膜上有出血点。胃肠黏膜有时有卡他性炎症和点状出血。心内膜及心外膜也可能有点状出血。有时肺充血、淤血、水肿。中枢和外周神经系统一般无肉眼可见病变。

诊断 根据疾病的临床特征,如典型的麻痹,体温、意识正常,死后剖检无明显变化等,结合流行病学特点,可怀疑为本病。

确诊可做动物毒素试验与血清学试验,在可疑饲料、病死动物尸体、动物血清及肠内容物内查到肉毒梭菌毒素。

动物毒素试验：取可疑动物饲料、病死动物尸体组织、胃肠内容物和血清，加入适量明胶磷酸盐缓冲液（或灭菌生理盐水）制成悬液，置室温 1～2 h 后以 2 000 r/min 离心 10 min。取上清液三份，一份 100 ℃加热 30 min 做对照，一份不做任何处理，另一部分上清液，调 pH 6.2，每 9 份加 10%胰酶（活力 1∶250）水溶液 1 份，混匀，经常搅动，37 ℃作用 60 min。各取 0.5 mL 腹腔注射小鼠，每组两只，观察 4 d。不做任何处理和加 10%胰酶的在 5 min 后开始出现呼吸加深加快，肷部凹陷，弓背，精神沉郁，四肢瘫软，头下垂，大小便失禁，翻正反射消失，3～4 h 后死亡，说明滤液中含有毒素。小鼠剖检变化：头部、四肢皮肤呈现蓝紫色，腹腔有淡黄色渗出物，胃底腺浆膜呈黄色，胃肠黏膜有点状出血。心脏冠状沟有出血点。肝脏肿大、大部分坏死出血，质地脆软，呈现紫黑色。脾脏大部分坏死，坏死部分肿大和出血。肾脏严重水肿，肾皮质有点状出血，切开肾髓质有清凉液体流出。肺表面有大部分出血，为肉毒梭菌特征性临床症状。

血清学试验：为加快确诊时间，另取 3 份悬液与动物实验同时进行实验。1 份加等量多型混合肉毒梭菌抗毒诊断血清，混匀，37 ℃作用 30 min；1 份加等量明胶磷酸盐缓冲液，混匀，煮沸 10 min；1 份加等量明胶磷酸盐缓冲液，混匀即可，不做其他处理。3 份混合液分别腹腔注射小白鼠，每组两只，每只 0.5 mL，观察 4 d。注射后 3 只都出现精神沉郁症状，30 min 后注射多型混合肉毒梭菌抗毒诊断血清与煮沸加热 10 min 的 2 份混合液的小白鼠均获保护而存活，只有注射未加任何处理的混合液的小白鼠出现呼吸加深加快，肷部凹陷，弓背，精神沉郁，四肢瘫软，头下垂，大小便失禁，翻正反射消失等症状，由此说明滤液中含有毒素。

由于肉毒梭菌广泛分布于自然界，故从可疑饲料和动物尸体内分离出肉毒梭菌也不具备太大的诊断意义。

治疗　主要靠中和体内的游离毒素，为此可应用多价抗毒素。但对犬而言，因迄今为止的肉毒梭菌毒素中毒病例皆由 C 型毒素引起，故可应用 C 型抗毒素治疗。亦可肌肉注射或静脉注射 5 mL 多价抗毒素。若毒素已进入神经末梢，再应用抗毒素已无解毒作用。因为抗毒素仅能中和肠道中未被吸收或已进入血液循环但仍未与神经末梢结合的毒素，因此病初应用抗毒素治疗，效果较好。

对于因食用可疑饲料而中毒的犬只，应促使胃肠道内容物的排出，减少毒素的吸收，为此可采用洗胃、灌肠和服用泻剂等方法。心脏衰弱的动物应用强心剂。出现脱水时应尽快补液。盐酸胍可促进神经末梢胆碱酯酶的释放，必要时可用此药增强肌肉张力，缓解瘫痪症状。

二、按医嘱进行治疗

1.治疗原则

对症治疗，灌肠清理消化道。

2.药物治疗

(1)穿刺放出腹水，青霉素 160 万 IU，链霉素 100 万 IU，向腹腔注射。

(2)阿扑吗啡 2 mg，肌肉注射。

(3)阿托品 2 mL，肌肉注射。

(4)应用多价抗毒素治疗，每只犬可肌肉或静脉注射 3～5 mL。

(5)先锋霉素（头孢菌素）0.5 g，维生素 B_1 50 mg，维生素 C 1 g，10 %安钠咖 5 mL，生理盐水

250 mL,混合后一次静脉滴注。轻者连用 2 d,重者连用 4 d。

3.预防

要注意饲料保管,注意清洁卫生,防止腐败,不给犬饲喂腐败变质的饲料;并加强饲料调制,保证钙、磷平衡,防止犬舔食污水、尸骨等。肉毒梭菌毒素加热至 80 ℃ 30 min 或 100 ℃ 10 min 就可失去活性,故饲喂犬猫的食物应尽量煮沸;不要让犬猫接近腐肉等。

三、宠物出院指导

1.护理指导

密切关注病犬的意识状态,采取对症处理。

2.预后

发病速度快,病程短,致死率高。

项目十　犬猫魏氏梭菌病的防治技术

【案例导入】

某宠物店所养的 1 只 3 岁哈士奇突然发病死亡,从发病到死亡仅 2 h。员工给犬喂过玉米面拌变质的牛肉,2 h 后该犬突然行为异常,表现兴奋、狂叫、呕吐,而后转圈、喘气,从鼻孔呼出大量白色泡沫,最后倒地、呻吟,四肢呈游泳状滑动,呼吸困难,鼻孔呼出带血的泡沫,肌肉震颤抽搐,腹部胀大,腹壁紧绷,可视黏膜发绀,最后该犬舌头外伸呈紫黑色,腹如鼓,眼球怒睁而死亡。经采取病料检验,诊断为犬感染魏氏梭菌导致猝死。

【项目描述】

一、宠物入院症状、诊断评估与记录

(一)一般检查项目评估

1.病史

询问病犬的生病史和发病情况。

2.临床症状

食欲废绝,排黑色稀便、四肢站立不稳,叫声无力。

3.实验室检查

取死亡犬肝组织和胃内容物涂片,革兰氏染色后显微镜下观察,可见大量菌体较大、两端钝圆,呈单个或双排列的革兰氏阳性杆菌。取肝脏和回肠内容物进行细菌分离培养,在葡萄糖血琼脂培养基上,菌落圆形、光滑、隆起,菌落周围有棕色溶血区;接种牛乳培养基 8 h 后,牛乳发生酸败、结块,同时产生大量气体使凝块变成多孔的海绵,并被冲成数段。据此鉴定该菌为魏氏梭菌。

（二）并发症评估

本病的发生可导致动物机体抵抗力迅速下降，进而继发其他细菌和病毒的感染。

【相关知识】

魏氏梭菌病是由魏氏梭菌引起的犬的急性败血症，以犬的多器官出血、水肿、急性病变和猝死为特征。

病原　魏氏梭菌又称产气荚膜梭（杆）菌，属于梭状芽孢杆菌属。为厌氧革兰氏染色阳性粗大芽孢杆菌，常单独、成双或短链状排列（图 5-6），芽孢常位于次极端；在体内形成荚膜，无鞭毛，不活动。芽孢体外抵抗力极强，能在 110 ℃存活 1～4 h，能分泌强烈的外毒素，依毒素性质可分为六型（A、B、C、D、E、F），其中 A 型能够感染人，形成气肿疽。B、C、D 型与动物的肠道感染关系密切。感染犬的主要为 A、C 型。

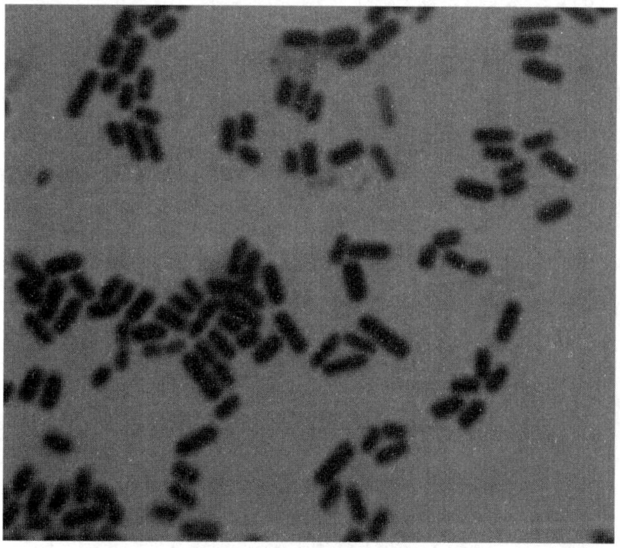

图 5-6　魏氏梭菌

流行病学　魏氏梭菌广泛存在于土壤、粪便、水和尘埃中，属典型的条件性致病菌。经消化道或创伤侵入机体内，由其所产生的毒素而致病。本病多数在秋末冬初气候变化异常、阴雨潮湿的条件下流行。本病不分年龄、性别、品种均可发病。

症状　病犬腹部膨胀明显，耳尖、可视黏膜发绀，精神沉郁。表现突然乱冲乱撞，转圈，倒地，全身肌肉颤抖，抽搐，四肢划动，怪叫，呻吟。口吐白沫或红色泡沫，呼吸困难。犬可能有体温升高，发病后一般在几分钟、几十分钟或几小时内死亡。也有不具任何先兆症状的犬突然死亡。

诊断　肝等实质脏器直接涂片瑞氏染色，可见大量两端钝圆的粗大杆菌，单在或成双排列，短链较少，无鞭毛，不能运动，在动物机体里或含血液的培养基中可形成荚膜，无芽孢，革兰氏阳性。有的菌体中央或近端有芽孢，芽孢小于菌体横径。

细菌分离与鉴定：在葡萄糖血琼脂上有的形成圆形，光滑、隆起、淡黄色、直径 2～4 mm，有的形成圆盘形，边缘呈锯齿状。多次传代后，菌落周围有棕色溶血区，呈辐射状条纹，如同勋章样。

生化反应：葡萄糖、麦芽糖、蔗糖、乳糖、果糖均产酸产气，不能发酵甘露醇。

应用 PCR 检测方法鉴定和毒素分型，较细菌检测方法快速，更易确诊。

二、按医嘱进行治疗

1. 治疗原则

抗菌消炎，止泻，防止脱水。对临床分离的病原菌进行药敏试验，筛选敏感药物是最好的选择。同时用葡萄糖生理盐水补液。

2. 药物治疗

由于该病病程短，症状不明显，治疗很困难。对于慢性或症状较轻的犬，静脉注射 0.2% 甲硝唑葡萄糖注射液 1 000mL。再滴注 5%葡萄糖氯化钠注射液 1 000 mL，加入辅酶 A 1 000 IU，三磷酸腺苷二钠 200 mg，待其能自行采食后在饲料中添加泰乐菌素 150 g/t、优质电解多维 500 g/t，病犬肌注环丙沙星 2.5 mg/kg 体重，2 次/d。

3. 预防

由于魏氏梭菌无特效疗法，所以严格控制动物饲料的卫生、加强环境管理。消毒是预防本病的重要手段。选用合格的消毒药严格消毒。犬舍进行彻底清扫，选用合格消毒药物进行喷物消毒，或采取其他方法，做到严格消毒，魏氏梭菌是不严格厌氧菌，会产生荚膜和芽孢。酚类、双链季铵盐类消毒药对其几乎无效，含氯含碘制剂及酚类、碱类消毒药均能很快将其杀灭。具体如下：将病犬隔离，全场用 0.2%过氧乙酸、0.5%百毒杀交替喷雾消毒，2 次/d，搞好环境卫生，每日用水冲洗地板，地面、墙壁用 2%氢氧化钠溶液消毒，对病死犬作无公害处理，如深埋、焚烧等。

三、宠物出院指导

1. 护理指导

密切关注病犬的意识状态，采取对症处理。

2. 预后

发病速度快，病程短，致死率高。

病例分析

2021 年 9 月中旬，某犬类养殖场 1 头成年纯种德国牧羊犬突然死亡，随后相继发生此类死亡病例。至 10 月共死亡 5 头成年纯种德国牧羊犬，年龄在 1.5～3 岁，2 公 3 母，从发病到死亡 0.5～1 h。病犬生前未发现明显的异常现象，有些犬早上吃食正常，中午还活动自如，下午就倒地死亡；有些犬在前 1 天饮食和活动均无异常，第 2 天发现死在犬舍内，伴有呕吐和大小便失禁的迹象。大部分犬表现：行为突然异常，兴奋、狂叫、乱窜，而后转圈，从鼻孔呼出大量白色泡沫，最后倒地。牙关紧闭，呻吟，呼吸急促，鼻孔呼出带血的泡沫，肌肉震颤抽搐，体温升高，腹部鼓胀，腹壁紧绷，腹部皮肤与可视黏膜发绀，舌头外伸呈紫黑色，眼球怒睁。对死亡病犬进行无菌取肠黏膜、肝、脾、心等接种于厌氧肉肝汤培养基中培养，将分离获得的厌氧培养物进行鉴定为魏氏梭菌。

项目十一　犬猫鼠疫的防治技术

【案例导入】

《地方病议丛》,1993 年第 14 卷第 4 期,文章《119 例猫鼠疫的临床、临床病理和病理特征》中指出,美国新墨西哥州 1977 年 11 月至 1985 年 12 月 31 日期间报道了 119 例家猫鼠疫的特征。临床所见,大多数病例(63 例,53%)是腺型,无败血型或肺炎的证据。12 例(10%)为肺型,其中 4 例为腺型继发,与此相加腺型病例数增为 67 例,余 8 例肺型病例无明显的原发病灶。

【项目描述】

一、宠物入院症状、诊断评估与记录

(一)一般检查项目评估

1.病史

跳蚤、鼠类接触史。

2.临床症状

腺型,猫头及颈部淋巴结肿胀、破裂、流出脓汁。肺型鼠疫猫出现咳嗽、呼吸困难,咳出稀薄泡沫血痰。

3.血液检查

白细胞增加,核左移。血液生化检查高胆红素血症。

(二)重点检查项目评估

(1)取组织病料可分离到鼠疫杆菌。

(2)使用酶联免疫吸附试验检出鼠疫抗原。

【相关知识】

鼠疫是由鼠疫杆菌引起的一种烈性人畜共患传染病。呈世界性分布。临床特征为高热、淋巴结肿痛、出血倾向、肺部特殊炎症等。

病原　鼠疫杆菌(Yersinia pestis)属于肠杆菌科耶尔森氏菌属,为两极浓染的革兰氏阴性短粗杆菌。大小为(0.5～1.0) μm×(1.0～2.0) μm。一般分散存在,偶尔成双或呈短链排列。无鞭毛,不形成芽孢。在慢性病灶、陈旧培养物或 3%～4%食盐琼脂培养基中呈明显多形态,可见大小不一的球形、杆形、酵母形和哑铃形等。在宿主体内形成类似荚膜的表面黏液层,具有抗吞噬作用。生长温度以 25～30 ℃最佳。适宜 pH 为 6.9～7.2。在普通培养基上培养 48 h 后,长出中心厚而致密、周围薄、边缘不整齐的无色透明、细小、圆形、粗糙型菌落。在肉汤培养基中 48 h 后形成菌膜,菌膜下悬垂黏性棉絮状生长物,此特征具有鉴定价值。抗原组成复杂,有 20 种以上。本菌至少含有内毒素和鼠毒素。鼠疫在人群流行之前,常在

鼠类中先流行。

流行病学 本病主要经跳蚤叮咬传播。保毒动物包括啮齿类、松鼠、草原犬、兔子、山猫类及郊狼等。犬和猫接触这些动物或是猫吃了老鼠，就可能感染到其身上的跳蚤，被这些跳蚤叮咬后发病。大部分的犬有抵抗性；但猫对鼠疫杆菌具有易感性。跳蚤体内的病原菌可以保持感染性长达数月之久。世界各地都有病情报道。

发病机制 鼠疫杆菌经由皮肤的淋巴结快速移动至局部的淋巴结，可以在吞噬细胞内存活并在淋巴结内复制，最后使吞噬细胞破裂。感染后出现体温升高及疼痛的淋巴结病（淋巴体肿），暂时性菌血症，淋巴结可能破裂，可能出现败血症。

症状 鼠疫有三个型。淋巴体肿型的鼠疫是当被跳蚤咬到感染时，附近的淋巴结会肿大疼痛并且会流脓。而败血型的鼠疫，细菌进入血液感染到体内多个器官。细菌也可以感染肺脏，引起肺型鼠疫，肺型鼠疫菌可以经由咳嗽等空气中的微粒由人传染给人，或由猫传染给人。

犬对本病通常有抵抗力；受传染以后一般只引起淋巴结肿大（淋巴结病变），但很少有其他的征兆。野猫和家猫感染以后可能演变成淋巴体肿型、败血型和肺型鼠疫中任一种。半数感染的猫发病后会死亡。

猫的淋巴体肿型，潜伏期 2～7 d，病程不一。淋巴体肿出现于头及颈部，表现为出血、坏死与水肿，接下来可能淋巴结脓疡、破裂、流出脓汁。其他症状有体温升高、抑郁、呕吐或腹泻、脱水、扁桃体肿大、厌食、眼睛分泌物增多、体重减轻、运动失调、昏迷、口腔溃疡等。

猫的败血型则较为罕见，患猫出现败血症，但没有淋巴结病变或脓疡发生，其他症状与淋巴结肿型一样。

诊断 鼠疫的诊断可以由采取的组织标本或者流出的液体做细菌培养，以及应用免疫荧光抗体试验测试方法来确诊。血清测试需要间隔 10～14 d 以后再做第二次。如果怀疑是鼠疫，在等候结果的同时，要先做治疗。人或动物一旦诊断出是鼠疫，要向地方及中央卫生单位报告。

血液生化检查：白细胞增加，并伴随有核左转及中毒反应现象。血小板减少。肝指数上升及高胆红素血症。

实验室检查：血清学检查，显示高度凝集反应，凝血时间延长。

影像学检查：仅限于检出肺型病变。

用抗犬血清 IgM 抗体包被反应板，捕获犬血清样本中的 IgM，并用酶联免疫吸附试验夹心法同步检测犬血清中鼠疫 F1 抗体。

二、按医嘱进行治疗

1. 治疗原则

采取隔离治疗的措施，抗生素治疗，以早期、足量、总量控制为原则。同时，加用强心和利尿剂。

2. 药物治疗

对怀疑有猫鼠疫的治疗，包括除跳蚤、冲洗脓肿、淋巴结排液，以及用杀菌剂治疗至少 3 周。所有处理疑患鼠疫猫的人员，都应戴手套、穿白大褂和戴口罩，有肺炎症状的猫，在处理时应更加小心。由于多种抗菌剂对猫鼠疫都起作用，抗药性越来越常见，建议使用恩诺沙星（最少 21 d，5 mg/kg，口服，每日 1 次）。另一抗生素选择是氯霉素（21 d），接触过猫鼠疫的猫，应以四环素作预防性治疗。

3. 预防

应将猫养在室内，并且禁止其外出猎食。要尽量控制跳蚤和啮齿动物。对可能接触病原微生物的动物，要根据四环素或多西环素治疗剂量连续用药 7 d 。

三、宠物出院指导

1. 护理指导

护理人员要注意个人防护，必须穿着防鼠疫服，严格遵守操作规程和消毒制度，以防受到污染。必要时，可口服抗生素预防。

2. 预后

有临床病症的猫预后较差，50%以上的猫急性死亡。

项目十二　犬猫小肠结肠炎耶尔森菌病的防治技术

【案例导入】

近期王先生的爱犬食欲下降、持续腹泻、粪便带有血液，经兽医诊断为小肠结肠炎耶尔森菌病。

【项目描述】

一、宠物入院症状、诊断评估与记录

（一）一般检查项目评估

1. 病史

犬食用过熟食店的生猪肉。

2. 临床症状

持续腹泻、粪便带有血液。

3. 细菌分离鉴定

取犬粪便进行细菌分离鉴定，符合小肠结肠炎耶尔森菌特征。

（二）重点检查项目评估

（1）取新鲜粪便分离到小肠结肠炎耶尔森菌。

（2）实时定量 PCR 快速检测腹泻粪便中的小肠结肠炎耶尔森菌更具有确诊意义。

【相关知识】

小肠结肠炎耶尔森菌病是由小肠结肠炎耶尔森菌引起的多种动物和人的共患传染病。主要表现为小肠结肠炎、胃肠炎或全身性症状等。

病原 小肠结肠炎耶尔森菌(Yersinia enterocolitica),为肠杆菌科耶尔森菌属,为兼性厌氧革兰氏阴性球杆菌,偶尔可见两级浓染,不形成芽孢和荚膜。根据菌体抗原可分为50多个血清型,但仅有少数血清型与致病有关。对营养要求不高,能在麦康凯琼脂上生长,但较其他肠道杆菌生长缓慢,培养的最适宜温度为28 ℃,最适pH为7～8,初次培养菌落为光滑型,通过传代接种后菌落可能呈粗糙型。

本菌具有"嗜冷性",在水中和低温下(4 ℃)能生长,为肠道中能在4 ℃生长繁殖的少数细菌之一。因此,食品冷藏保存时,应防止被该菌污染。

本菌可产生耐热肠毒素,121 ℃ 30 min不被破坏,对酸碱稳定,pH 1～11不失活。肠毒素产生迅速,在25 ℃下培养12 h,培养基上清液中即有肠毒素产生,24～48 h达高峰。肠毒素是引起腹泻的主要因素。毒力型菌株均有VW抗原(蛋白脂蛋白复合物),为毒力的重要因子,与侵袭力有关,侵袭力可能是耶尔森菌感染肠道表现的病理基础。

流行病学 小肠结肠炎耶尔森菌为动物肠道寄生菌,广泛存在于动物体内。本菌在外界环境(河水、井水、蒸馏水)中不仅可长期生存,而且可以繁殖。猪是主要的贮存宿主,猪、犬、猫等都可呈健康带菌状态。主要是通过饮水和食物经消化道感染。或因接触感染动物粪便、污染饲料及周围环境传播本病,或与屠宰工人、饲养管理人员的间接接触而感染。

症状 病犬表现为食欲下降、厌食或食欲废绝。多数病犬有腹泻症状,表现为持续腹泻、粪便带有血液或黏液,急性病例可能有腹痛、呕吐,表现精神沉郁,腹痛。但大多数感染的犬猫呈亚临床经过。

诊断 细菌分离鉴定,可以从粪便、血液、肠淋巴结中分离到该菌,部分健康动物体内携带本菌,仅从粪便中分离出细菌不能确诊。典型小肠结肠炎耶尔森菌主要的生化反应情况:脲酶阳性、硫化氢阴性、VP 25 ℃阳性、鸟氨酸脱羧酶阳性,发酵葡萄糖、蔗糖产酸不产气,不发酵密二糖和鼠李糖。

可用免疫荧光法检测活检标本中的耶尔森菌抗原,以常规PCR方法检测临床中小肠结肠炎耶尔森菌以及PCR-探针相结合方法、Nested-PCR方法检测小肠结肠炎耶尔森菌。

二、按医嘱进行治疗

1.治疗原则

症状较轻时,本病多为自限性,无须抗菌治疗。脱水时补液,以纠正水、电解质、酸碱紊乱。严重病例给予抗菌治疗。本菌对所有氨基糖苷抗生素、多黏菌素、复方新诺明、四环素、呋喃唑酮和喹诺酮类等均敏感。

2.药物治疗

胃肠道感染一般为自限性,可不用抗菌药物治疗,需对症处理。严重病例,应予以抗菌药物治疗,首选氟喹诺酮类药物,如氧氟沙星、环丙沙星。

3.预防

加强饲养管理,宜进行适当隔离,粪便及排泄物要消毒,以免疾病传播。

三、宠物出院指导

1.护理指导

定期进行活动场地消毒，保持一个良好的饲养环境。

2.预后

多数病例预后良好。

项目十三　犬猫放线菌病的防治技术

【案例导入】

雄性松狮犬，3岁，体重25 kg，前来就诊。主诉：该犬喜爱户外运动，每年定期免疫，无肝炎、肺炎、流行性感冒等其他病史，1月前下颌现肿大，柔软，1周前在某宠物医院穿刺排出黄色清亮的液体30 mL。

症状：右耳细菌感染，恶臭，精神尚佳，体温39.9 ℃，心率80次/min，呼吸42次/min。颌下有鹅蛋大小的肿块，局部增温，触诊肿块中部和两侧有增生性硬结，其他部位柔软有波动感。经柔软部位穿刺排出黄红色液体，混有灰白色如别针大小的黄白色絮状物，外观似硫黄颗粒，无恶臭味。穿刺液离心涂片镜检见大量放射状菌丝形成的聚合物，最终确诊为放线菌感染。

【项目描述】

一、宠物入院症状、诊断评估与记录

（一）一般检查项目评估

1.病史

犬喜爱户外活动。

2.临床症状

颌下有鹅蛋大小的肿块，颌下局部增温，触诊肿块中部和两侧有增生性硬结，其他部位柔软有波动感。

3.血常规检查

在前肢静脉采血，血常规检查显示白细胞增多，核左移，杆状白细胞增多，单核细胞增多，淋巴细胞略有增多。血清电解质、生化试验均在正常值内。

（二）重点检查项目评估

1.显微镜镜检

穿刺液中的黄白色絮状物，用水冲洗，置载玻片上，加1滴15%氢氧化钾溶液，覆以盖玻片用力挤压，置低倍显微镜下检查，可见大量放射状菌丝形成的聚合物。将穿刺液涂片固定，

革兰氏染色呈阳性，用复红染色可见多形性的小短杆菌。

2.将穿刺液涂片染色

可见大量的红细胞、变性的白细胞，其中杆状嗜中性粒细胞多见，还可见巨噬细胞、单核细胞及组织上皮细胞。仔细观察可见在中性粒细胞内有丝状分枝的革兰氏阳性杆菌，符合放线菌形态特征。

【相关知识】

放线菌病是由放线菌引起的一种人畜共患慢性传染病，其特征为组织增生和慢性化脓性肉芽肿性病灶。

病原 放线菌是在固体培养基上呈辐射状生长而得名的细菌。大多数放线菌为腐生菌。放线菌属与诺卡氏菌属同属放线菌目，此两个菌属为原核细胞型微生物，均为裂殖增殖，且大多为非致病菌，仅少数为机会性致病菌，其在致病性方面也有很多相似之处。

放线菌为革兰氏阳性菌，无荚膜和鞭毛的丝状菌(直径为 0.5～0.8 μm)，厌氧或微需氧培养，多为人口腔等外通腔道中正常菌群成员。

症状 放线菌感染表现为慢性脓肿及形成瘘管，向外排出的黄色黏稠脓液中，肉眼可见的黄色米粒大小颗粒，称作硫黄样颗粒，为放线菌病的指征。

犬放线菌病发生于体表皮肤及皮下组织、胸腔、椎骨体，其次为腹腔和口腔。并可从病变部位通过血液循环扩散到脑和其他组织器官。皮肤放线菌病多发于四肢、后腹部和尾巴。发病的皮肤出现蜂窝织炎，脓肿，破溃后可形成窦道，向外不断排出黄色或棕红色分泌物并有恶臭气味。

胸部放线菌感染，可使肺部和胸腔同时发病，临床上出现肺炎和胸膜炎症状，体温升高、咳嗽、胸腔积水，叩、压胸部敏感疼痛、呼吸困难，胸透视检查可见有胸腔积液及肺部有不同程度的阴影出现。

骨髓炎性放线菌，多发生于第 2 和第 3 腰椎及其邻近的椎骨。有骨增生、骨膜炎、髓腔炎。由于骨质增生、压迫骨髓，临床上多见后躯运动障碍，重者可导致后躯瘫痪。炎症随脊髓上行感染，可导致脑脊髓炎及脑膜炎，出现全身性神经症状。

腹腔型放线菌感染，放线菌由肠道进入腹腔，引起腹膜炎、肠系膜炎、系膜淋巴结炎，临床上可见有体温升高、腹水、消瘦等症状。

诊断 本病一般很难确诊，和诺卡氏菌鉴别比较困难。放线菌革兰氏染色阳性，无抗酸性，具有分枝菌丝，无氧条件下可生长繁殖；诺卡氏菌通常具有部分抗酸性，在有氧条件下才能生长繁殖。除上述特点外，为了确诊，可取脓液中的硫黄色颗粒放置玻片上，盖上玻片，放置显微镜下观察，可见有放射状排列、周围具有菌鞘的放射菌丝，即可确诊。

治疗 放线菌对青霉素、链霉素、四环素及磺胺类药物比较敏感。可采用上述抗生素及磺胺类药物长期性治疗，直至症状消除为止。青霉素和链霉素的用量较其他疾病的用量要加大，青霉素 10 万 IU/kg 体重、链霉素 20 mg/kg 体重混合肌肉注射，2 次/d。

对于脓肿破溃的部位结合外科处理进行治疗，用青霉素、链霉素生理盐水冲洗创伤，然后创腔内敷入磺胺粉。

二、按医嘱进行治疗

1.药物治疗

在肿块的最低点用套管穿刺针穿刺，放出囊中液体。待液体流尽后注入5%碘酊80 mL，在囊中滞留3～5 min后排出，然后注入5%碘酊60 mL，滞留2～3 min后，放出40 mL，留20 mL继续发挥治疗作用，连续6 d，每日1次。采用氨苄西林钠2.5 g，链霉素50万IU肌肉注射，连用6 d，每日1次。第7日改用10%碘化钾溶液20 mL分点注射在肿块部位，抗生素换为头孢唑林钠和林可霉素肌肉注射，连用5 d，每日1次。第12日后只用林可霉素肌肉注射，连用5 d，每日1次。第12日至第16日，创口逐渐缩小，最终闭合而痊愈。

2.预防

宠物拔牙、化脓性细菌感染时，积极做好灭菌工作，避免放线菌侵入组织。

三、宠物出院指导

1.护理指导

脓肿破溃的部位注意消毒，防继发感染。

2.预后

病程较长，一般预后良好。

项目十四　犬猫诺卡氏菌病的防治技术

【案例导入】

《广东畜牧兽医科技》1993年第4期载文章《从荷兰到中国表演的1只狗发生诺卡氏菌病》，文章中指出，一只七岁雄性犬，从荷兰到达深圳4 d后，出现体温升高，精神沉郁，行动缓慢无力，厌食，口渴，小便不畅。经口服和注射抗生素后，病情有所缓和。后在广州停留期间，出现腹部肿大，排尿困难，人工压迫腹部才挤出尿液。呼吸困难，食欲不振，几日没有大便，消瘦。经补液和注射抗生素后，症状稍有缓解。但在运输途中突然死亡。根据临床表现、病理剖检和实验室检查，认为该犬是感染诺卡氏菌致死。

【项目描述】

一、宠物入院症状、诊断评估与记录

（一）一般检查项目评估

1.病史

询问病犬的生活史和发病情况。

2.临床症状

体温升高，精神沉郁，行动缓慢无力，厌食，口渴，排尿不畅。

3.病理剖检

胸腔中有脓性渗出物，胸膜有纤维蛋白沉着，皮下有脓性物。腹腔有渗出液。胸腔淋巴结肿大、肾有小结节。

(二)重点检查项目评估

(1)取脓汁、痰或病变部组织涂片，革兰氏染色镜检，可见到呈串珠状的革兰氏阳性菌，菌体直径 1 nm 或更短，呈分枝丝状体。

(2)取病料组织接种于血琼脂培养基，在 28～30 ℃中培养需要 4～10 d，菌落呈干奶酪样，生化试验鉴定分离物为诺卡氏菌。

(3)X 线透视查看胸膜、肺部病变情况。

(4)血常规检查，血液中出现嗜中性白细胞和巨噬细胞增多现象。

(三)并发症评估

病菌侵害胸腔和腹腔时可出现胸膜炎和腹膜炎症状，胸腔积血和腹腔积水。

【相关知识】

诺卡氏菌病是由诺卡氏菌引起的一种人畜共患慢性传染病。诺卡氏菌病主要发生在长有带锐刺草的地区，本病主要通过皮肤创伤和呼吸道而感染。主要以皮肤、浆膜、内脏中形成脓肿为特征。本病广泛分布于世界各地。

病原 犬猫诺卡氏菌病大多由星形诺卡氏菌引起，其次为巴西诺卡氏菌、豚鼠诺卡氏菌。本菌为细长分枝状和丝状菌，能长出菌丝，粗 0.2～1 μm，长 250 μm。革兰氏染色阳性，不形成荚膜和芽孢，无运动性，有较弱的抗酸性，为需氧菌。培养温度为 28～30 ℃，在血琼脂培养基和沙氏琼脂培养基上生长良好，菌落呈隆起、堆积、重叠的颗粒状菌落，边缘不整齐，能产生黄棕色的色素。本菌能发酵葡萄糖、果糖、糊精、甘露醇产酸，能还原硝酸盐，产生尿素酶。过氧化氢试验阳性，氧化酶反应阴性。

流行病学 传播途径是呼吸道和伤口感染。犬猫主要通过异物刺伤黏膜或皮肤的伤口而感染。犬的发病率比猫高，散养的比笼养的发病率高，工作犬比宠物犬的发病率高。免疫功能降低的犬猫易发生感染。各种年龄、品种、性别的犬猫都可发病，但动物之间不会互相传染。

症状 病原菌在犬猫体内广泛扩散，引起体温升高，食欲减少或废绝，肌肉疼痛，四肢和颈部皮下出现波动性脓肿或跛行。时间延长破溃形成瘘管，排出淡红色的分泌物。体表淋巴结肿大化脓。病菌侵害胸腔和腹腔时可出现胸膜炎和腹膜炎症状，胸腔积血和腹腔积水。可表现咳嗽，呼吸困难，听诊肺部有啰音。

体表脓肿破溃后经几日愈合。但常在病变部位周围或其他部位出现新的脓肿。该病菌可随血液转移到其他组织器官。出现相应组织器官的功能障碍。

病犬的症状类似犬瘟热。主要表现高热、厌食、咳嗽、呼吸困难和神经症状。当病变发生在胸部时，除上述症状外，胸膜炎症状明显，脓胸有多量黄红色的胸膜渗出液，病犬呼吸困难症状更明显。作 X 线透视时，可见肺门淋巴结肿大，有胸腔积液，胸膜肉芽肿，肺实质和间质有结节性实变。

犬猫还有发生在四肢的皮肤型病例，表现损伤部的蜂窝织炎、脓肿、结节性溃疡和有数个窦道流出与胸腔渗出液相似的分泌物。

病变　特征性病理变化是皮肤损伤的局部、肝、肺、胸膜、腹膜、脾、肾出现脓肿、蜂窝织炎、溃疡或瘘管、脓胸，胸腔中有大量的灰红色的脓性分泌物，胸膜有纤维蛋白沉着，呈绒毛状。肺有粟粒大至豌豆大的灰黄色或灰红色的小结节，或有斑点状的实变病灶。胸腔淋巴结、心肌、肝、肾也可能有这种小结节。关节囊、皮下有脓性物。腹腔有渗出液。

诊断　依据流行病学、症状可初步诊断。要进一步确诊时，需对胸腔穿刺液或其他部位的脓液进行涂片和染色，分离培养、动物接种可确诊本病。

治疗　①去除病灶和排出脓液。对于皮肤和器官的脓肿，用手术方法切除，排出脓腔中的脓液，冲洗和清除里面的异物。对于脓胸，采用胸导管插入和洗涤。②抗生素治疗。抗生素治疗最少需要一个月的时间，磺胺类药物是治疗本病的首选药，剂量应足够，疗程宜长。磺胺嘧啶的用量为 40 mg/kg 体重，每日 3 次内服；磺胺二甲氧嘧啶，24 mg/kg 体重，每日 3 次内服。也可用磺胺增效剂或磺胺和青霉素联用，青霉素初次剂量为 10 万～20 万 IU/kg 体重；氨苄西林每日 150 mg/kg 体重。还可用红霉素和米诺环素（二甲胺四环素）。治疗一般需 6 个月以上。

二、按医嘱进行治疗

1.治疗原则

用广谱抗生素和磺胺类药物治疗对本病有一定的作用。对脓肿的部位给以切开排脓，做外科处理。

2.药物治疗

四环素 10 mg/kg 体重静脉注射，2 次/d；或口服土霉素 25 mg/kg 体重，2～3 次/d。磺胺五甲氧嘧啶 10 mg/kg 体重，口服 2 次/d。

3.预防

防止犬猫发生外伤及不让犬到有锐刺草丛的地区去，是预防本病的重要措施，一旦犬猫发生外伤，要及时进行伤口处理，涂擦碘酊或紫药水。本病尚无疫苗。

三、宠物出院指导

1.护理指导

对于脓胸的患病犬猫在护理上要特别注意其预后，一般治疗的时间需要几个月。伤口处理是长期护理工作。

2.预后

本病治疗较困难，大多以致死为转归。

项目十五　犬猫链球菌病的防治技术

【案例导入】

王某饲养的圣伯纳母犬剖宫产出 12 只仔犬，产后第 2 天起相继有 7 只发病，吮乳无力，可视黏膜苍白，呼吸急迫，腹部膨胀，后期四肢无力，共济失调，死亡4只，经临床症状、剖检变化及实验室检验，确诊为仔犬链球菌病。

【项目描述】

一、宠物入院症状、诊断评估与记录

（一）一般检查项目评估

1.病史

询问母犬生活史和发病史。

2.临床症状

仔犬吮乳无力、可视黏膜苍白、呼吸急迫、腹部膨胀、后期四肢无力、共济失调。

3.剖检

剖检死亡犬，轻者肝大，质脆；肾轻度肿大，有出血点。严重者腹腔积液，肝脏有化脓性坏死灶；肾肿大，严重出血，呈花斑状；胸腔积液为纤维性和脓性；肺化脓性坏死，心内膜有出血斑点。所有病犬中，全身淋巴结和脾脏未见任何病变。

（二）重点检查项目评估

1.血常规检查

白细胞计数增高。

2.直接镜检

无菌采取肝实质涂片、染色、镜检，可见单个、成双或呈短链排列的革兰氏阳性球菌。

3.细菌纯培养物生化试验

无菌采取病料，接种血液琼脂培养基，37 ℃培养24～48 h，长出黄色透明的小菌落，周围有透明的溶血环；生化反应，该菌可发酵葡萄糖、蔗糖、山梨醇，不分解甘露醇，基本符合链球菌生化特性。

（三）并发症评估

高致病力菌株能引起脑膜炎、关节炎、心内膜炎、脓胸、败血症、肺炎、蜂窝织炎、休克、坏死性筋膜炎和突然死亡等疾病。

【相关知识】

链球菌病是由一大类致病性链球菌引起的人畜共患传染病的总称，犬猫主要以败血症、关节炎、脓肿等为特征。

病原　链球菌为革兰氏染色阳性球菌，呈圆形或卵圆形，不形成芽孢和鞭毛。在病变组织涂片时常见到短链或中等长链排列（图5-7）。大多数菌株为兼性厌氧，最适生长温度为37 ℃，pH 7.4～7.6。致病菌对培养基营养要求较高，在普通培养基上生长不良，需要补充血液、血清、葡萄糖等成分。在血液琼脂平板上形成直径0.50～0.75 mm、边缘整齐、表面光滑的灰白色小菌落。多数致病菌株具有溶血能力。

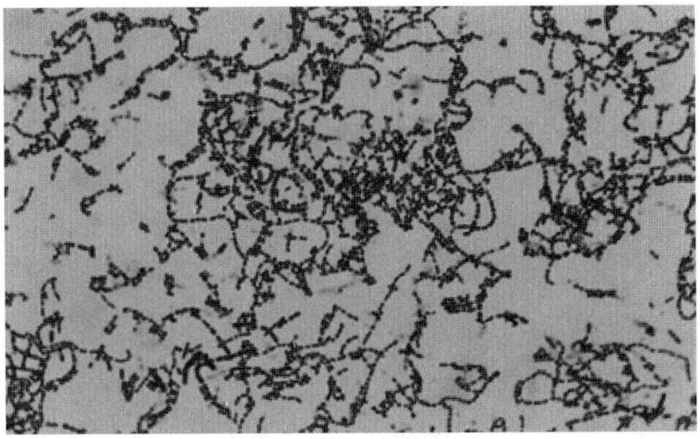

图 5-7　链球菌

据链球菌对氧需求分类可分为需氧、兼性厌氧和厌氧 3 类。根据链球菌溶解红细胞的能力可分为不完全溶血型、完全溶血型和不溶血型 3 类。根据 C 抗原（血清学）不同可分类 A、B、C、D、E、F、G、H、K、L、M、N、O、P、Q、R、S、T、U、V 等 20 个群。大部分犬、猫链球菌病是由 G 群链球菌引起，A 群次之，其他群也可以引起发病。

流行病学　链球菌分布广泛，世界各地都存在，也是犬猫体表、眼、耳、口腔、上呼吸道、泌尿生殖道后段的常在菌群，大多数为条件性致病菌。主要通过呼吸道，其次是皮肤伤口感染，新生动物主要经母畜阴道、脐带而感染，发生败血症。对犬主要危害仔幼犬，成犬多为局部化脓性病灶。

症状　仔犬发病初期表现吸吮无力、空嚼，可视黏膜苍白、黄染，舌苍白，呼吸急促，随后表现腹部膨胀，体温下降，四肢无力，一般在发病后 1～3 d 死亡。

成犬多数突然发病，主要表现为瘫痪，卧地不起，体温 41 ℃。食欲废绝，精神沉郁，不时嗷嗷叫，全身颤抖，四肢游泳状划动，从口流出白色黏稠泡沫，如不及时治疗很快死亡，濒死前角弓反张。

病变　由于感染的链球菌的血清群和毒力不同，其临床病理变化也有一定差异。剖检主要表现为脑膜充血、出血。喉头、气管充血，气管、支气管内有大量白色泡沫，肺充血、水肿。脾脏肿大，质脆。感染部位筋膜有大量渗出液积聚，筋膜和脂肪组织坏死。全身淋巴结有不同程度的充血、出血，切面发暗。

诊断　本病的诊断主要依靠病原学和血清学方法。

直接涂片镜检，无菌取坏死组织、脓汁涂片，革兰氏染色，镜检，发现革兰氏阳性呈链状排列的球菌。单在、成对、成短链状就可以初步诊断。

分离培养鉴定，脓汁或棉拭直接划线接种在血琼脂平板上，37 ℃培养 24～48 h 后观察有无链球菌菌落。本菌可发酵葡萄糖、蔗糖、山梨醇，不分解甘露醇。

血清学方法包括协同凝集试验、荚膜反应试验、平板凝集试验、荚膜多糖的免疫印迹分析等。

二、按医嘱进行治疗

1. 治疗原则

采取隔离治疗的措施，抗菌消炎，以早期、足量、总量控制为原则。同时注意抗毒性休克。

2.药物治疗

一般母犬分娩后应进行全身抗感染治疗，可用青霉素、链霉素等。青霉素 160 万 IU，链霉素 1 g，一次混合肌肉注射，每日 2 次，连用 4 d。仔犬若出现临床症状应结合药敏试验结果，选择敏感抗生素。同时做好保温护理工作。严重病犬可通过皮下或腹腔补液纠正水、电解质平衡。

3.预防

加强饲养管理，增强机体的抵抗力；加强卫生消毒，消除各种诱发因素；对发病的犬猫进行隔离，对其污染的环境进行彻底消毒。

三、宠物出院指导

1.护理指导

为控制本病的发生，应在母犬、猫分娩前后注意环境卫生消毒和母犬猫的卫生保洁，热敷乳房，清洗阴门，断脐消毒彻底。

2.预后

该病发病急，进展快，重症病例多数死亡。

项目十六　犬猫土拉杆菌病的防治技术

【案例导入】

王先生家的猫近期发热、腹泻、步态不稳、喜卧、流脓性鼻汁，出现黄疸现象。经病原分离、动物接种和血清学试验等，确诊为猫土拉杆菌病。

【项目描述】

一、宠物入院症状、诊断评估与记录

(一)一般检查项目评估

1.病史

吸血昆虫叮咬、食用野兔等病史。

2.临床症状

发热、精神沉郁、厌食、黄疸。

3.分离培养涂片镜检

取口腔分泌物，接种于含有半胱氨酸血琼脂平板上，37 ℃培养 24 h，挑取菌落做涂片，可见到大小为(0.3～0.5)μm×0.2 μm，不运动、无荚膜、无芽孢、呈球杆状的菌体。

(二)重点检查项目评估

1. 变态反应

用灭活的土拉杆菌或其内毒素，皮下注射 0.1 或 0.2 mL 后 12～24 h 观察结果。局部发红、肿胀、发硬，疼痛的患犬诊断为阳性。

2. 血清学检查

检测土拉杆菌抗体，用标准菌株制备凝集原，将被检血清稀释，测定效价。

(三)并发症评估

常有化脓性结膜炎、淋巴结肿大、皮肤溃疡。

【相关知识】

土拉杆菌病，又称野兔热，原来发生于野兔等野生啮齿类动物，后来由野兔等传染给犬猫，是一种由扁虱或苍蝇传播的啮齿动物的急性传染病。土拉杆菌可以被用作生物战中的致病病菌，感染者主要表现体温升高、淋巴结肿大、脾和其他内脏的坏死变化。

病原　土拉杆菌病病原是土拉弗朗西斯氏菌(Francisella tularensis)，1912 年发现于美国加利福尼亚州的土拉县，故命名为土拉杆菌。土拉弗朗西斯氏菌为革兰氏阴性球杆菌，菌体大小为(0.3～0.5)μm×0.2 μm，培养物涂片，菌体呈小球形；动物组织涂片，菌体呈球杆状。不运动、无荚膜、无芽孢。从脏器或菌落制备的涂片做革兰氏染色，可以看到大量的黏液连成一片，呈薄细网状复红色，菌体为玫瑰色，此点为本菌形态学的重要特征。

本菌在许多动物体上均能生存，在土壤、水、皮毛、肉中可存活数 10 d，在尸体中可存活百余日。对低温具有特殊的耐受力，在 0 ℃以下的水中可存活 9 个月，在 20～25 ℃水中可存活 1～2 个月，而且毒力不发生改变。本菌对热和化学消毒剂抵抗力较弱，60 ℃以上的温度以及常用消毒药中能很快将其杀死。

流行病学　土拉弗朗西斯氏菌的贮存宿主主要是家兔和野兔以及其他啮齿动物。主要传染源是患病的野兔和其他啮齿类动物污染的饮水、食物、场地等，蚊、蝇、虻、蜱及其他外寄生虫是本病的传染媒介。犬猫吃患病动物肉、内脏及污染物，经消化道感染发病。犬极少有感染的报道，但猫对土拉热菌易感，经吸血昆虫叮咬、捕食兔或啮齿动物而被感染，甚至被已感染猫咬伤等途径均可感染。人因接触野生动物或病畜而感染。本病出现季节性发病高峰与媒介昆虫的活动有关，但秋冬季也可发生水源感染。

症状　土拉弗朗西氏斯菌通过黏膜或昆虫叮咬侵入邻近组织后引起炎症病变反应，在巨噬细胞内寄生并扩散到全身淋巴和组织器官，引起淋巴结坏死和肝脏、脾脏脓肿。

犬患病后症状类似于犬瘟热，体温升高达 41 ℃，食欲废绝，精神委顿，呼吸困难，结膜发绀，后躯不灵活，行动迟缓。体表淋巴结肿大，不久卧地死亡；慢性型的患犬，精神沉郁，食欲减退，不愿活动。粪中混有黏液或血液，经治疗多能康复。

猫感染后，临床上表现为发热、精神沉郁、厌食、黄疸，最终死亡。

病变　脾肿大，肝、脾有黄白色坏死灶，肺有出血点和炎症变化。慢性型，淋巴结肿大甚至化脓。

诊断 根据症状、病理变化难以做出诊断。确诊须作细菌分离培养或动物接种后，涂片镜检。

分离培养涂片镜检：取痰、脓液、血液、肝、脾等病变部位，接种于含有半胱氨酸、卵黄等血琼脂平板上，37 ℃培养 24 h，挑取菌落做涂片，可见到大小为(0.3～0.5)μm×0.2 μm，不运动、无荚膜、无芽孢、呈球杆状的菌体。

动物试验：将病料接种于小白鼠和豚鼠，于接种 2～15 d 死亡。动物常呈特征性变化，并能分离到细菌。

血清学诊断：有凝集反应和荧光抗体法等。其中凝集反应较常用。检测抗原时，将分离到的被检菌株与标准抗血清做玻片凝集反应。检测抗体时，用标准菌株制备凝集原，将被检血清稀释，测定效价。如果采取发病初期和后期的双份血清作凝集反应，后期血清滴度升高的可诊断为本病。

变态反应：用灭活的土拉杆菌或其内毒素，皮下注射 0.1 或 0.2 mL 后 12～24 h 观察结果。局部发红、肿胀、发硬，疼痛为阳性；反应不显著或仅有不明显水肿为怀疑，无任何变化者为阴性。

二、按医嘱进行治疗

1. 治疗原则

立即隔离治疗，早期用药效果好。

2. 药物治疗

治疗主要用链霉素，20～50 mg/kg 体重，肌肉注射，每日 2～3 次，连用数日。此外可用卡那霉素、庆大霉素、先锋霉素等。对症治疗，出血用止血药，发热时可适当注射解热药。

3. 预防

已发生本病的犬场要及时进行消毒。对死兔肉一定要经过高温处理方可喂犬猫。驱除野生动物和吸血昆虫。

三、宠物出院指导

1. 护理指导

采样时应采取适当的防护措施，避免直接接触患病宠物的口腔分泌物和渗出液。

2. 预后

本病传染快，患猫死亡率高。犬经及时治疗多数能康复。

项目十七 犬猫坏死杆菌病的防治技术

【案例导入】

某农户一只家犬的脚趾部散发恶臭气味，伴有脓肿，经兽医诊断为坏死杆菌感染。

【项目描述】

一、宠物入院症状、诊断评估与记录

(一)一般检查项目评估

1. 病史

该犬是否多在低洼潮湿地奔跑。

2. 临床症状

脚趾部散发恶臭气味,伴有脓肿。

3. 镜检

从脓肿处取病料涂片,镜检可发现着色不匀、细长丝状坏死杆菌。

(二)并发症评估

可引发坏死性肺炎、化脓性肝炎和心包炎。

【相关知识】

坏死杆菌病是由坏死杆菌引起的一种慢性传染病。一般多由皮肤、黏膜外伤感染,主要侵害动物的脚趾部,其次是口腔黏膜和皮肤,有时在内脏形成转移性坏死灶。

病原　坏死杆菌是革兰氏阴性多态细菌,从球杆菌到丝,不形成芽孢和荚膜的多形性厌氧菌,小者呈球杆菌(0.5～1.5)μm×1.5 μm;大者呈长丝状,大小为(0.75～1.50)μm×(100～30)μm,且多见于病灶及幼龄培养物中。普通苯胺染料可以着色,用稀释苯酚复红液或碱性亚甲蓝加温染色时,则出现浓淡不均的着色。

流行病学　该病侵害各种哺乳动物和禽类,偶尔也感染人,该菌广泛存在于自然界,在土壤中能生存 30 d,粪便中 50 d,尿液中 15 d。犬不分年龄、性别均可感染发病。常多发于多雨、潮湿和炎热季节,以 5—10 月份最为多见。特别是在饲养管理不良,圈舍潮湿,犬营养缺乏时,最易发病。

症状　病变主要发生在犬的四肢,特别是脚趾部,表现为局部化脓、溃疡及坏死。初期创口下附有少量脓汁,逐步发展为坏死,坏死灶中心凹陷,周围组织比较整齐,并向周围深部健康组织蔓延。重症病例若治疗不及时,往往在内脏器官形成转移性坏死灶而死亡。

病变　病理变化因个体差异而不同,但死亡的犬剖检检查都可以在实质器官发现坏死灶,可引起坏死性肺炎、化脓性肝炎和心包炎,有的在胃肠黏膜有纤维素坏死性炎症。

诊断　临床检查所见各部位的特征性表现、坏死部病理变化(患病肢体病灶有恶臭气味的脓液流出)、特殊臭味和相应的机能障碍,结合流行病学特征,可初步做出疑似诊断。确诊需进行病原学检查。

直接涂片镜检:从坏死病灶的病、健组织交界处采取病料涂片,用苯酚复红或碱性亚甲蓝染色镜检。可发现着色不均、细长丝状坏死杆菌。

细菌分离培养:将采取的病料,立即置厌氧条件下进行接种培养。为防止杂菌污染,最好将病料通过易感动物,获得纯培养后,再做进一步鉴定。或者初次分离时,用含 0.02%结晶紫、0.01%孔雀绿和苯乙基乙醇的卵黄培养基,以抑制杂菌的生长;也有选用新霉素、万古霉

素、链霉素作为抑菌剂的。病料接种后马上放在含有10%CO_2、80%N_2、10%H_2和以冷钯为催化剂的厌氧缸内培养，培养48～72 h后，可见长出一种带蓝色的菌落，中央不透明，边缘有一圈亮的光带。选出可疑菌落，再进一步做纯培养和进行生化特性鉴定。

动物试验：由于病料常有污染，可将病料用生理盐水或肉汤制成悬液，取0.5～1.0 mL接种家兔耳外侧皮下，或0.2～0.4 mL接种于小鼠尾部皮下。实验动物，于接种后2～3 d，接种局部发炎、坏死和脓肿，逐渐消瘦，局部坏死，8～12 d死亡。取死亡动物肝、脾、肺和心脏等组织分离出坏死杆菌，便可做出诊断。

二、按医嘱进行治疗

1. 治疗原则

早发现，早抗菌治疗，防止引发内脏坏死灶。

2. 药物治疗

局部治疗：对患部剪毛，清洗消毒，清除坏死组织、异物等，用3%过氧化氢或5%碘酊按1∶20的比例混合液冲洗创面，然后涂上碘酊，撒上硼酸粉或用提毒散或生肌散，然后用绷带包扎，每隔2～3 d换药一次。病情严重者，应用0.25%普鲁卡因溶液10 mL、联合链霉素(2 500 IU/mL)2 mL进行局部封闭治疗。

全身治疗：可用10%葡萄糖注射液250 mL，配以头孢拉定2.0～3.0 g，地塞米松100 mg静脉注射，5～7 d为一疗程，重症两个疗程基本痊愈。

3. 预防

加强饲养管理，搞好环境卫生，避免皮肤和黏膜损伤。防止动物互相咬斗。

三、宠物出院指导

1. 护理指导

患部要定期清洗消毒，防止继发感染。

2. 预后

局部感染及时治疗，多预后良好。

项目十八　犬猫炭疽的防制技术

【案例导入】

荷兰《兽医学》杂志(1977；102(9)：579-580.)中有一篇报告题目为A case of anthrax in a dog(一例犬的炭疽病例)，报告中描述了一例犬炭疽病例及其传染源，对其临床症状和死后病理变化进行了讨论。炭疽芽孢杆菌在犬胃的内壁、肠系膜淋巴结、血液、肝脏和肾脏中发现。

【项目描述】

一、宠物入院症状、诊断评估与记录

(一)一般检查项目评估

1.病史

询问病犬的生活史和发病情况。

2.临床症状

天然孔出血,死后尸僵不全,血凝不良,皮下及浆膜组织呈出血性浸润和脾脏肿大。

3.实验室化验

炭疽属于国家法定乙类传染病,发现可疑病例,应就地隔离,上报后等待兽医部门采集病料送指定实验室进行化验。

(二)重点检查项目评估

1.病料涂片镜检

皮肤损害的分泌物,痰、呕吐物、排泄物,或血液、脑脊液等病料,显微镜检查发现炭疽芽孢杆菌。

2.细菌分离培养、培养物涂片镜检

分离培养涂片镜检:取病料接种于普通琼脂或血液琼脂平板上,37 ℃培养 18～24 h,观察有无典型的炭疽杆菌菌落,同时涂片做革兰氏染色镜检。

3.血清学检查

血清抗炭疽特异性抗体滴度出现 4 倍或 4 倍以上升高的,诊断为阳性。

(三)并发症评估

炭疽毒素可引发严重的全身性炎症反应,常并发出血性肺炎、胸膜炎、心肌炎、心包炎和脑膜炎等。

【相关知识】

炭疽是一种由炭疽杆菌(Bacillus anthracis)引起的动物源性急性传染病,为人畜共患传染病。在临诊上表现为急性、热性、败血性症状。

图 5-8　炭疽芽孢杆菌 3～10 μm
(在人和动物体外)

病原　炭疽杆菌属于需氧芽孢杆菌属,炭疽杆菌菌体粗大,两端平切或凹陷,是致病菌中最大的细菌。呈竹节状长链,无鞭毛,无动力,革兰氏染色阳性(图 5-8)。在人和动物体外氧气充足,温度适宜(25～30 ℃)的条件下易形成芽孢。芽孢呈椭圆形,位于菌体中央,其宽度小于菌体的宽度。在人和动物体内能形成荚膜,在含血清和苯酚氢钠的培养基中,孵育于 CO_2 环境下,也能形

成荚膜。形成荚膜是毒性特征。

本菌专性需氧，在普通培养基中易培养，易繁殖。只要掘取一点泥土，放在水里煮一会，接种在加了血液的培养基上就可以了。在培养过程中，最适温度为25～30 ℃，最适pH为7.2～7.4，在琼脂平板培养24 h，长成直径2～4 mm的粗糙菌落。菌落呈毛玻璃状，边缘不整齐，呈卷发状，有一个或数个小尾凸起，这是本菌向外伸延繁殖所致。在5%～10%绵羊血液琼脂平板上，菌落周围无明显的溶血环，但培养较久后可出现轻度溶血。菌落特征出现最佳时间为12～15 h。菌落有黏性，用接种针钩取可拉成丝，称为“拉丝”现象。在普通肉汤培养18～24 h，管底有絮状沉淀生长，无菌膜，菌液清亮。有毒株在苯酚氢钠平板、20% CO_2 培养下，形成黏液状菌落(有荚膜)，而无毒株则为粗糙状。大量的炭疽杆菌繁殖在一起可以形成炭疽杆菌菌落。

繁殖体抵抗力不强，易被一般消毒剂杀灭，而芽孢抵抗力强，在干燥的室温环境中可存活20年以上，在皮毛中可存活数年。牧场一旦被污染，芽孢可存活20～30年。经直接日光曝晒100 h、煮沸40 min、140 ℃干热3 min、110 ℃高压蒸汽60 min以及浸泡于10%甲醛溶液15 min、新配苯酚溶液(5%)和20%含氯石灰溶液数日以上，才能将芽孢杀灭。炭疽芽孢对碘特别敏感，对青霉素、先锋霉素、链霉素、卡那霉素等高度敏感。

流行病学　炭疽的传染源主要是牛、马、羊、驴等食草动物，其次是猪、犬、猫等，人是次要的传染源。炭疽病畜及死后的畜体、血液、脏器组织及其分泌物、排泄物等含有大量炭疽杆菌，如果处理不当则可散布传染。对于市民饲养宠物，在没有接触病畜和病兽情况下，无须恐慌。

炭疽杆菌主要通过消化道感染，犬猫因采食被炭疽杆菌污染的宠物粮，或饮用被污染的水，以及在污染牧地活动受到感染；还可通过皮肤感染，主要是由带有炭疽杆菌的吸血昆虫叮咬而感染；通过呼吸道也可感染，由于吸入混有炭疽芽孢的灰尘，经过呼吸道黏膜侵入血液而发病。

症状　潜伏期一般为1～5 d，最长的可达14 d。按其表现不一，可分为以下4种类型：

最急性型：犬猫外表健康，突然倒地，全身战栗，摇摆，昏迷、磨牙，呼吸极度困难，可视黏膜发绀，天然孔流血带泡沫的暗色血液，常于数分钟内死亡。

急性型：犬猫表现兴奋不安，虚弱、食欲减少，呼吸困难，腹泻带血，妊娠宠物多迅速流产，一般1～2 d死亡。

亚急性型：与上述急性型相似，常在颈部、喉部、胸部、腹下等部皮肤或口腔黏膜等处发生炭疽痈，初期硬固有热痛，以后热痛消失，可发生坏死或溃疡，病程可长达1周。

慢性型：多不表现临床症状，多在死后剖检发现淋巴结、肠系膜及肺有病变。

人感染炭疽分为皮肤炭疽、肺炭疽、肠炭疽和炭疽败血症等临床类型，其中皮肤炭疽最为多见，约占98%。皮肤炭疽多见于面、颈、肩、手和脚等裸露部位皮肤，初起为炎性红色丘疹或皮下硬结，轻痒不痛，不久变为大水疱，周围组织水肿发硬。第3～4日疱疹破溃，中心区坏死、出血，其后病变周围出现较密集的小水疱，并出现水肿，水肿区直径可达10～20 cm。第5～7日，坏死区自行破溃并形成浅溃疡，结成稍凹陷的炭末样黑色干痂，炭疽也因此而得名。黑痂于1～2周后脱落，痂下的肉芽组织愈合而形成瘢痕。

诊断　对于原因不明而突然死亡或临诊上出现体温升高、腹痛、痈肿、血便，死后天然孔出血等病状时，首先要怀疑为炭疽病。

细菌学诊断：取血液涂片，用吉姆萨或瑞氏染色液染色，镜检，可以看到单个或短链有荚膜的两端平切竹节状大杆菌，即可确诊。

动物感染试验：将病料用无菌生理盐水稀释5～10倍，对小白鼠皮下注射0.1～0.2 mL，经2～3 d死亡。死亡小白鼠的脏器、血液等抹片，经瑞氏染色镜检，可见多量有荚膜的呈短链的炭疽杆菌。

也可用病料进行培养及炭疽沉淀反应检查。

二、按医嘱进行治疗

1.治疗原则

放弃治疗，对尸体进行严格消毒处理。

2.药物治疗

人患炭疽菌感染，青霉素是治疗的首选药物，宠物感染则放弃治疗。

3.预防

就地隔离，受污染的物品要全部焚毁，污染的环境用有效的方法消毒。

项目十九　犬猫葡萄球菌病的防治技术

【案例导入】

金毛犬，雄性，3岁，体温38.5 ℃，到宠物医院皮肤科就诊。主诉已进行免疫和驱虫，持续半个月时间皮肤上有红色的肿块。打开犬口腔，可见口腔内充满脓性黏稠分泌物，奇臭无比，且舌面严重溃疡，舌乳头已分辨不清。取病犬口腔病料进行细菌培养，分离出葡萄球菌。

【项目描述】

一、宠物入院症状、诊断评估与记录

(一)一般检查项目评估

1.病史

犬食量减少，后完全不食。

2.临床症状

精神沉郁，活动减少，喜坐少叫，口腔奇臭，皮肤上有红色的肿块。

3.涂片镜检

从皮肤处取脓汁采样涂片，革兰氏染色镜检，有单个或堆积的革兰氏阳性球菌。

(二)重点检查项目评估

(1)将脓汁接种在血琼脂平板上，经37 ℃培养24 h，可见直径2～3 mm高度、圆形、不透明、光滑带色泽的菌落。涂片革兰氏染色镜检，可见单个、成堆的无荚膜、鞭毛和芽孢的球菌。

(2)对葡萄球菌有鉴定意义的生化反应，葡萄球菌多数菌株能分解葡萄糖、麦芽糖及蔗糖，

产酸不产气；致病性菌株能分解甘露醇，产酸；DNA 酶和透明质酸酶试验呈阳性。

（三）并发症评估

一般引发化脓性皮肤病。

【相关知识】

葡萄球菌病是由金色葡萄球菌或其他葡萄球菌引起的人畜共患病。犬易发病，猫很少发生。

病原　葡萄球菌为革兰氏阳性球菌，圆形或卵圆形，常呈葡萄状排列，无鞭毛，无荚膜，不产生芽孢，为需氧及兼性厌氧菌。致病性葡萄球菌产生的毒素和酶主要有：葡萄球菌溶血素、杀白细胞素、肠毒素、凝固酶、溶纤维蛋白酶、透明质酸或称扩散因子、脱氧核糖核酸酶等，有的细胞还产生蛋白酶、磷酸酶、卵磷脂酶、溶解酶及脂酶等。

流行病学　葡萄球菌以鼻腔繁殖为主，故鼻腔带菌为主要传染源。多经破损的皮肤和黏膜感染。夏秋季节显著高于冬春季节，进口良种比国产犬发病率高。德国牧羊犬、大麦町犬、沙皮犬、大丹犬、腊肠犬发病率高。

症状　大多为皮肤化脓性炎症。临床上表现为皮肤脓疱疹、小脓疱、毛囊炎、皮肤皲裂和干性脓皮病。表现局部瘙痒，患部被毛中绒毛脱落，皮肤表面出现点状丘疹。由于患部极度瘙痒，病犬不安，用力蹭擦，使患部皮肤破损，产生黄色的渗出物，病灶疼痛，溃疡难以自愈，周围形成光滑的堤状疤痕，长时间长不出被毛。皮下淋巴结也有肿胀。

诊断　一般根据皮肤的症状即可做出初步诊断。选未经用药物治疗的病变皮肤，剥掉痂皮，轻轻刮取创面分泌物，做成涂片，经革兰氏染色后，可看到单个或成串的革兰氏阳性球菌。在培养基中常有双球或短链状排列的革兰氏阳性菌。只有通过培养，分离到葡萄球菌，经生化鉴定才可最后确诊。

生化鉴定：挑取分离株纯培养物接种于精氨酸水解酶（＋）、磷酸酶（－）、果糖（＋）、半乳糖（＋）等生化管内，37 ℃培养，12 h 后观察结果，随后持续观察 1 周。凝固酶试验：取未稀释的兔血浆及生理盐水各 1 滴，分别放于玻片上，挑取待检菌株的单个菌落，分别混于血浆和生理盐水中，立即观察结果。如果与血浆混合后凝集成块，而与对照生理盐水混合后没有任何变化者，则判断为阳性。过氧化氢酶试验：将待检菌落置于干净的玻片上，把浓度为 3% 的过氧化氢滴到菌落上，如有气泡产生者则为阳性。

治疗　根据细菌培养和药敏实验结果选择局部外用抗菌药和全身用抗生素。一般可外涂红霉素、甲硝唑、庆大霉素液、莫匹罗星药膏等，同时可全身注射抗生素，如林可霉素、拜有利、头孢菌素等或口服头孢氨苄、克拉维酸-阿莫西林等。

二、按医嘱进行治疗

1. 治疗原则

经药敏试验，选择敏感药物治疗。

2. 药物治疗

全身疗法：应选用异恶唑青霉素 10～15 mg/kg 体重，肌肉注射；萘夫西林 10～15 mg/kg 体重，肌肉注射；羧苄西林 5 mg/kg 体重，肌肉注射。严重的病犬可合用庆大霉素

1～2 mg/kg 体重，肌肉注射；或卡那霉素 10～5 mg/kg 体重，肌肉注射；也可选用林可霉素、克林霉素、青迪霉素、阿米卡星、头孢霉素（先锋霉素）等。

局部治疗：患部用双氧水处理后，用 75%酒精消毒，涂以红霉素软膏等药物进行治疗，每日 2 次，连用 3 d，多数可痊愈。

3. 预防

注意环境卫生，保持犬舍及用具的清洁，并定期消毒；发病后及时隔离病犬。

三、宠物出院指导

1. 护理指导

加强营养，特别应补充 B 族维生素，提高抗病力。

2. 预后

多数病例预后良好。

学习情境六

犬猫钩端螺旋体病的防治技术

项目 犬猫钩端螺旋体病的防治技术

【案例导入】

某犬场由外地引进种犬20余只。从2011年9月初开始陆续有6只产后母犬发病，症状基本相同，以发热、不食、茶色尿及全身性黄疸为主要症状，经多方治疗无效。随后的数月中又有几家犬场出现有类似症状的病犬，均为近期由外地引进种犬。

临床症状：病犬突然发病，体温升高至39.5～40 ℃不等，精神沉郁，食欲不振，呕吐，腹泻。粪便中带有血样液。几日后，可视黏膜出现黄染，皮肤表面也有黄疸症状出现。呼吸促迫，体表淋巴结肿胀，少尿，尿液呈豆油状黏稠且混浊，机体逐渐脱水，肢体有痛感，不愿运动，之后卧地不起，病程不等，3～7 d死亡。

尸体剖检：死亡病犬全身皮肤出现黄染，眼结膜、口腔黏膜黄染，口腔黏膜溃疡，口中发出类似尿液的恶臭气味，胃肠黏膜肿胀，夹杂有出血，脾脏、肝脏肿胀，而且全部呈黄棕色，淋巴结出血，肾脏肿大，表面有黑紫色斑块，皮质部有灰白色硬块。

采集病犬血液置于暗视野显微镜下观察，看到发亮的钩端螺旋体在液滴中游动。

【项目描述】

一、宠物入院症状、诊断评估与记录

(一)一般检查项目评估

1.病史

宠物入院后问诊病史，了解宠物的基本情况。

2.临床症状

本病的临床症状依感染类型的不同而有变化。

(1)最急性感染：病犬最初可见发热(39.5～40 ℃)、嗜睡、呕吐及脱水，接着可能继发休克、出血而后死亡。

(2)急性感染:此型感染常见的症状包括发热、呕吐、急速脱水、厌食、剧渴、黏膜淤血,并发出血点和出血斑、少尿或无尿、腹部疼痛造成病犬不愿移动、黄疸和前房性葡萄膜炎。病犬在感染发病后的2～3周内会渐渐恢复正常,但广泛性的伤害会造成黄疸和慢性肝炎。

(3)慢性感染:本病大多数的病例属于该类型,其临床症状包括发热、不可逆性的肾脏和肝脏损害,导致慢性肾衰竭和肝衰竭。感染后如果肝肾的损害不是很严重,则在感染后的7～8 d开始恢复。小于6个月的幼犬,不论感染哪一型的钩端螺旋体,都容易有肝病。

3.钩端螺旋体的检测

钩端螺旋体的分离培养不易。如欲迅速诊断,可以采集病犬尿液、组织及血液置于暗视野显微镜下观察,直接检查钩端螺旋体存在与否。可取患犬尿液(发病早期可取血液,中后期可取尿液)以1 500 r/min的速度离心5 min,取沉淀物在低倍显微镜下暗视野观察,若看到似问号样的钩端螺旋体便可确诊;用10%枸橼酸钠液1 mL抗凝,采病犬发热期的血液10 mL,先以1 000 r/min离心约10 min,吸出上层血浆,再以4 000 r/min分离心约90 min弃上清液,取沉淀制成悬滴液,在400～600倍显微镜下暗视野观察,可看到发亮的钩端螺旋体在液滴中游动便可确诊。

4.胸部X线片

可见肺部变化,如轻度至严重不透射线的网状结节和局部的肺泡浸润。腹部超声波可见肾皮质回声增强、肾盂扩张和肾周存在游离液体。

(二)重点检查项目评估

1.血常规检查

初期可见白细胞减少,随病程的演进白细胞数量增加而有白细胞增多症。PCV因脱水而上升,少数因溶血使PCV下降。

2.血清生化检查

因肝脏和肾脏的功能受损,肝肾指数尿素氮BUN、肌酐Creatinine、谷丙转氨酶ALT、谷草转氨酶AST、碱性磷酸酶ALP、胆红素Bilirubin和血磷浓度升高。此外,因肾功能和胃肠道功能受损,造成电解离子的失衡。可能出现低血钠、低血氯、低血钾(肾衰竭则出现高血钾)、高血磷及低白蛋白血症。代谢性酸中毒是肾衰和脱水的结果。

3.尿液分析

包括糖尿、胆红素尿、蛋白尿、颗粒管型、活性尿沉渣、血尿及低尿比重。

4.鉴别诊断

须与其他造成急性肾衰竭、前葡萄膜炎和肝病的疾病做鉴别。

(三)并发症评估

严重感染的病犬因其血小板减少症和纤维分解产物的增加,而导致病犬凝血功能异常。当出现凝血异常时,可能会因出血或弥散性血管内凝血而出现继发性再生性贫血。

【相关知识】

钩端螺旋体病是犬猫和其他动物的急性传染病。本病的特征为短期发热、黄疸、血红蛋白尿、母畜流产和出血性素质等。本病为全世界流行，尤其以热带、亚热带多发。我国也有发生。

病原 钩端螺旋体菌体纤细，长短不一，一般为 6～20 μm，宽 0.1～0.2 μm，具有细密而规则的螺旋，菌体一端或两端弯曲呈钩状（图 6-1），使菌体呈“C”或“S”形状。钩端螺旋体可分为多种血清型。临床上，犬钩端螺旋体病（Canine leptospirosis）的病原主要有五种血清型，即犬型（*Leptospira canicola*）、黄疸出血型（*L. icterohaemorrhagica*）、流感伤寒型（*L. grippotyphosa*）、波摩那型（*L. pomona*）及巴达维亚型（*L. bratislava*）等。其他血清型虽然也会感染犬只，但所造成的影响并不严重。犬型钩端螺旋体主要影响肾功能，进而因肾衰竭而产生尿毒症，其症状包括呕吐、腹泻、口腔溃疡、蛋白尿及神经症状等。黄疸出血型钩端螺旋体主要侵害肝细胞与血管内皮细胞，造成高热、全身性黄疸，以及内脏、黏膜、浆膜之点状出血。流感伤寒型钩端螺旋体主要影响肝、肾功能而产生胃肠道症状及肾衰竭。波摩那型钩端螺旋体亦可造成肾衰竭。

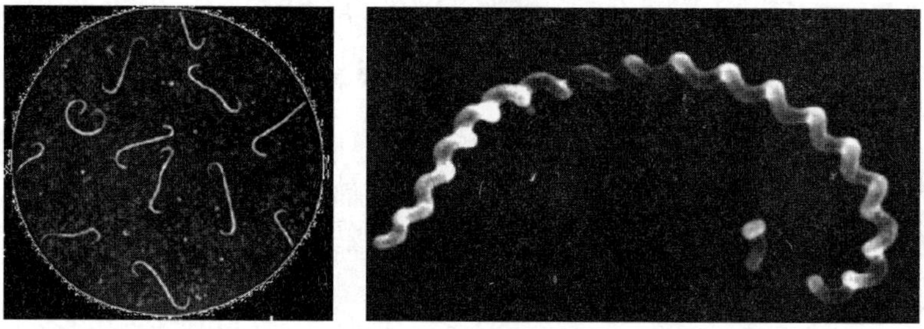

图 6-1　致病性钩端螺旋体

钩端螺旋体的运动方式有纤细轴方向滚动式和横向屈曲式。用视野或相差显微镜观察活体菌效果最好。本菌严格需氧，生长时需要碳长链脂肪酸，维生素 B_1 和维生素 B_{12}，人工培养通常用科索夫培养基和切尔斯培养基，在 28～30 ℃培养 1～2 周。本菌生化反应不活泼，不能发酵糖类，菌体抗原有 S 抗原，位于菌体的中央，但菌体被破坏时表现出凝集原和抗原活性。菌体的表面为 P 抗原，属于脂多糖，有群和型的特异性。本菌对自然界的抵抗力较强，在污染的河水、池水和湿土中可以存活数月，在尿中可以存活 1～2 个月，对光、热、酸碱很敏感，一般的消毒药均能够杀死本菌。对许多抗生素也很敏感。

流行病学 钩端螺旋体通常是由携带者扩散的，但其本身通常无临床症状。细菌主要是存在于携带者的近端肾小管数月或终身，并在尿中排泄，这导致直接或间接传染给其他动物和人。每种血清型都有一个或多个主要的宿主。最常见的携带宿主是鼠类，多以健康带菌的形式传播本病，并形成疫源地。犬是犬型钩端螺旋体的主要携带宿主，但这种血清型的感染很少被诊断，因为它通常只引起轻度或无临床症状。钩端螺旋体在环境选择压力下，会改变它的特异性和毒力。

钩端螺旋体在环境中的存活能力是不定的，取决于水、土壤、温度和湿度。死水可为它提供合适的存活环境，可保持感染力超过 6 个月以上。

本病的传播主要通过污染的水、饲料经黏膜和皮肤感染，吸血昆虫和节肢动物是本病的重要传播媒介；患病动物相互交配、打斗咬伤等也可引起感染。犬猫感染钩端螺旋体后，病菌定居在肾脏，不论发病与否，均能向外界排出大量钩端螺旋体，主要通过尿液排出。因此，患病动物的活动区域均能被病菌广泛污染。即使体内存在抗体时也能间歇性的随尿液向外界排出病菌。有报道可以排菌数年以上。

本病具有明显的季节性，在犬猫的发情季节、春秋季节发病率高，钩端螺旋体病的流行性与降雨有关。在美国和加拿大，钩端螺旋体病与降水量呈明显的正相关。

公犬（4～7岁）和幼龄仔犬的发病率比老龄犬和母犬的发病率高，但无品种倾向。猎犬似乎更易受感染，这可能与它更常接触到野生动物有关。猫较不易被感染。猫钩端螺旋体病的临床报告是罕见的。感染猫会产生快速的免疫反应，并清除病原，但一些猫可能会出现临床症状。室外猫似乎更易受感染。猫最常见的血清型是犬型、赛罗群型、澳大利亚型和黄疸出血型。

钩端螺旋体病是人畜共患病。几乎所有人类感染都直接或间接来自鼠类或家畜，包括犬。

症状　钩端螺旋体感染往往不会引起明显的临床症状。如果发生疾病，其严重程度是不确定的，取决于几个因素，包括年龄、宿主免疫反应、环境因素和感染血清型的毒力。感染犬可出现最急性、急性、亚急性临床表现。潜伏期通常是5～15 d。

在最急性期，存在钩端螺旋体血症，引起突然死亡。急性钩端螺旋体病的特征是发热、精神沉郁、震颤、嗜睡、肌无力、呕吐、脱水和休克以及呼吸困难。有时还出现凝血疾病。通常肝衰和肾衰还来不及发生。

急性病例表现为患犬精神沉郁，体温升高到39.5～40 ℃，食欲减退，眼结膜与口腔黏膜充血与溃疡，舌炎，呕吐，口腔内恶臭，皮肤出现瘀斑、黄疸，血便，呕血，鼻出血，肾区压痛，肌肉僵硬与疼痛，主要表现为肌肉广泛性的触痛和肌肉震颤，心律不齐，气喘或呼吸急促，精神沉郁，四肢无力。病犬严重脱水，出现少尿或无尿的症状。急性流感伤寒型、波摩那型钩端螺旋体常引起急性肾衰竭发展为尿毒症的患犬出现呕吐、血便、无尿、脱水及身体有尿臭味。

亚急性钩端螺旋体病是最常见的。其症状包括发热、厌食、呕吐、脱水和饮欲增加。其他常见的症状包括嗜睡、腹痛、肌痛和腹泻。胃肠紊乱可引起肠套叠。由于肝功能损伤和血管炎，凝血不良会引起出血斑和出血点。肝内胆汁淤积和肝坏死会引起无胆汁粪。最终会发生慢性肝炎，引起肝脑病、体重下降和黄疸。有的还会发生咳嗽和呼吸困难。一些犬还会出现结膜炎、鼻炎和扁桃体炎。由于肾功能渐进性恶化和肝功能不全，可能会出现多饮多尿。有的还可出现少尿或无尿。与人相比，中枢神经系统症状（僵直、辨向不清、后躯瘫痪）罕见于犬。

临床症状通常是非特异的，含有模糊的胃肠道症状、虚弱、多饮多尿和腹痛。在临床中，犬出现黄疸和急性肾衰症状时，在确诊前，必须怀疑钩端螺旋体病。

慢性病例肝脏损害时出现黄疸、食欲废绝，尿液呈黄褐色。多在发病后5～7 d死亡。

猫感染钩端螺旋体病通常无症状，偶尔可见到肾炎、肝炎的症状。血清学检查可以检出相应的钩端螺旋体血清型。

血液学变化：发病初期，白细胞减少，在疾病后期白细胞增加，核左移，血小板减少及贫血。随着疾病的发展，可造成肾脏和肝脏的损伤，血清尿素氮及肌酸酐升高，谷丙转氨酶、碱性磷酸酶、血磷升高。

尿检沉渣中有红细胞、膀胱上皮和肾上皮细胞，偶尔有管型和脓细胞。

病理机制　钩端螺旋体可直接从尿或间接从污染的水、土中进入易感染动物体内。配种、咬伤和胎盘传染也曾报告于犬。钩端螺旋体能穿过擦伤的皮肤和完整的黏膜，如口腔黏膜。一旦进入体内，钩端螺旋体就会快速扩散。钩端螺旋体经皮下、肌肉或腹腔内注射数分钟后，即可进入血流。钩端螺旋体血症可持续到发生临床症状后10 d。它的活力可促进其在组织间的扩散。

钩端螺旋体血症后，钩端螺旋体定居于近端肾小管并从尿液中排出。持续时间和量取决于犬和血清型。犬型钩端螺旋体感染犬的携带时间长，可达 2 年以上。而其他血清型感染犬后，携带时间要明显短得多。肝脏、妊娠子宫和脾也会受损伤，有时还会损伤中枢神经系统和眼。组织损伤的特征是少量病原引起明显的组织损伤，这暗示来自钩端螺旋体或宿主的毒性因素所致。病原因素据认为是其病原性引起的。钩端螺旋体的脂多糖可刺激中性粒细胞的黏附和激活血小板。毒性因素如神经磷脂酶、溶血素也会在感染时释放。这些毒素会引起严重的血管炎，伴有明显的内皮损伤。血管破坏的结果是出现水肿、出血性素质和弥散性血管内凝血。肾内病原聚集会引起肾功能不全和肾衰。肾组织肿胀会减少肾血流，引起肾小球滤过率下降、缺氧和急性肾衰。肝脏感染会引起黄疸、低白蛋白血症和高球蛋白血症及维生素 K 依赖的凝血因子生成减少。黄疸的程度通常与肝坏死的程度成正比。小于 6 月的犬特别易出现肝功能不全。

慢性肝炎和肾脏疾病也与钩端螺旋体感染有关。初始的肝细胞损伤和肝内病原的持续存在会引起肝内循环的改变，纤维化和免疫紊乱，可加重慢性炎性反应。

黄疸出血型能引起严重的肝损伤。而犬型钩端螺旋体和流感伤寒型钩端螺旋体几乎不引起肝损伤。感染血清型与临床疾病间的关系目前仍不清楚。例如，巴达维亚型钩端螺旋体可引起亚临床疾病、急性肾衰或急性肾衰伴有肝衰。

病变 病犬及病死犬可视黏膜、皮肤黄染，呈黄疸样变化，浆膜、黏膜和某些器官表面出血(图 6-2)。舌及颊部可见局灶性溃疡，扁桃体常肿大，呼吸道水肿，肺充血、淤血及出血，胸膜面常见出血斑点。肺脏组织学变化包括微血管出血及纤维素性坏死等；肝大、色暗、质脆；肾肿大，表面有灰白色坏死灶，肾肿大或萎缩，皮质部散在高粱粒至米粒大的灰白色硬块，有时可见出血点，慢性病例肾纤维变性、肾萎缩，解剖检查仅见肾和肝脏炎症，心脏呈淡红色，心肌脆弱，切面横纹消失，夹杂灰黄色条纹；胃肠黏膜水肿、出血、并有出血的斑块；全身淋巴结，尤其是肠系膜淋巴结肿大，呈浆液性卡他性以及增生性炎症。

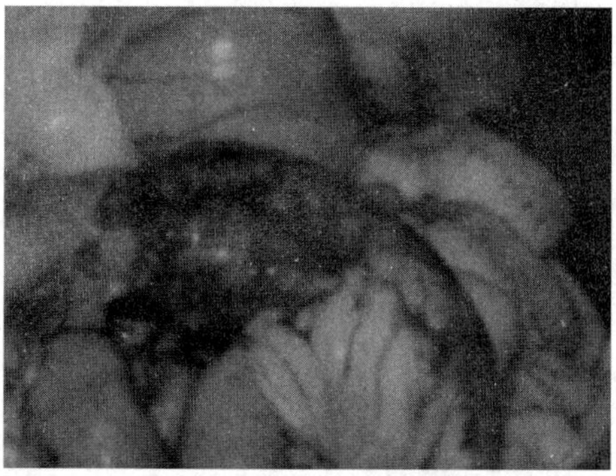

图 6-2　犬钩端螺旋体病(内脏黄染，胰腺出血)

剖检病猫仅见肾和肝脏炎症。可见有出血性肠炎，口、鼻、胸腹膜及肾脏有点状出血，淋巴结出血，肝、脾充血肿大。

诊断 根据临床症状和病理变化，可以做出初步的诊断，确诊需要实验室检查。实验室检查通常包括病原体的直接检查，病料的分离培养、动物实验、血清学检查等方法。

1.病原学检查

早期病犬血液和脊髓液中存在钩端螺旋体，可以采取发病 1 周左右病犬的血液和脊髓液，或发病数日或几日的尿液，或肝脏、肾脏活体穿刺物等作为检材。在洁净试管中加入 1 mL 10％枸橼酸钠，采 10 mL 血，1 000 r/min 离心 10 min，吸出上层血浆，再以 4 000 r/min 离心

90 min，取沉淀镜检。其他检材先制成组织匀浆，低速离心后取沉淀做涂片进行暗视野镜检和染色镜检。

2. 分离培养

取活体检材（肾脏穿刺物、肝脏穿刺物、血液、尿液、脊髓液等）接种到柯托夫或切尔斯培养基上，在 28～30 ℃培养 1～2 周，每隔 6 d 用暗视野显微镜检查 1 次。

3. 动物接种

动物接种可将病料接种于 14～18 日龄的地鼠、乳兔。腹腔注射，每日观察 1 次并进行体温的测定。3 d 左右进行体重的测定。接种 1 周以后，隔日进行采血检查和分离培养。通常在接种的 4～14 d 出现体温升高、食欲减退、体重减轻、黄疸、天然孔出血等症状。将动物进行剖检，采取膀胱尿液、肾脏及肝脏组织进行镜检和分离培养。

4. 血清学检查

用 ELISA 进行检测，可检测出动物感染钩端螺旋体的情况。已进行疫苗注射的宠物，IgG 在体内的水平很高，而 IgM 很低。

二、按医嘱进行治疗

1. 治疗原则

本病的治疗原则为控制感染，对症治疗各种并发症。

2. 药物治疗

钩端螺旋体病是一种严重的疾病，因此应住院治疗。本病的治疗包括抗生素的使用和支持疗法。

（1）抗生素的使用主要是清除血液中的钩端螺旋体，接着清除尿液中的钩端螺旋体。高剂量青霉素、氨苄西林和阿莫西林可清除血液中的钩端螺旋体。早期治疗可抑制细菌的复制和减少器官的损伤，如肝脏和肾脏。多西霉素也对清除钩端螺旋体血症有效。为把钩端螺旋体从肾小管中清除，可使用四环素类、氨基糖苷类或大环内酯类抗生素。钩端螺旋体对磺胺类药物不敏感。氨基糖苷类不可用于肾损伤的病例。

杀灭体内病原体，青霉素是首选药物，以 2 万 IU/kg 体重肌肉注射，每日 2 次，连用 5 d。但青霉素不能杀灭肾脏中的病原体，而链霉素可以杀灭肾脏内的病原体，剂量为 45 mg/kg 体重，肌肉注射，每日 2 次，连用 5 d。等到疾病控制以后，再使用多西环素来控制长期的潜伏病菌。

（2）当钩端螺旋体病引起急性肾衰少尿及无尿时先补充体液，后给予利尿剂。尿毒症时，应用 5% 或 10% 葡萄糖静脉点滴，同时应用速尿 2～4 mg/kg 体重，肌肉注射，每日 2 次。需要时做腹膜透析。

（3）肝功能不良时，用维生素 B_1 100～200 mg、维生素 B_{12} 0.1～0.2 mg，肌肉注射；谷胱甘肽 100～300 mg，口服或静脉注射，每日 1 次；也可投给处方食品等。

（4）支持疗法，脱水及休克时补液，止吐，严重出血时输血。

3. 预防

本病以预防为主，包括三方面：消除带菌排菌的各种动物；消毒和清理被污染的饮水、场地、用具，防止疾病传播；预防接种。

犬钩端螺旋体（犬型、黄疸出血型）二价灭活疫苗，预防保护性强，而且能够防止犬从尿中排出病原污染环境。使用时建议幼犬至少于 8 周龄后（12～16 周龄时）首免，间隔 2～4 周进行第 2 次免疫，以后每年加强免疫 1 次。

过去的 10 到 20 年，全世界最常见的钩端螺旋体血清型是黄疸出血型和犬型，因此，多数疫苗都是它们的灭活疫苗。最近，其他血清型在引起犬钩端螺旋体病中变得越来越重要，特别是流感伤寒型、巴达维亚型和波摩那型。这些血清型之间很少或没有交叉免疫，且目前没有疫苗可对这些新的血清型提供保护。

凡患犬钩端螺旋体病的犬均对人和其他动物的健康构成威胁，应当隔离被感染犬，限制活动性，关笼子，任何与其接触的人都应穿防护衣，并做好清洁卫生工作，控制啮齿类动物。实验室技术人员在处理患病动物的体液时应当特别小心。

三、宠物出院指导

1. 护理指导

监控及保温，给予适当低蛋白质的饮食，可以帮助改善肾衰竭的情形。

2. 预后

多数病例预后不良。

病例分析

2015 年 2 月 10 日，宠物医院接诊 1 只中华田园猎犬。该犬 3 岁，体重 15 kg。主诉：该犬不食、呕吐 3 d，不愿站立，口吐黏液。未进行免疫。基础检查：精神沉郁，体温 40.3 ℃，体温表上粘有血便，轻微黄疸，并且口腔黏膜些许溃烂，挂有黏稠液体，两后肢肌肉紧张僵硬，站立不稳，触诊颌下淋巴结肿大，触压腰部敏感，眼结膜中度发绀。初步诊断为犬钩端螺旋体病。细菌学检查：经尿液离心后用显微镜暗视野检查，可见呈带钩状能翻转、屈曲和快速旋转运动的菌体，确诊为钩端螺旋体。治疗采用链霉素 600 mg，青霉素钾 50 万 IU 混合肌注，2 次/d。维生素 B_{12} 注射液 0.2 mg 肌注。6542 注射液 10 mg，25％葡萄糖 20 mL，缓慢静脉注射。林格氏液 250 mL，加入维生素 C 1 g，ATP 30 mg，维生素 B_6 100 mg，维生素 B_1 50 mg，安钠咖注射液 100 mg，混合静脉滴注。10％葡萄糖 150 mL，苯酚氢钠 1.5 g，氨甲苯酸 100 mg，酚磺乙胺 0.5 g，混合静脉滴注。用 0.1％高锰酸钾水清洗口腔 2 次/d。后用碘甘油涂抹溃疡处。该犬经第 1 次治疗后精神好转，呕吐停止，连续治疗 4 d，于治疗 14 d 后开始进食。

学习情境七

犬猫皮肤真菌病的防治技术

项目　犬猫皮肤真菌病的防治技术

【案例导入】

徐某携一只 3 岁金毛来院就诊，该犬已经生病 5 d。该犬耳部、躯干有椭圆形较大面积脱毛并呈红斑，犬主人在家自己摸索着用药，没去正规的宠物医院就诊，以至于使病情加重。经院医生诊断确诊该犬患有皮肤真菌感染，又称为癣。

【项目描述】

一、宠物入院症状、诊断评估与记录

(一)一般检查项目评估

1.病史

宠物入院后询问病史，了解基本情况。

2.临床症状

主要在头、颈和四肢的皮肤上发生圆形断毛的秃斑或被毛断裂病灶，并向四周扩展，上面覆以灰色鳞屑并呈红斑状隆起，严重时，许多癣斑连成一片。

3.皮肤压片、刮片

采取病料，即自病健交界处用外科刀或镊子刮取一些毛根和鳞屑，做显微镜检查。

(二)重点检查项目评估

1.荧光性检查

取病料在暗室里用伍德氏灯照射检查。观察病料是否发光及发光的颜色。犬小孢子菌感染发出黄绿色的荧光；石膏样小孢子菌感染则少见到荧光；须发毛癣菌感染则无荧光。

2.真菌培养和菌种鉴定

无菌条件下，采集体表真菌，标本接种于葡萄糖蛋白胨琼脂培养基上，置室温或 37 ℃培养

1～3 周。结合真菌常见形态学与生化反应，对菌种进行鉴定。

3. 执行活检

在病变部位活检做病理检查。为容易见到菌丝，可用希夫高碘酸(PAS)染色，使菌丝及孢子表面染成红色，便于观察确定。

4. 电镜检查

使用扫描电镜，观察真菌细微结构及产孢方式，从而鉴定菌种。

5. 聚合酶链式反应(PCR)鉴定

应用 PCR 真菌鉴定技术，可以分析少量的真菌细胞及单个真菌孢子，检测其 DNA。

(三)并发症评估

常与细菌混合感染，引发严重皮肤病。

【相关知识】

犬猫的皮肤真菌病又称癣菌病，是比较常见的皮肤病，病情顽固，可以造成交叉感染。病原微生物是嗜角质的真菌(图 7-1)。广泛存在于全世界，但是各地的流行病学和发病表现，以及感染物种差异较大。温暖湿润的环境更适合癣菌感染。

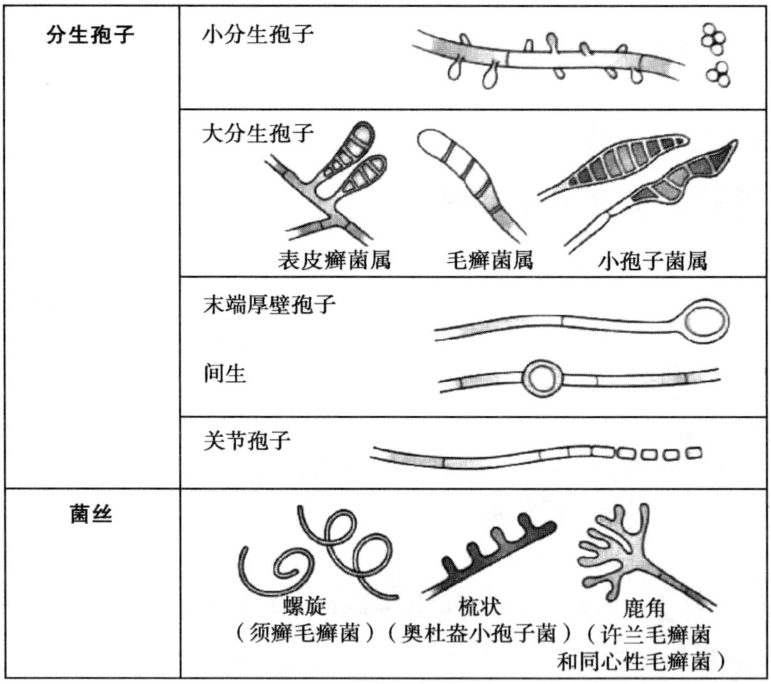

图 7-1　真菌孢子与菌丝

病原　能够引起犬猫皮肤真菌病的病原菌主要是犬小孢子菌(*Microsporum canis*)、石膏样小孢子菌(*Microsporum gypseum*)和须毛癣菌(*Trichophyton mentagrophytes*)。随着犬猫等伴侣动物数量的增加，它们的皮肤真菌病给人类的公共健康事业带来的威胁也越来越大。

真菌感染毛囊和毛干是猫真菌病最常见的感染形式。在全世界，犬小孢子菌都是猫最主要的真菌病病因。实际上,"犬小孢子菌"的命名是一个错误,因为猫才是这种真菌的天然宿主,由于猫对犬小孢子菌很适应,很少出现宿主反应,所以猫(特别是波斯猫或其他长毛猫)经常是这种真菌的携带者,即使发病,炎性反应也比较微弱。

在沙氏培养基中,犬小孢子菌生长快速,于 25 ℃培养下约 7 d 就可长成直径 3～9 cm 的菌落。菌落呈毛状或棉状,平坦或有少许沟槽。颜色从正面看为白色至淡黄色,从反面看为深黄色至黄橙色。

犬小孢子菌的菌丝具有隔膜,可产生大分生孢子(macroconidia)与小分生孢子(microconidia),大分生孢子(图 7-2)是犬小孢子菌最明显的特征之一,为梭形,由 6～15 个细胞组成,其上有不均匀的小刺或瘤状物,外部呈粗糙状并有厚壁结构,大小为(35～110) μm×(12～25) μm。小分生孢子的数量则较少,为单细胞,形状为棒状或梨形。

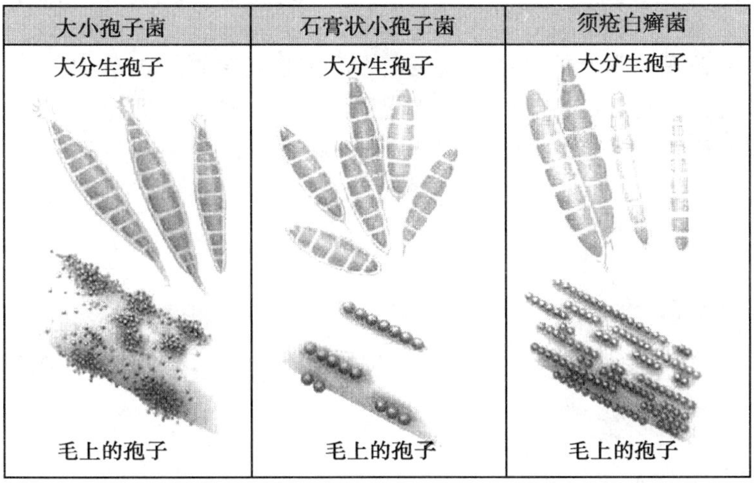

图 7-2　犬猫皮肤真菌的大分生孢子

石膏样小孢子菌在沙氏培养基上,25 ℃培养 7 d,开始为白色菌丝后呈棕黄色粉末状菌落。背面呈米黄色到红褐色。显微镜下大分生孢子丰富,椭圆形或梭形,对称,壁薄,粗糙,有棘状凸起,有 3～6 个分隔。小分生孢子棒形,无柄性着生于菌丝的侧面。可见球拍菌丝、螺旋菌丝及结节菌丝。

须毛癣菌其菌丝可以产生光滑直筒状的大分生孢子与许多小分生孢子。其中大分生孢子直接在菌丝侧向生长,呈棒状或纺锭状,大小约为(4～8) μm×(8～50) μm。小分生孢子呈圆形、梨形、棒状或不规则状,大小为(2～3) μm×(2～4) μm。

流行病学　发病和携带犬小孢子菌的犬、猫是主要的传染源,传染方式是直接传播或通过皮屑及污染物间接传染,而猫真菌病是最常见的人畜共患传染病。当发生白血病或猫免疫缺陷病毒感染时,猫的免疫低下更易表现为病情重、病程长和全身性的真菌病。石膏样小孢子菌主要存在于土壤中,感染多见于趾部的皮肤损伤。须毛癣菌是啮齿动物和兔子的皮肤癣菌病的主要病原,啮齿动物、宠物和兔是主要的传染源。

症状　患有皮肤真菌病的犬猫常常表现为剧痒,其外观多种多样,一般有不同程度的脱屑、脱毛(图 7-3)和结痂。毛发变脆、毛干易断、毛根易脱。毛根萎缩,在显微镜下可见其呈高粱穗样,附有多量竹叶状小孢子,毛干呈管套状,毛干周围包裹着致密的孢子。严重的表现为大面积脱毛，皮肤上可见到红疹（图 7-4），脱毛区覆盖着油性结痂，刮去痂皮裸露潮红或溃烂的表皮。

图 7-3　全身感染癣菌猫（症状可见全身脱毛、色素过度沉着和苔藓化）

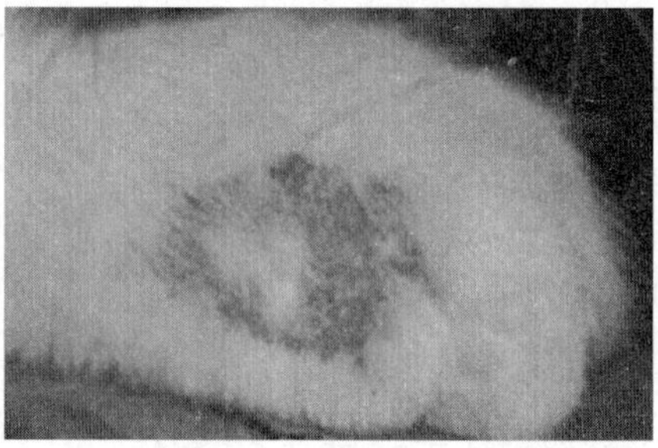

图 7-4　猫感染癣菌出现（爪部脱毛、皮屑和皮肤发红，病灶向周围扩散，中心新的毛发开始生长）

猫真菌病临床表现最典型的是环形病变，圆形脱毛斑在向外扩散的同时，中心已经开始愈合，脱毛斑边缘可见结痂（图 7-5）。毛囊脓疱即使存在也是转瞬即逝。毛囊丘疹经常出现。但不规则的脱毛斑经常是唯一可见的症状。感染毛发断裂，参差不齐，毛茬可能变粗。长毛猫感染真菌时，脱毛及其他症状通常非常轻微（图 7-6）。皮屑和结痂有时没有，有时很严重。

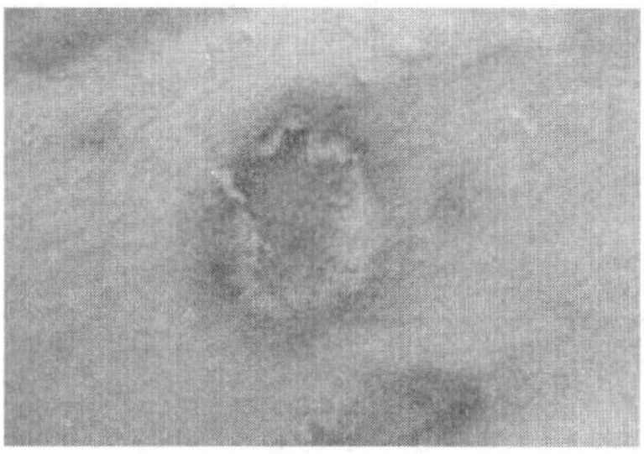

图 7-5　猫躯干向外扩散的癣菌病变，边缘皮肤发红，可见残存的结痂

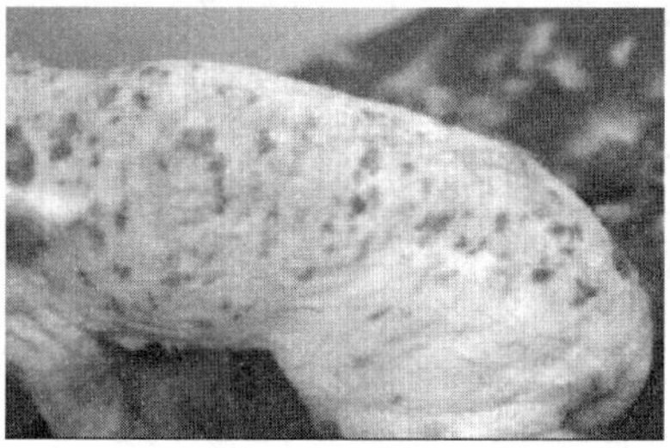

图 7-6　长毛猫剃毛后才显现的脱毛斑

猫真菌感染起始感染部位主要位于面部、耳朵和前肢，最后遍及全身（图 7-7、图 7-8、图 7-9）。伴有少量脱毛的结痂性丘疹也是猫癣菌病的特征性症状之一，这种猫特殊的反应模式被称为“粟粒性皮炎”，不仅是癣菌感染，其他病因也会引起这种症状。癣菌性假足分支菌病和甲感染（甲癣）是猫很罕见的癣菌发病形式（图 7-10）。瘙痒在猫癣菌病并不常见。长毛猫既是癣菌的隐形携带者，也是癣菌病的高发者。不论如何，幼猫和怀孕母猫（与应激有关）肯定是癣菌病最易感的群体。

病变　猫真菌病主要的病理变化为表皮轻度至中度的棘层松懈和过度角化。有些病例会出现浅表表皮脓疱为主的病变（浅表脓疱性真菌病）。皮肤表面的毛发或游离的浅表角蛋白被退变的中性粒细胞包围，形成结痂。毛囊和浅表血管被淋巴细胞、巨噬细胞和中性粒细胞围绕。中性粒细胞数量不等、分布不均，可能伴有少量嗜酸性粒细胞。中性粒细胞群结实地围绕在毛囊外，但是很少进入毛囊腔。如果发现猫毛囊炎，那么癣菌感染的可能性很大。毛囊脓疱含有中性粒细胞和少量嗜酸性粒细胞，破溃后称为疖病，混合的巨噬细胞、中性粒细胞和嗜酸

图 7-7 幼猫面部结痂

图 7-8 波斯猫面部脱毛斑

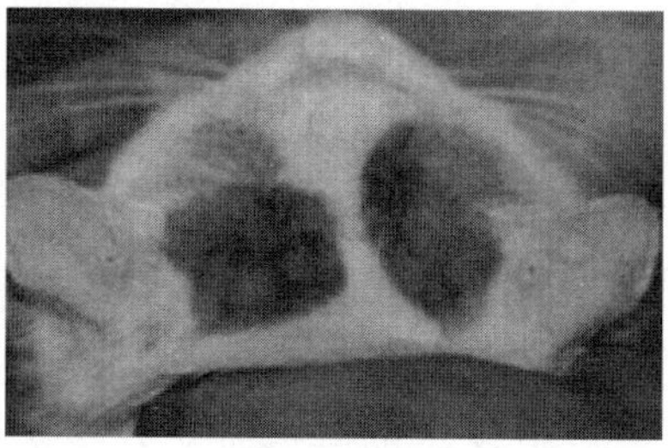

图 7-9 猫癣菌感染造成的双耳廓结痂

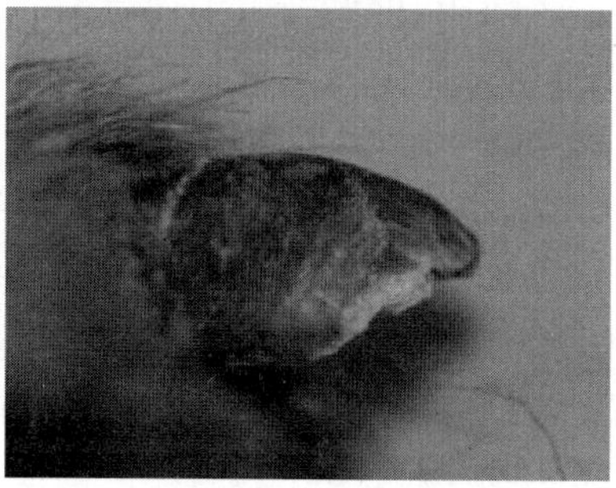

图 7-10 猫全身性癣菌同时也存在甲癣

性粒细胞包围毛发片段。大量有折光性或轻度嗜碱性癣菌孢子和菌丝，定植在皮肤表面以及毛囊内毛发上。

怀疑真菌感染时，通常需要特殊病理染色。一般病理学使用 HE 染色(hematoxylin and eosin，苏木精和曙红)，能将癣菌染色为有折光性的橙粉色。特殊染色包括 PAS(periodic acid-Schiff，希夫高碘酸)和 GMS(Gomori's methenamine silver，格莫瑞乌洛托品银)，PAS 和 GMS 分别能将真菌染色成为鲜红色和黑色，使其在切片中鲜明显现，比 HE 染色更易被发现。有时为了帮助确诊，需要在更深的皮肤部位采样寻找真菌。有些猫真菌病，组织病理学只能看到表皮过度角化，真菌元素却很少，只有依靠特殊染色寻找。应该专门选择非炎性皮肤采样，尤其针对那些只有皮屑或脱毛的病例。

猫真菌病的另一特征是淋巴细胞浸润毛囊中段，形成毛囊壁炎。中性粒细胞紧密排列在毛囊外的炎性变化，以及脓疱性毛囊炎，都是猫真菌病的经典表现，强烈暗示真菌病的存在，即使没有发现真菌也应该做真菌培养来验证。

诊断 用牙刷在犬猫患部、病健结合部梳刷，刷梳时稍用力，其总体方向是从前到后，从上到下，直到牙刷上粘有被毛和皮肤碎屑。刷梳结束后，再用塑料外罩将牙刷封好，送至实验室检验。

直接镜检：将病料放于一载玻片上，加 1 滴 10%KOH 制片，于显微镜下观察到菌丝和孢子，即可诊断为真菌病，对那些具有特殊形态的真菌可以确诊。

培养、菌种鉴定：将标本接种于沙氏葡萄糖琼脂培养基，置于 28 ℃恒温培养 3 周。培养期内逐日观察，并钩取单个菌落接种于上述培养基的试管斜面上进行纯培养。在犬小孢子菌感染时，可见到培养基中心无气生菌丝，覆有白色或黄色气粉末，周围为白色羊毛状气生菌丝的菌落。在石膏状小孢子菌感染时，可见到中心隆起一小环，周围平坦，上覆有白色绒毛样气生菌丝，菌落初呈白色渐变为棕黄色粉末状，并凝成片。石膏状毛癣菌菌落呈绒毛状，菌丝整齐，可表现多种色泽，中央凸起。疣状毛癣菌在沙氏培养基上生长极为缓慢，分离阳性率甚低，添加盐酸硫胺肌醇酪蛋白琼脂培养基或添加硫酸铵-脑心浸液琼脂培养基 37 ℃分离培养良好。根据在培养基上的生长状况、菌落的性状、色泽、菌丝孢子与特殊器官等形态特征确定菌种，必要时用乳酸棉酚蓝染色液进行染色，制片镜检。如果使用以上方法不能诊断时，可以使用鉴别培养基进行鉴别培养。常用的鉴别培养基有米饭培养基、马铃薯葡萄糖琼脂培养基、1%葡萄糖玉米粉琼脂培养基、尿素琼脂培养基。

荧光性检查：取病料在暗室里用伍德氏灯（Wood's lamp）照射检查。开灯 5 min 得到稳定波长以后再使用，可见到犬小孢子菌感染发出黄绿色的荧光；石膏样小孢子菌感染则少见到荧光；须发毛癣菌感染则无荧光。

组织病理学检查：在病变部位活检做病理检查，是一种可靠的检查方法。为容易见到菌丝，可用 PAS 染色，使菌丝及孢子表面染成红色，便于观察确定。近年来，通过免疫组化及荧光抗体染色法进行诊断，使真菌病的组织学检查又向前推进了一步。

电镜检查：有些用常规方法无法鉴定的菌种，可用电镜帮助鉴定。一般使用扫描电镜，观察真菌细微结构及产孢方式，从而鉴定菌种。

分子生物学检测：在真菌鉴定中应用 PCR 技术，可以分析少量的真菌细胞及单个真菌孢子，检测其 DNA，对一些致病真菌已经设计出特定的引物来鉴定菌种；选择通用寡核苷酸及特异性引物检测其核苷酸系列。分子生物学方法还处于研究阶段，尚不能作为常规方法使用，但其具有广大的发展前途。

治疗

1. 外用抗真菌药

20 世纪 70～80 年代研制出的联苯苄唑、酮康唑霜剂透皮性强，有一定的疗效。20 世纪 90 年代初研制的丙烯胺类药物，其 1%霜剂或溶液剂，对皮肤真菌有较好的抑菌作用，疗效较前几种药物好。但应注意，单用外用药不易治愈，必须口服抗菌药物治疗。

2. 内用抗真菌药物

(1)多烯类抗真菌药物，如制霉菌素、两性霉素 B 脂质复合物，有一定的效果，但副作用较大。其中，两性霉素 B 在化疗后的抗真菌中效果较好，但是副作用较大，价格十分昂贵。

(2)灰黄霉素。此药的超微粒吸收良好，对皮肤真菌的效果较好。长期内服会损伤肝脏。使用时可按每日 30～40 mg/kg 体重，拌料，连用 4 周以上，妊娠动物忌用。

(3)酮康唑。广谱抗真菌药，由于对肝脏有一定的毒性故不能长期服用。使用时，可按每日 10 mg/kg 体重，分 3 次口服，连用 2～8 周，服药期间忌喂牛奶与碱性食物，偶有过敏反应。

(4)氟康唑。三唑类药物，既可以口服又可静脉给药，抗菌谱广。主要抑制真菌的羊毛固醇 C14 去甲基反应，使麦角固醇合成受阻，可抑制浅部真菌病，并且肝毒性较小。

(5)伊曲康唑。三唑类抗真菌药。其作用机制主要是干扰麦角固醇的合成，作用于真菌细胞色素 P450 酶系统，使麦角固醇不能合成，使真菌的细胞膜通透性增加及细胞壁的甲壳质合成受影响，造成真菌细胞内物质漏出或被宿主的细胞吞噬引起真菌细胞死亡。此药的毒性很低，对内分泌无影响。

(6)特比萘酚。第二代丙烯胺类的抗真菌药物，其突出的优点在于具有杀菌和抑菌的双重作用，主要通过抑制真菌角鲨烯环氧化酶，导致角鲨烯聚集，脂滴沉积于细胞壁及细胞质内，引起细胞膜破裂达到杀菌的目的；其次可导致麦角固醇的缺乏，真菌细胞膜的生长受干扰，真菌停止生长，达到抑菌的目的。利福平可加速特比萘酚的代谢，而西咪替丁可抑制之，故合用时应调整剂量。

二、按医嘱进行治疗

1.治疗原则

急性病例病程在2～4周，慢性病例数月甚至数年。需要反复治疗。

2.药物治疗

发现病犬要及时隔离治疗。灰黄霉素25～50 mg/kg体重，分2～3次内服，连服3～5周，对本病有很好的疗效。在用全身疗法的同时，患部剪毛，涂制霉菌素或多聚醛制霉菌素钠软膏，可使患犬在2～4周内痊愈。

3.预防

搞好犬皮肤清洁卫生，经常检查被毛有无癣斑和鳞屑；加强对犬的管理，避免与病犬接触。

目前在美国已经有疫苗，但它不能完全预防真菌感染，只能减轻发病率和发病程度。在美国的养猫场和家庭饲养多只猫的情况下，由于治疗每个感染猫群比较困难，一般采取注射真菌疫苗的方法进行预防和控制感染。

三、宠物出院指导

1.护理指导

在治疗的同时，应特别注意犬舍器具、拴犬的桩柱等的消毒。2％～3％氢氧化钠溶液、5％～10％漂白粉溶液、1％过氧乙酸、0.5％氯己定溶液等，都有很好的杀灭真菌的效果，可选用。

2.预后

患病犬症状明显好转，红斑褪去，皮肤光滑，褪毛部位也有新毛长出。

学习情境八

犬猫莱姆病的防治技术

项目　犬猫莱姆病的防治技术

【案例导入】

首例犬莱姆病于1984年由美国的Lissman等报道，比利时的P. Mckenna等报道了1992年在欧洲发现两例这种犬病，在犬的头和颈部发现蜱虫，患病犬的四肢有非创伤性跛行，全身性虚脱，厌食，疲乏。其中一病犬的三叉神经、面部神经、舌咽神经和迷走神经出现间歇性麻痹。另一例体温升高，淋巴结肿大，关节肿胀，触痛，白细胞增多和急性炎症。

【项目描述】

一、宠物入院症状、诊断评估与记录

(一)一般检查项目评估

1.病史

是否接触过蜱虫。

2.临床症状

体温升高、厌食、疲乏、关节炎、跛行、淋巴结肿大。

3.实验室检验

(1)进行ELISA试验，寻找犬体内的抗体。如果ELISA检测为阳性，则应进行进一步的确认性检测。接种过疫苗或患立克次氏体感染的犬在ELISA检测中也会呈阳性。

(2)可用免疫印迹法和细胞系免疫测定法(LIA)进行额外的确认性检测。免疫印迹有助于区分感染性抗体和免疫接种产生的抗体。

(3)针对感染源抗体的肽基检测。这通常被称为C_6检测，可用于确定抗原的存在，但并不意味着就存在临床疾病。

(4)关节液分析可用于确定跛足的原因和排除其他感染。

(二)重点检查项目评估

(1)血常规检查,白细胞总数增多或正常。

(2)X 光检查,受累关节周围出现软组织肿胀影,可对肿胀或跛足的关节进行 X 光片检查。关节肿胀(积液)是莱姆病常见的表现,除了这个问题,X 光片中的其他方面应该都是正常的。

(3)采集血、脑脊液及病变皮肤等病料,应用病原菌分离技术检出伯氏疏螺旋体。

(三)并发症评估

脑膜炎、脑神经炎、心肌炎、心包炎、关节炎。

【相关知识】

莱姆病(Lyme disease) 又称疏螺旋体病(Borreliosis),是由伯氏疏螺旋体引起的多系统性疾病,也是一种由蜱虫传播的自然疫源性人畜共患病。本病与犬、牛、马、猫及人类的多关节炎有关。本病最早于 20 世纪 70 年代中期发现于美国康涅狄克州莱姆镇。我国于 1986、1987 年在黑龙江省和吉林省相继发现本病,至今已证实有 18 个省、区存在莱姆病自然疫源地。

病原　本病病原为伯氏疏螺旋体(Borrelia burgdorferi)。菌体形态似弯曲的螺旋,呈疏松的左手螺旋状,有数个大而疏的螺旋弯曲,末端渐尖,有多根鞭毛。长度 5～40 μm 不等,平均约 30 μm,直径为 0.18～0.25 μm,能通过多种细菌滤器。革兰氏染色阴性,吉姆萨染色着色良好。微需氧,营养要求苛刻,但在一种增强型培养基 Barbour-Stoenner-KellyⅡ(BSK-Ⅱ)上培养生长良好。最适的培养温度为 33～35 ℃,培养 5 d 后即能传代,但在体外连续传 10～15 代可能丧失感染动物的能力。从蜱中较易分离到螺旋体,而从患病动物和人体中分离则较难。不同地区分离株在形态学、外膜蛋白、质粒及 DNA 同源性上可能有一定的差异。

流行病学　伯氏疏螺旋体的宿主范围很广,自然宿主包括人、牛、马、犬、猫、鹿、浣熊、狼、野兔、狐及多种小啮齿类动物。从多种节肢动物(包括鹿蝇、马蝇、蚊子、跳蚤)分离到伯氏疏螺旋体,但最主要是通过感染蜱的叮咬来传播。美国学者认为,莱姆病螺旋体从动物传播到人的主要生物媒介是蓖麻硬蜱种群,北美是鹿蜱、肩板硬蜱和太平洋硬蜱,欧洲主要是蓖麻硬蜱。

我国医学研究人员调查研究证明,莱姆病在我国分布范围广泛,东北林区、内蒙古林区和西北林区是莱姆病主要流行区。不同地区发病季节略有不同,东北林区为 4—8 月,福建林区为 5—9 月。从 10 种媒介蜱分离出伯氏疏螺旋体,其中全沟硬蜱是我国北方莱姆病螺旋体的主要生物媒介,而在南方地区二棘血蜱和粒形硬蜱可能是相当重要的生物媒介。从姬鼠到华南兔等 12 种小型啮齿类动物分离到伯氏疏螺旋体,其中姬鼠类可能是主要的贮存宿主。对大型动物血清学检验结果,犬感染率在 38%～60% ,牛在 18%～32% ,羊在 17%～61%。这些大动物在维持媒介的种群数量上起着重要作用。

螺旋体存在于未采食感染蜱的中肠,在采食过程中螺旋体进行细胞分裂并逐渐进入到血腔中,几小时后侵入蜱的唾液腺并通过唾液进入叮咬部位。菌体在蜱体通常可发生体内传递,而经卵传递极少发生。犬和人进入有感染蜱的流行区即可能被感染。另外伯氏疏螺旋体也可能通过黏膜、结膜及皮肤伤口感染。

症状　病犬体温升高,食欲减退,精神沉郁,嗜睡。关节发炎,肿胀,出现急性关节僵硬和跛行,感染早期可能有疼痛表现。急性感染犬一般不出现关节肿大,所以难于确定疼痛部位。

跛行常常表现为间歇性，并且从一条腿转移到另一条腿。有的病例出现眼病和神经症状，但更多的病例发生肾功能损伤，如出现蛋白尿、血尿和脓尿等症状。

犬患莱姆病较明显的症状是经常发生间歇性非糜烂性关节炎。多数犬反复出现跛行并且多个关节受侵害，尤以腕关节为最常见。

人患莱姆病所表现的慢性游走性红斑，在犬中未见报道。

莱姆病阳性犬可能出现心肌功能障碍，病变表现为心肌坏死和赘疣状心内膜炎。在流行区，犬常出现脑膜炎和脑炎，与伯氏疏螺旋体的确切关系还未完全证实。

自然感染伯氏疏螺旋体犬可继发肾病——肾小球肾炎和肾小管损伤，出现氮血症、蛋白尿、血尿等。

猫感染伯氏疏螺旋体主要表现为发热、厌食、精神沉郁、疲劳、跛行或关节肿胀。

诊断　莱姆病感染的症状一般只表现低热、关节炎和跛行等，容易与其他疾病相混淆，在诊断时应注意了解病史。首先，本病的发病高峰与当地蜱类活动的高峰季节相一致；其次，患病动物进入过林区或被蜱叮咬过(特别是猎犬）。

体检时可能发现一个或多个关节肿大，或者外表正常，关节在触诊时有明显的疼痛表现。莱姆病可以从典型的临床表现症状和血液测试来诊断。但是应该注意的是在患莱姆病的早期，其血液测试仍可能呈现阴性反应。所以只有在病后期做血液测试才能得到可靠的阳性反应结果。

1.免疫荧光抗体技术和酶联免疫吸附试验

是较为精确的诊断技术。血清效价低于 1∶128 判为阴性；(1∶128)～(1∶256) 为弱阳性；1∶512 或更高为强阳性。有临床症状而血清学检验呈阴性时，应在 1 个月后再检验。血清效价高而未表现临床症状者，说明为近期接触过伯氏疏螺旋体，1 个月后再检验，如果血清效价升高说明正被感染。检验关节液中的抗体更有利于确诊。现已有医用 ELISA 试剂盒。免疫印迹技术从 90 年代应用于医学临床诊断，可以判断 IFA 和 ELISA 的真假阳性，可用于血清标本抗体检测。

2.病原分离鉴定

分离伯氏疏螺旋体比较困难，但已有人成功地从野生动物、实验动物及血清学阳性犬的不同组织和体液中分离到该菌。应用 BSKⅡ培养基可以使病原分离工作进一步改善。

3.聚合酶链式反应(PCR)鉴定

根据伯氏疏螺旋体独特的 5S-23S rRNA 基因结构设计的引物检验蜱和动物样本(包括尿液)，不仅能检测出伯氏疏螺旋体，而且同时可以检测出感染菌株的基因型。

二、按医嘱进行治疗

1.治疗原则

清除病原体，尽早抗菌和对症治疗。

2.药物治疗

对有莱姆病症状或者血清学阳性犬应使用抗生素治疗 2～3 周。可选用四环素，按 15～25 mg/kg 体重，每 8 h 给药 1 次；强力霉素，按 10 mg/kg 体重，每 12 h 给药 1 次；头孢霉素，按 22 mg/kg 体重，每 8 h 给药 1 次。氨苄西林、红霉素等对伯氏疏螺旋体也有一定的疗效。

感染动物用抗生素治疗后很快见效。如治疗有效，应在 1～3 个月之后再做一次血清学检验。如治疗效果不佳，应考虑选用另一种抗生素或做进一步诊断。

3. 预防

国外已有犬莱姆病灭活疫苗上市，犬只可接受莱姆病疫苗预防注射。初次免疫后，间隔 2～3 周施打第二剂莱姆病疫苗，之后每年补强一次。

在不能完全依靠疫苗来进行预防的情况下，可以考虑减少犬被感染的机会，如控制犬进入自然疫源地；应用驱蜱药物减少环境中蜱的数量；定期检查动物身上是否有蜱，如有，应及时清除以减少感染机会；给犬戴驱杀蜱项圈等。

三、宠物出院指导

1. 护理指导

主人要在犬户外活动完后做例行性的检查，尤其犬在比较高的草丛或灌木丛中逗留较久的时间之后，更要详细检查。

要除去皮肤上的蜱虫时，可以使用小型的镊子尽量夹住靠近表皮上蜱虫的嘴部，向外垂直拔出，再用消毒水涂抹叮咬处。将取得的蜱虫浸入酒精中杀灭，保存并标示日期，因为以后如果有任何症状时，尽快确认这些蜱虫将有助于确认病因。

2. 预后

本病如注意预防，能做到早期发现、及时抗病原治疗，预后一般良好。部分病例预后不良。

学习情境九

犬猫衣原体病的防治技术

项目　犬猫衣原体病的防治技术

【案例导入】

一只德国牧羊犬，雌性，2岁，出现精神沉郁，厌食，呕吐，之后呼吸加快而深。临床检查见口鼻有黏性分泌物，眼睛周围有干酪样分泌物，体温稍高。经了解该犬主人不但养犬，还有养鸟的爱好，经常拎鸟遛狗。经宠物医生诊断为衣原体感染。

某宠物医院里有一只患病的猫，需要每日给它打干扰素、输液，强行灌水和营养膏，体温升高，眼底和鼻子流出脓性分泌物。经医生详细诊断，确定此猫患有衣原体性肺炎，属于鹦鹉热衣原体引起的猫的一种高度接触性传染病。如果人和病猫过多接触，本病也可传染给人，引起滤泡性结膜炎，属于人猫共患病。

【项目描述】

一、宠物入院症状、诊断评估与记录

(一)一般检查项目评估

1.病史

是否有鸟类接触史。

2.临床症状

呼吸困难，眼睛、鼻子有脓性分泌物，体温升高。

3.衣原体抗体检测

应用动物衣原体抗体检测试剂盒(试剂盒可用于检测猫、犬、兔、小鼠血清中的特异性衣原体抗体)。

(1)检测原理。采用渗滤式免疫胶体金技术，利用金颗粒作为示踪剂，选择性捕捉标本中特异性抗体。斑点反应板上的固相衣原体抗原特异地与标本中的衣原体特异性抗体结合形成复合物，胶体金标记的第二抗体(IgG、IgM、IgA)再与复合物结合，形成肉眼可见的红色线条。

(2)试剂及用品。金标反应板1套，金标试剂A液(洗涤液)1瓶，金标试剂B液(金标液)1瓶，使用说明书1份。

(3)操作方法。在反应板中间加2滴洗涤液，待液体充分吸入；取100 μL标本血清加入反应孔中间，待液体充分吸入；小心揭掉红色滤盖，在反应板中间加2滴洗涤液，待液体充分吸入；在反应孔中间加4滴金标液，待液体充分吸入；在反应孔中间加2滴洗涤液，待液体充分吸入，观察结果。

(4)结果判断。反应板中央出现"十"字红线为阳性，只出现"一"字红线为阴性；横线与竖线均不出现或仅出现竖线为试剂失效或操作有误，应当重新测试。

(二)重点检查项目评估

1. 出现严重呼吸困难症状

应拍胸部X线片，判定患犬猫是否发生肺部和支气管感染。

2. 衣原体感染

可通过刮取眼结膜上皮细胞进行涂片，采用吉姆萨染色、镜检，如在细胞内发现嗜碱性核内包涵体可诊断为衣原体感染。

(三)并发症评估

多数病例出现结膜炎、鼻炎和肺炎。

【相关知识】

衣原体是一类严格的细胞内寄生、具有特殊的发育周期、能通过细菌滤器的原核型微生物。衣原体可以引起哺乳动物、禽类及人发生共患传染病，尤其鸟类自然感染严重。广泛分布于世界各地，为重要的传染源。世界上对禽、鸟、猫和人衣原体病的报道较多，唯有犬的衣原体病报道少见。

病原　鹦鹉热衣原体(*Chlamydia psittacci*)，属于衣原体目衣原体科衣原体属中的一种微生物，严格细胞内寄生。圆形或椭圆形，直径约0.3 μm，在细胞空泡中增殖，形成疏松包涵体，但不限于在包涵体内增殖，各阶段增殖形成的包涵体遍及宿主的细胞质。在形态上分为形态小的原生小体和体态大的始体(图9-1)，原生小体吉姆萨染色呈紫色、马基维罗氏染色呈红

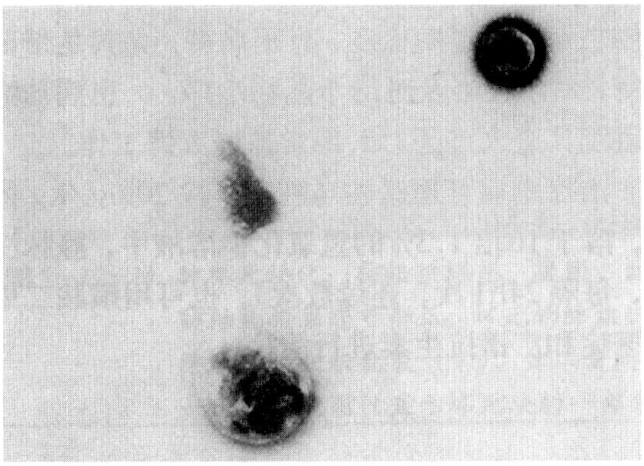

图9-1　电镜下的衣原体形态：大颗粒的为始体，小颗粒的为原生小体

色，在体外有高度感染性；体态大的始体，吉姆萨染色呈蓝色，马基维罗氏染色也呈蓝色，是细胞内的繁殖体，无感染性。本菌革兰氏染色呈阴性。

鹦鹉热衣原体能产生一种红细胞凝集素，是一种卵磷脂核蛋白复合体，能凝集小鼠和鸡的红细胞，一旦与红细胞结合，便不能分离下来（图 9-2）。特殊性抗体和钙可抑制其凝集作用。

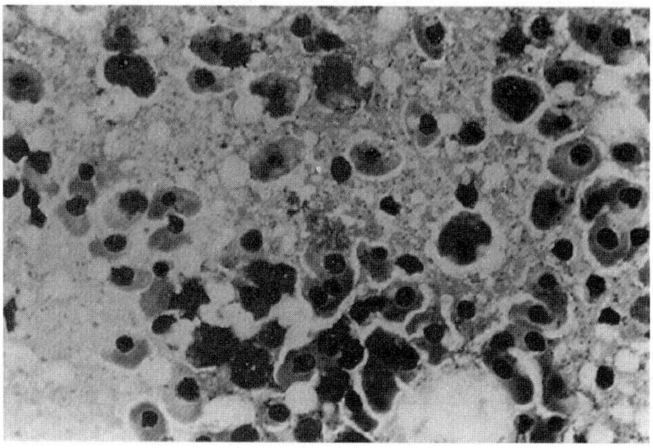

图 9-2　感染鸡胚的卵黄囊膜涂片中的衣原体颗粒

流行病学　鹦鹉热衣原体是自然性疫源，可在哺乳动物之间传播。鸟类多为隐性持续感染，甚至终生携带。当鸟长途飞行导致过度疲劳或营养不良等因素造成机体免疫力下降时，可感染发病或死亡。哺乳动物可通过垂直、蚊虫叮咬和粪口等途径传播。

症状　猫衣原体病表现为结膜炎、鼻炎、肺炎、繁殖障碍、流产、肛门红肿等。

猫衣原体感染最常与单侧或双侧结膜炎和结膜水肿相关。猫在感染 5～10 d 内出现临床症状，可引起结膜炎。病初出现猫眼斜视、眼睑痉挛充血、结膜浮肿、过度流泪，继而出现黏脓性分泌物、分泌物呈黄色或绿色，形成滤泡性结膜炎。新生猫可能发生眼炎，引起闭合的眼睑突出及脓性坏死性结膜炎。自然病例通常也可发生单侧性黏脓性结膜炎，潜伏期为 3～10 d，5～7 d 发展到对侧眼双侧结膜炎，充血。发病后 9～13 d 症状特别明显，一般 2～3 周消退。有些猫可能会继发细菌感染、支原体感染、角膜、角膜翳和角膜溃疡（图 9-3）。病猫食欲不振，不愿活动。

猫衣原体感染很少表现出呼吸道症状，偶见患猫出现鼻炎、局限性肺炎。鼻炎的病猫出现阵发性打喷嚏和流鼻液，病重的继发支气管炎和肺炎，出现呼吸困难、咳嗽、发热、流脓性鼻液、萎靡、倦怠等症状，鼻腔、口腔黏膜甚至出现溃疡灶。有些猫即使治疗，临床症状也要持续数周，极少数的猫会出现复发。

衣原体可散布于猫消化道和生殖道中，引发肛门红肿（图 9-4）、繁殖障碍、流产。

犬的衣原体感染病例报道较少，犬感染可能引起结膜炎、肺炎、繁殖障碍、流产及脑炎综合征。

病变　病变多局限于上呼吸道、眼结膜、鼻腔、咽喉及气管。黏膜充血、潮红，气管内有浓稠的黏液。肺尖叶常有淡红色至灰红色的实变区。支气管和肺泡内充满含有泡沫的浆液性渗出物。结膜发炎的反应突出，在疾病早期中性粒细胞、淋巴细胞、浆细胞和巨噬细胞浸润，这些细胞及结膜上皮细胞内含有衣原体。

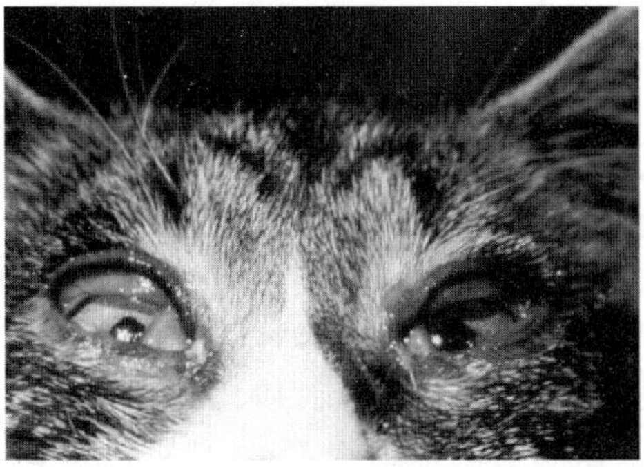

图 9-3　角膜溃疡

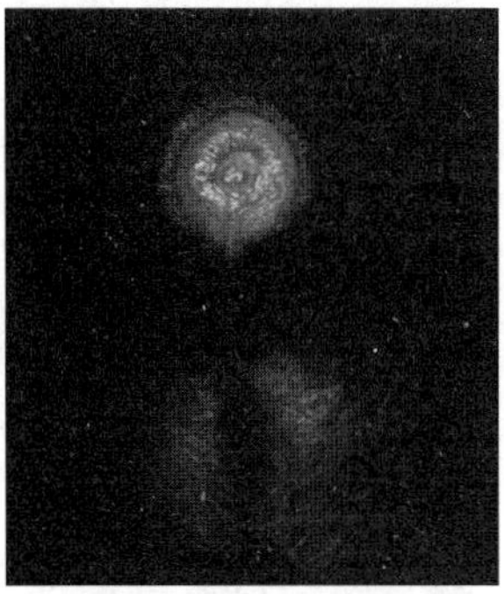

图 9-4　肛门炎症

诊断　依据临床症状，结膜刮出物或分泌物，涂片染色，在结膜上皮细胞内会发现包涵体。这些诊断都有很大的不确定性。原因是猫衣原体常常和猫的一些病毒性疾病并发。往往在临床上强调了病毒性疾病的治疗，而对衣原体的感染按照继发的细菌感染处置。

实验室诊断：病料涂片染色镜检、动物接种、补体结合试验、酶联免疫吸附试验、琼脂免疫双扩散试验及间接血凝试验，均可确诊。

鹦鹉热衣原体在鸡胚卵黄囊及猴肾细胞培养中易于生长，并能感染小鼠使其发生肺炎、腹膜炎或脑炎而致死。

鹦鹉热衣原体还能产生一种红细胞凝集素，能凝集小鼠和鸡的红细胞。这种凝集素为卵磷脂核蛋白复合物，其作用可被特异性抗体及 Ca^{2+} 所抑制。

病原体分离：可采取血液或痰液。痰液宜加链霉素处理。注射至小鼠腹腔及鸡胚卵黄囊内，接种动物常于 7～10 d 内死亡。剖检后取脾、肺、肝等涂片涂色，查看有无衣原体及嗜碱性包涵体。结果阳性时，再进行血清学鉴定。

血清学试验：患本病后常可检出特异性抗体升高。补体结合抗体在体内维护时间较长，可在病初期及后期采取双份血清标本进行试验。如后期血清比早期血清抗体滴度高 4 倍或以上，则有诊断意义。此外，还可进行血凝抑制试验。

犬猫出现繁殖障碍或是不明原因流产的症状，可用棉拭子采集流产组织进行衣原体 PCR 的检测。

二、按医嘱进行治疗

1. 治疗原则

应用抗生素治疗。

2. 药物治疗

四环素类药品对本病的效果最好，由于衣原体是散布的，建议局部和系统同时治疗。口服四环素 15～22 mg/kg 体重，每日 2～3 次，连用 2 周。或口服强力霉素或阿奇霉素 5～10 mg/kg 体重，每日 2 次，连用 2 周。也可以采用氧气疗法，在肺炎早期通过面罩或氧气笼供给 100%或 40%～50%的氧气，及时供氧以解除缺氧状态。

对于结膜炎，四环素眼膏要比金霉素眼膏好。双眼每日 4 次，用药 7～10 d。同时用红霉素软膏涂到眼睑上。怀孕或有肾脏疾病的猫，用红霉素治疗。为了减少复发，在症状消失后，还应该治疗 7～10 d。

3. 预防

主要是严格控制传染源，对观赏、比赛和食用的禽类要加强管理，避免发生鹦鹉热衣原体的传播和流行。进口的禽类要检疫，尤其对隐性感染的一些禽类更应注意。加强环境的清洁卫生工作，使其周围空气干燥、新鲜，并定期消毒，加强饲养管理，经常清洗、消毒猫食具，对患有本病的宠物要迅速治疗。

可以注射猫五合一疫苗。猫五合一疫苗是包含猫瘟、猫卡里西病、猫病毒性鼻支气管炎、猫白血病、猫衣原体肺炎病的联苗，虽然对衣原体感染的保护率不高，但可以显著降低严重程度。

三、宠物出院指导

1. 护理指导

因本病可传染给人，所以在饲养、防治和剖检病犬猫过程中，必须增强个人防护意识，并防止污染环境。

2. 预后

此病如没有并发病毒如猫疱疹病毒感染，大都预后良好。

学习情境十

犬猫支原体病的防治技术

项目　犬猫支原体病的防治技术

【案例导入】

美国《临床微生物学杂志》2005年7月刊中有一篇报告题目为：Clinical Use of 16S rRNA Gene Sequencing To Identify *Mycoplasma felis* and *M. gateae* Associated with Feline Ulcerative Keratitis（应用16S rRNA基因序列识别患有猫溃疡性角膜炎病中的猫支原体）。

报告中指出，支原体是猫结膜和上呼吸道正常菌群的一部分。然而，支原体与猫角膜炎相关。被检测的猫角膜碎屑病料中，猫支原体和猫溃疡性角膜炎病例有关。猫支原体可能是猫溃疡性角膜炎的病原体，被认为对猫的视力有显著威胁，这种感染可能始终表现为非典型疱疹性角膜炎。

【项目描述】

一、宠物入院症状、诊断评估与记录

（一）一般检查项目评估

1.病史

宠物入院后问诊病史，了解宠物基本情况。

2.临床症状检查

角膜病变。

3.定量PCR检测

猫支原体的诊断传统上依靠细菌培养的方法，但是猫支原体难以生长。分子诊断依靠敏感的定量PCR检测（支原体PCR检测试剂盒）。

4.支原体抗体检测

泌尿生殖系统疾病需要筛查支原体病原，可以采用“动物用解脲支原体抗体检测试剂盒

（新鲜血清）”进行检测。

（1）临床意义：解脲支原体是引起动物泌尿生殖道感染的主要病原体之一，它可导致宫内感染、早产、死产等后果。

（2）检测原理：采用渗滤式免疫胶体金技术，利用金颗粒作为示踪剂，选择性捕捉标本中特异性抗体。斑点反应板上的固相解脲支原体抗原特异地与标本中的解脲支原体特异性抗体结合形成复合物，胶体金标记的抗 IgG（或 IgM、IgA）抗体再与复合物结合，形成肉眼可见的红色线条。

（3）试剂及用品：金标反应板 1 套，金标试剂 A 液（洗涤液）瓶，金标试剂 B 液（金标液）1 瓶，使用说明书 1 份。

（4）操作方法：在反应板孔中间加 2 滴洗涤液，待液体充分吸入；取 100 μL 标本血清加入反应孔中间，待液体充分吸入；小心揭掉红色滤盖，在反应孔中间加 2 滴洗涤液，待液体充分吸入；在反应孔中间加 4 滴金标液，待液体充分吸入；在反应孔中间加 2 滴洗涤液，待液体充分吸入，观察结果。

（5）结果判断：反应板中央出现“十”字红线为阳性，只出现“一”字横线为阴性（检测动物样本时，质控线可能不清晰，但不影响使用）。

（二）重点检查项目评估

1. 出现上呼吸道感染症状

胸部 X 线检查，分析肺纹理是否增粗，判定患宠是否出现上呼吸道感染。

2. 出现繁殖障碍

部分患宠因治疗不及时，患宠出现流产、不育症状。

（三）并发症评估

关节炎、脑膜脑炎、子宫内膜炎。

【相关知识】

病原 支原体（*Mycoplasma* spp.）又称霉形体，是一种微小、没有细胞壁、营自由生活的，界于病毒和细菌之间，能通过细菌滤器，能自行繁殖的最小原核微生物（图 10-1）。它在自然界分布广泛，可感染人和动物。

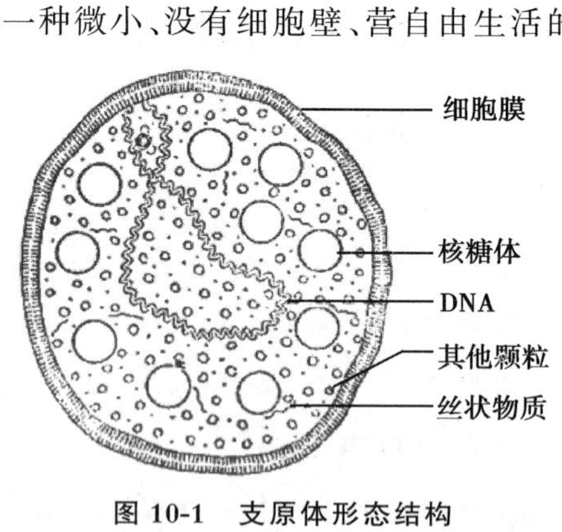

图 10-1 支原体形态结构

支原体由于缺乏细胞壁，菌体有一定可塑性，形态呈多形性变化。由于寄宿细胞或体外培养条件不同，繁殖期不同，菌体大小和形态也各异。在体外适宜培养条件下，菌体通常呈细丝状、螺旋丝状或球菌状等。菌体大小、形态也与支原体种类和生长状况等有密切关系。

支原体不侵入机体组织与血液，而是在呼吸道或泌尿生殖道上皮细胞黏附并定居后，通过不同机制引起细胞损伤达到致病性，如获取细胞膜上的脂质与胆固醇造成膜的损伤，释放神经（外）毒素、磷酸酶及过氧化氢等。

症状　猫支原体是重要的致病性和共生生物体。尽管它可以从上呼吸道和正常猫结膜中分离出来，但它在下呼吸道的存在一直被认为是不正常的，与猫支气管疾病有关。此外，猫支原体可引起关节病(关节炎)以及脑膜脑炎。因此，猫支原体感染常与病毒感染进行鉴别诊断，在猫的呼吸道症状、结膜炎、关节炎和可能的神经系统疾病中呈现。

猫支原体主要感染眼部、上呼吸道和泌尿生殖道，主要可引起猫结膜炎(结膜严重水肿)、打喷嚏、轻度鼻炎、肺炎、咳嗽、多发性关节炎、皮下脓肿和生殖系统疾病如流产、不育。

猫支原体性角膜炎多发，也可由异物、毛、结膜炎或鼻炎等因素引起，也可能是全身感染的局部表现(图 10-2)。急性期以怕光、流泪为主，逐渐在角膜表面形成混浊，并且增厚成白色不透明的翳；角膜表面(一般是在中央处)破损，形成溃疡，治疗不及时，可能出现穿孔，引起全眼球炎。角膜炎一般伴发充血性结膜炎。

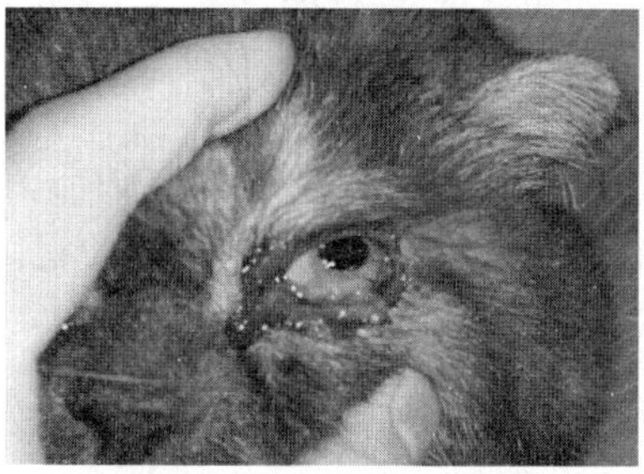
图 10-2　猫支原体性角膜炎

猫支原体与呼吸道疾病(呼吸道支原体病)有关，为原发病因，并在猫之间传播。但 35%的健康猫的咽喉中均能分离到支原体，所以支原体也可能是一种条件性致病菌，继发于其他病因引起的炎症。John C. Chandler 等在 1988—1999 年对 224 只下呼吸道疾病的病例进行了气管灌洗，其中 17 个病例(14 只犬和 3 只猫)的细菌分离培养结果只有支原体。主要的诊断包括肺炎(35%)、气管塌陷(35.3%)和支气管炎(29.4%)。14 个病例的回访调查中，8 例在使用抗支原体药物后痊愈或病情改善。这些病例中，支原体和呼吸道疾病的相关性可能是犬猫的原发病因。

犬支原体病是由支原体引起的，以犬表现肺炎、繁殖障碍、流产为特征的传染病。犬支原体主要引起犬肺炎，剖检可见病犬呈典型的间质性支气管肺炎变化，犬尿道支原体主要引起犬生殖器官疾病，主要表现为子宫内膜炎、阴道前庭炎、精子异常等。支原体膀胱炎可能存在血尿、尿频、痛性尿淋漓、尿失禁、多饮多尿和发热等症状。

诊断

支原体性眼炎：使用检眼镜检查眼部，荧光素染色易发现溃疡处，能做细菌培养更好。

呼吸道支原体病：X 线胸片为肺纹理增多，确诊必须进行病原体的分离和鉴定以及血清学检测。

犬猫出现繁殖障碍或是不明原因流产的症状，可用棉拭子采集流产组织进行支原体 PCR 的检测。

二、按医嘱进行治疗

1. 治疗原则

支原体肺炎的治疗原则是以抗感染为主，辅以祛痰、化痰，以减轻咳嗽症状。

2. 药物治疗

支原体性眼炎的治疗：①2%～4%硼酸液洗眼，以清除角膜和结膜囊内的异物和分泌物，利于眼药吸收。②用氯霉素眼药水配合阿托品点眼；可的松眼药水只能在非细菌、非病毒性炎症时，与抗生素眼药水合用，在角膜不破溃时有助于消除角膜表面的混浊。③猫的角膜溃疡主要是疱疹病毒引起的，应用碘苷（疱疹净）眼药水，4～6 次/d，也可选用速高捷疗眼药膏或吗啉胍眼药水。

犬猫呼吸道、泌尿生殖道支原体病的治疗：使用敏感抗生素，如林可霉素、强力霉素、红霉素、两性霉素等。

3. 预防

本病没有特殊的预防方法，建议合理科学饲养，增强宠物自身免疫力。

三、宠物出院指导

1. 护理指导

支原体肺炎需要住院监护与治疗，以防发生窒息及严重呼吸困难。保持空气流通，室温维持在 20 ℃左右，湿度以 60%为宜。给予足量的维生素和蛋白质，经常饮水及少量多次进食。

2. 预后

无混合感染，预后良好。

学习情境十一

犬猫立克次体病的防治技术

项目一　猫巴尔通体病的防治技术

【案例导入】

患猫1岁8个月，雄性，家养，但平时可在户外自由活动，就诊前1个月曾被野猫咬伤，未进行过体外驱虫。精神倦怠，食欲减损，鼻镜干燥，四肢乏力，喜卧嗜睡，眼睑肿胀，齿龈可见散在出血点，尿血，血常规检查结果可见贫血，PCR检测为巴尔通体病。

【项目描述】

一、宠物入院症状、诊断评估与记录

(一)一般检查项目评估

1.病史

是否被跳蚤叮咬过，或是否被野猫咬伤。

2.临床症状

周期性发热，嗜睡。

3.血涂片镜检

取1滴血液做瑞氏染色。普通光学显微镜油镜下红细胞呈不规则形状，变形的细胞表面有数个紫染的巴尔通体，血浆中也含有游离小体。

(二)重点检查项目评估

1.血常规检查

多数病例可见血细胞压积降低明显，网织红细胞数增多。

2.尿液检查

可能出现血红蛋白尿。

(三)并发症评估

巴尔通体感染通常引起急性发热性贫血,慢性皮肤出疹。

【相关知识】

犬猫立克次体病

病原 犬猫立克次体病分为巴尔通体病、埃里希氏体病、落基山斑点热、Q热、嗜吞噬细胞无形体病和其他立克次体病。各种立克次体病是由不同类型的立克次体所引起。许多立克次体可侵入节肢动物体内,如虱、蚤、蜱、螨等,当这些节肢动物叮咬人类或动物时,就会引起疾病,如斑点热、猫抓病、Q热、埃里希氏体病、巴尔通体病等。Q热在少数情况下甚至能通过空气传播。

立克次体(Rickettsia),或者称立克次氏体,是一类细菌,许多特征和病毒一样,不能在培养基上培养,只能在动物细胞内寄生繁殖等。直径只有0.3～1.0 μm,小于绝大多数细菌。立克次体有细胞形态,除恙虫病立克次体外,其他立克次体的细胞壁含有细菌特有的肽聚糖。细胞壁为双层结构,其中脂类含量高于一般细菌,无鞭毛。同时有DNA和RNA两种核酸,但没有核仁及核膜,属于适应了寄生生活的α-变形菌。革兰氏染色呈阴性,效果不明显。

立克次体取名是为了纪念美国病理学家霍华德·泰勒·立克次(Howard Taylor Ricketts),立克次在芝加哥大学工作期间发现了落基山斑点热和鼠型斑疹伤寒的病原体(立克次体)和传播方式,由于工作原因,他自己也死于斑疹伤寒。他所发现的病原体被命名为立克次体属。大多数立克次体需要寄宿于活体有核细胞,繁殖方式为二分裂,6～10 h繁殖一代。

猫巴尔通体病

猫巴尔通体病是由巴尔通体引起的,以免疫介导性红细胞损伤导致动物贫血和死亡为特征的疾病。

病原 巴尔通体嗜血性强,是寄生于红细胞内的多形性、人畜共患病的病原。革兰氏染色呈阴性,没有细胞壁。病原体呈球状、杆状或环状,大小不一(图11-1)。在分类学上归属于立克次体目无形体科血巴尔通体属。目前巴尔通体已包括20个种及亚种,证明有致病性的主要有五日热巴尔通体(*B. quintana*)、汉赛巴尔通体(*B. henselae*)、克氏巴尔通体(*B. clar-*

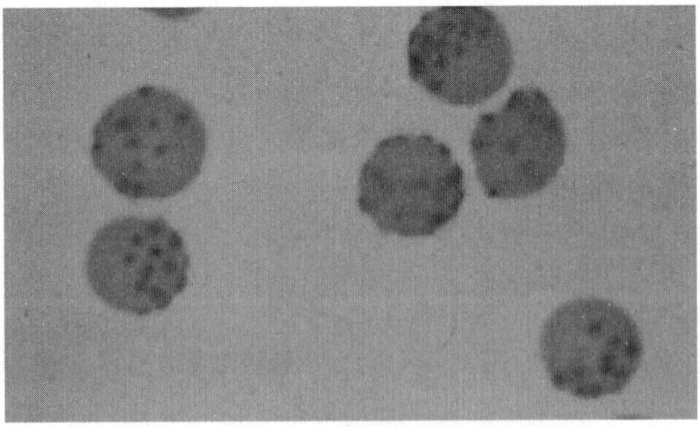

图11-1 猫巴尔通体

ridgeiae)和杆菌样巴尔通体(*B. bacilliformis*)。猫可以感染5种巴尔通体，包括汉赛巴尔通体、牛巴尔通体、克氏巴尔通体、科勒巴尔通体和五日热巴尔通体。用扫描电镜(放大5 000倍)观察，猫巴尔通体呈圆锥形或球形，直径大小约为0.5 μm，一般在红细胞表面，有时游离于血浆中。瑞氏染色的血片中，菌体呈蓝黑色或紫色。研究表明，猫抓病(Cat scratch disease, CSD)主要是由汉赛巴尔通体和克氏巴尔通体感染所引起。该病散发，患者多数为2～14岁的儿童，男性略多于女性，温暖季节较寒冷季节多见。病例呈家庭集中分布，猫、特别是1岁以内的小猫为该病的主要传染源。

流行病学　犬猫和啮齿动物等许多家养和野生的动物都是多种巴尔通体慢性感染的中间宿主。蝇、跳蚤、虱子和白蛉等节肢动物也可以传播该病原。跳蚤在传播猫汉赛巴尔通体和克氏巴尔通体中发挥了重要的作用。猫多为隐性感染，但在抵抗力降低时可出现症状。1～3岁的猫易感，公猫比母猫多发。本病主要通过血液传播，其传播方式主要是通过静脉接种病猫血液或是蚤类等昆虫进行吸血传播。有研究表明用常规方法保存带有本病病原体的供体血液1个月后，将此血液输入到无本病病原体的猫，猫会获得猫血巴尔通体感染。猫蚤可以通过吸血的方式在猫之间传播巴尔通体；猫通过摄食携带有本病原体的猫蚤(及其粪便、幼虫、虫卵等)并不能获得感染。抓伤、咬伤可传染本病，也可通过子宫垂直感染。

巴尔通体从猫至人的传播主要通过人与猫的接触(抓伤、咬伤)，小比例的猫抓病缺失猫暴露史，提示可能存在昆虫传播路径。

发病机理　猫巴尔通体感染对宿主红细胞具有较强的破坏作用。一方面，病原体的附着使宿主红细胞受损、生活周期变短；另一方面，黏附于红细胞的病原通过暴露隐藏的红细胞抗原或是引起宿主红细胞表面抗原的改变，导致机体免疫系统不能识别自身，从而产生抗红细胞的抗体，使动物出现更为严重的免疫介导性贫血。病猫可以表现出温和的感染、显著的贫血或是致死性贫血。本病发生的过程分为菌血症前期、急性发病期、恢复期三个时期。

1.菌血症前期

这个过程包括病原体感染动物到动物机体首次出现较大范围的菌血症。在这一阶段，由于病原数量较少，通常不能用外周血液镜检的方法发现病原体。

2.急性发病期

这个过程是指动物体首次到末次出现较大范围的菌血症的时期，可长达1个月甚至更久。在此阶段，动物机体的红细胞受到严重破坏，血细胞压积值快速降低，动物常出现严重的贫血，导致快速死亡。用血涂片镜检的方法观察，病原周期性地不连续地在血液中显现。病原体数量可以在1～5 d内达到一个峰值，接着又快速(可能在数小时内)同步地消失，然后经过几日间隔期，再显现出周期性的菌血症。在两次菌血症之间的间隔期，通常也很难用外周血液镜检的方法观察到病原体。周期性地菌血症的出现，是由于病原体在感染过程中出现了抗原变异(发生自身表型的转换)和黏附位相的转换(暂时与红细胞分离)，从而快速同步地从宿主红细胞中消失并且周期性地重新显现，这样有利于躲避机体直接的免疫性损伤。新出现的菌血症表明一个新的感染周期又将开始。

3.恢复期

动物体有足够的免疫力，红细胞的再生能力也较强(能够完全抵消受损伤的红细胞)，最后一次菌血症结束后，患病动物将逐渐进入恢复期，动物的PCV也逐渐变得稳定，但药物并不能将病原从感染动物体内完全清除，感染的动物将长期保持带菌。在这个阶段，由于病原数量较少，通常不能用血液涂片镜检发现病原体。

猫巴尔通体与其他病原混合感染可增强其致病性，例如，与逆转录病毒（包括猫免疫缺陷病毒、猫白血病病毒）混合感染，这些病毒的入侵破坏了动物机体的免疫器官，使之不能产生正常的免疫应答。在实验室条件下混合感染猫白血病病毒会发生更加严重的贫血。感染猫白血病病毒的猫再继发感染巴尔通体将产生骨髓增生或导致血细胞的肿瘤化生症状。

症状 所有年龄段的猫都可以感染本病，其易感性、症状表现与猫的年龄、健康状况、感染病原的种类有关。感染猫不表现明显的临床症状，被描述为自身限制性疾病，但伴发免疫介导性疾病或者逆转录病毒感染时会暴发本病。猫巴尔通体可以引起猫发生温和性贫血，但当动物机体出现免疫抑制时会出现严重的贫血症状。本病按病程发展主要有急性型、慢性型两种类型。

急性型：体温升高到 40～41 ℃，持续 2～3 d，精神沉郁，心跳，呼吸加快。出现巨幼红细胞溶血性贫血的症状，黄疸及血红蛋白尿，可视黏膜苍白、黄染。

慢性型：体温正常或稍低，精神沉郁，伴有嗜睡，对环境刺激无反应，轻微四肢反射消失，贫血，血红蛋白减少。

患犬多为亚临床感染，一般不出现明显症状，有些病例可出现心内膜炎、肉芽肿淋巴结炎、肉芽肿鼻炎和紫癜肝。

诊断 目前的研究表明，PCR 检测方法是诊断本病的有效方法，是一种快速而敏感的检测方法。

辅助诊断血液学检验有红细胞比容下降，血红蛋白减少，病猫血液白细胞总数及分类值均增高，多数病例单核细胞绝对增高并发生变形，单核细胞和巨噬细胞有吞噬红细胞现象。血细胞压积（PCV）通常在 20%以下，出现病状前病猫的 PCV 在 10%以下。

外周血液光镜镜检是猫血巴尔通体常用的检测方法，但该方法只适合处于急性发病的严重菌血症时期病原的检测，其他时期通常不易检测到病原。可能出现假阳性。

已建立血清学检测的方法包括补体结合试验、间接血凝试验及酶联免疫吸附试验。该病病原体在感染过程中通常要出现抗原变异等现象，并且温和感染的猫体内病原数量较少、产生的抗体数量也较少。因此，用血清学的检测方法适合于进行流行病学调查，但不宜用于疾病的确诊。

二、按医嘱进行治疗

1. 治疗原则

预防为主，应用抗生素消除巴尔通体，严重贫血者，输血治疗。

2. 药物治疗

对出现严重贫血症状的犬猫，可以用输血的方式对其进行治疗，但输血前应对供体血液作本病病原体的检测，以防止该病通过血液传播。

四环素、土霉素、氯霉素、强力霉素等药物是控制本病的有效药物，但药物并不能将病原从感染动物体内完全清除；猫在发病过程中可能出现免疫介导性贫血，在用抗生素治疗的同时，也可以配合使用糖皮质激素（如氢化可的松等药物）对抗机体自身的免疫性损伤。

3. 预防

目前没有针对猫巴尔通体病的疫苗。预防措施有防止犬猫的打斗、抓咬及消灭吸血昆虫，搞好环境卫生等。

三、宠物出院指导

1. 护理指导

对于出现严重贫血的猫，输血的同时应供给氧气。

2. 预后

出现溶血性贫血的猫病程较长，单一感染预后良好。

病例分析

2020年4月15日，宠物医院接诊1只4岁雌性家猫，体重2.8 kg。病猫精神沉郁，食欲废绝，已持续3 d。患猫体温40.5 ℃，脉搏152次/min，呼吸58次/min，消瘦，贫血，黏膜苍白，轻度脱水。血液学检查红细胞比容17%（正常值为30%～40%），血红蛋白含量为4.9 g/dL（正常值：8.5～15 g/dL），红细胞计数2.1×10^6/L（正常值：5.2×10^6～10×10^6/L），平均红细胞容积71 fL（正常值：39～55 fL），网织红细胞10.6%（正常值：<1%），绝对网织红细胞数298×10^3/μL（正常值：<80×10^3/μL），总蛋白为7.8 g/dL（正常值：6.0～7.5 g/dL）。血涂片观察大量猫血巴尔通体。治疗采用一次输入健康猫全血30 mL。用四环素按每千克体重10 mg静脉注射，每日2次；用土霉素按每千克体重15 mg口服，每日3次，共用3周。用碘化亚铁糖浆5～10滴，每日2次；内服硫酸亚铁0.01～0.1 g，每日3次；用1 mL维生素B_2皮下注射，每日1次。治疗及时，病犬于第2周痊愈。

项目二　犬埃里希氏体病的防治技术

【案例导入】

博美犬，公，5岁，体温41.5 ℃，耳内侧有大量蜱虫，犬黏膜苍白，持续高烧，精神沉郁，嗜睡，仍然有饮食欲，四肢无力，运动障碍。

血常规检查：红细胞比容、血红蛋白、白细胞、淋巴细胞和血小板均降低、出现了网织红细胞。犬埃里希氏体试纸进行血清检测结果为阳性。

【项目描述】

一、宠物入院症状、诊断评估与记录

（一）一般检查项目评估

1. 病史

是否有蜱虫叮咬史。

2.临床症状

体温升高、四肢无力，运动障碍。

3.血清检测

爱德士三合一检验套组(IDEXX SNAP 3Dx)、四合一检验套组(IDEXX SNAP 4Dx)都可以检测犬埃里希氏体，试纸进行血清检测，结果为阳性。

(二)重点检查项目评估

1.血液涂片检查

可能见到大量异形、深染红细胞以及少量有核红细胞；大量分叶核粒细胞、凋亡白细胞；血小板减少，大量血小板凝集。

2.血液生化检查

没有明显的规律性，有些病例可能出现人血白蛋白降低，也可能出现碱性磷酸酶显著升高。

3.影像学检查

可见肝脏、脾脏肿大。

(三)并发症评估

大部分病例会出现骨髓发育受阻，血小板减少，皮肤出现出血斑或出血点。

【相关知识】

犬埃里希氏体病是由犬埃里希氏体引起的，主要由蜱虫传播的一种犬败血性传染病。特征性病变表现为消瘦、多数脏器浆细胞浸润、非再生性贫血。

病原 犬埃里希氏体属立克次体科埃里希氏体属，呈圆形、椭圆形或杆状，革兰氏阴性。以单个或多个形式寄生于单核白细胞内和嗜中性粒细胞的胞质内膜空泡内。光镜下包涵体呈桑葚状结构，此为埃里希氏体特征。

流行病学 家犬、野犬和啮齿类动物是本病的宿主。多种不同性别、年龄和品种的犬均可感染本病。本病一般夏末秋初发生，主要传染媒介为血红扇头蜱。幼蜱和若蜱叮咬病犬获得病原体，之后蜕皮发育为成蜱，在叮咬健康犬时将病原传播。此外，输血也是造成病原传播的重要途径。

症状 潜伏期8～12 d。病犬周期性发热，食欲不振，流黏液脓液性鼻液和眼眵，贫血，体重减轻。重病犬呕吐，淋巴结肿大，口腔黏膜糜烂，四肢和阴囊水肿，有腹水、胸腔积液及胃肠炎症状。有的病犬腋窝和鼠蹊部皮肤出现红斑，感觉敏感。德国牧羊犬多发生骨髓形成障碍和造血功能障碍，导致鼻出血、眼球内出血等全身性严重出血而死亡。病程一般经过急性期、亚临床期和慢性期三个阶段。

急性期：持续2～4周，主要表现为发热、食欲下降、嗜睡、口鼻流出黏液脓性分泌物、身体僵硬、不愿活动(图11-2)。四肢或下腹水肿，咳嗽或呼吸困难。患犬抗病力降低，全身淋巴结肿大、脾脏肿大，血小板减少。另外，在急性期病犬体表往往能找到寄生的蜱。

亚临床期：急性期病犬较少死亡，多数病犬临床症状逐渐消失而转入亚临床阶段，其体温和体重基本恢复正常。但血象指标异常，如血小板减少和高球蛋白血症。亚临床阶段可持续 40～120 d，仍不能康复的犬则转入慢性期。

慢性期：病犬主要表现为恶性贫血和严重消瘦。临床症状包括脾脏显著肿大、肾小球肾炎、肾衰竭、间质性肺炎、前眼色素层炎、小脑共济失调、感觉过敏或麻痹。长头型品种的犬，常见鼻出血。所有犬种可见血尿、黑粪症及皮肤和黏膜瘀斑。血象严重异常，各类血细胞严重减少，血小板减少。本病与巴贝斯虫、巴尔通体等混合感染时，致死率高。幼犬较成年犬高。

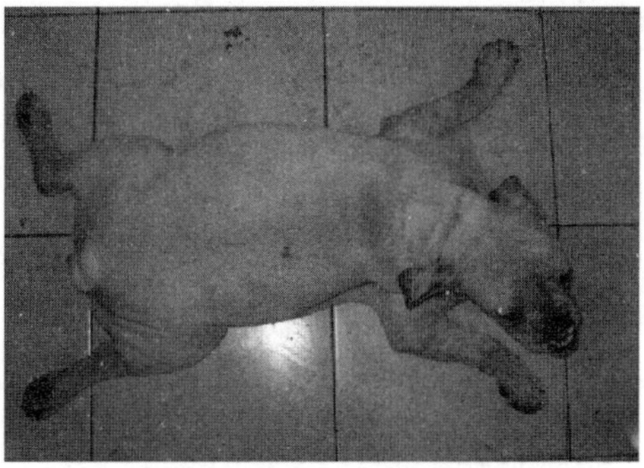

图 11-2　四肢无力的病犬

有的患犬皮肤有圆形、椭圆形的脱毛或被毛断裂病灶，多处发生时可互相融合成片，具有细鳞屑或形成明显的痂皮。若无继发感染则不瘙痒。有局限性脱毛或丘疹，形成血痂样小痂皮。有的全身脱毛，皮肤明显增厚 。

病变　犬埃里克氏体感染的典型特征是血液成分减少。犬埃里克氏体可引起急性、亚临床和慢性疾病。在急性期，病原体在循环中的单核细胞，以及肝脏、脾脏、淋巴结等单核细胞中繁殖。感染的细胞通过血液运输到其他组织，特别是脑膜、肺和肾脏，在这些组织中，感染的细胞吸附在血管内皮细胞上，从而导致血管炎和内皮细胞下组织感染。在这一阶段.血小板的消耗、堆积和破坏导致血小板减少。由于红细胞生成受到抑制，红细胞破坏加速很快导致贫血的发生。在亚临床阶段可见各种各样的持续性血小板减少、白细胞减少和贫血。慢性病发生于那些对病原体不能产生有效免疫力的犬。

诊断　根据临床症状和剖检变化可怀疑本病，确诊依靠血液学检验、病原分离鉴定、血清学检查。

血液涂片检查病原：取病犬初期或高热期血液涂片，吉姆萨氏染色，镜检，在单核白细胞和嗜中性粒细胞中可见犬埃里希氏体和膜样包裹的包涵体。

病原分离鉴定：取病犬急性期或发热期血液，分离白细胞，接种于犬单核细胞或 DH82 犬巨噬细胞系细胞，培养后用电镜检查感染细胞胞质中的包涵体，或用免疫荧光抗体检查病原体。用 PCR 技术和核酸探针检测，敏感性和特异性更高。

血清学检查：病犬感染后 7 d 产生抗体，2～3 周达高峰。间接荧光抗体技术和 ELISA 法可用于检测该抗体。

鉴别诊断：要注意与犬布氏杆菌病、霉菌感染、淋巴肉瘤及免疫介导性疾病相区别，尤其血小板减少症也可出现免疫介导性血小板减少性紫斑，应予鉴别。

二、按医嘱进行治疗

1. 治疗原则

治疗的有效性依赖于病情的严重程度和能否在感染过程的早期进行治疗。

2. 药物治疗

多西环素（强力霉素），5～10 mg/kg 体重，口服，每 12 h 一次，是治疗急性感染比较好的药物。有意义的临床好转会在1～2 d内出现。治疗期可根据临床反应延长至6周。

传统的口服抗生素治疗无效,可能表明患犬产生了抗药性。建议使用咪唑苯脲二丙酸盐,每次5 mg/kg体重,肌注,间隔2～3周一次。

治疗方案:

(1)肌肉注射长效土霉素,0.1 mL/kg体重,隔日一次,连续用药三次。其次还可以使用强力霉素、四环素及磺胺二甲基嘧啶等。输液治疗,缓解贫血症状,补充能量,增强机体免疫力。对于血液白蛋白降低的病例,静脉使用犬血白蛋白。

(2)除蜱:先对患宠进行全身检查,拔掉可见的蜱,之后皮下注射多拉菌素,外用驱虫药除蜱。

(3)等症状缓解之后停止用药和静脉输液,改为连续口服强力霉素,5 mg/kg体重,连用20 d,以彻底杀灭血液中病原体。

3.预防

目前,对犬埃里希氏体病没有可用的疫苗。预防的措施包括对生活在流行区的犬口服四环素(每日6.6 mg/kg体重)。另外还建议使用局部杀螨剂防止蜱和跳蚤感染。

三、宠物出院指导

1.护理指导

改善饮食,增加营养,提供高质量的犬粮。口服补血药,如倍补血等。

2.预后

慢性埃里希氏体病非常难治疗,而且大都预后不良。

病例分析

2019年9月4日,宠物医院接收金毛犬1只,11月龄,表现为间歇性体温升高、鼻腔出血、精神沉郁、厌食、体重减轻、结膜苍白等症状。根据临床症状怀疑为犬埃里希氏体病,随即对犬只进行血液检查,吉姆萨染色后镜检,可在单核细胞和嗜中性粒细胞中发现犬埃里希氏体被膜样包裹的包涵体,从而诊断为本病。治疗采用口服土霉素,按22 mg/kg体重,每天3次,连用14 d,病犬体温逐渐恢复正常、鼻腔不再出血;之后肌肉注射酚磺乙胺0.5 g/次,早晚各1次;维生素K_1 10 mg/次,每天1次,连用3 d。使用5%葡萄糖注射液,加入维生素C 2 mL、辅酶A 2 mL、肌苷2 mL等,每天1次静脉滴注,连续用药3 d。疗效显著。

项目三　落基山斑疹热的防治技术

【案例导入】

美国《新发传染病》杂志2009年有一篇报告题目为:Rocky Mountain Spotted Fever in Dogs,

Brazil(巴西犬落基山斑疹热)。报告中有一病例,2007年8月28日,10岁雌性,迷你雪纳瑞犬,厌食、嗜睡。经兽医检查,发热(40.2℃),呕吐,身体有蜱寄生,无神经症状,血小板减少,最终经PCR诊断为犬落基山斑疹热。

【项目描述】

一、宠物入院症状、诊断评估与记录

(一)一般检查项目评估

1.病史

是否有蜱虫叮咬史。

2.临床症状

厌食、发热、嗜睡、无神经症状,血小板减少。有病例出现犬腹泻、便血,出现神经症状共济失调、自发性眼震。

(二)重点检查项目评估

1.血常规检查

有病例白细胞增多,血液生化检查有病例碱性磷酸酶升高。

2.血清学评价

采用间接免疫荧光法(IFA)进行立克次体抗原的菌株判定。

(三)并发症评估

部分感染犬发生关节炎、心肌炎或脑膜炎。

【相关知识】

落基山斑疹热(Rocky Mountain spotted fever)是蜱携带斑疹伤寒属(SFG)的立克次氏体传播的一种感染犬和人的传染病。尽管它的名字是落基山斑疹热,但它发生于整个美国、加拿大西部的部分地区、墨西哥和中南美。目前,大多犬和人感染此病的病例来自美国东部。

症状　临床疾病最有可能发生在3月和10月出生的幼犬(2周岁内)。已发现该病原有种偏好性,并且发现德国牧羊犬有很高的发病率。

伴有肌痛和关节痛的发热,食欲下降是患落基山斑疹热病的犬最常见的症状,而且它们通常有与蜱的接触史。广泛性的脉管炎包括嘴唇、阴囊和耳朵的水肿和充血,会导致一些其他症状。对于雄性,可能会出现阴囊水肿和附睾肿胀。另外,深部范围的检查可能会看见黏膜上有斑点状和瘀血状出血。很明显,严重感染的犬会发现自发出血。落基山斑疹热常见的症状包括大多数组织的斑点状和瘀血性出血和出血性淋巴结肿大。对更严重的病例,可能会出现心血管、神经和肾脏的损伤,这些都是导致死亡最常见的原因。但落基山斑疹热不常引起死亡。

病变　通过感染蜱叮咬将病原注入后,这种立克次氏体就在血管内皮细胞内繁殖并在小动脉和小静脉内产生脉管炎。血浆等的渗出可能会导致脑、肺和皮肤的水肿。另外,小血管出

血，血小板减少症和 DIC 也可能出现。感染会导致少数动物的休克和死亡。

诊断 血液学上的表现对患落基山斑疹热的犬相对不太重要。但是血小板减少症是对患犬实验室检查的异常中最常见的(患犬的血小板一般不会小于 75 000 个/mL，这在临床上可用于区别落基山斑疹热和免疫介导的血小板减少症，后者的血小板通常低于 50 000 个/mL)。高胆固醇血症据说是患犬常见的症状，但它不能作为诊断的可靠依据。尽管有过一些生化异常的报告，但这些异常的发生率变化很大，它依赖于感染的严重程度和部位。严重感染的动物可能会出现心脏症状，这些症状可能会导致心电图的异常：ST 段和 T 波降低，心室收缩过早。

血清学试验中，落基山斑疹热抗体和 IgG 滴度直到后期感染的 2～3 周才会有显著升高。使用落基山斑疹热的 IgM 单克隆抗体滴度可能在利用单滴度的早期确诊上有所帮助。

常规的组织学染色方法不能发现立克次氏体。

二、按医嘱进行治疗

1. 治疗原则

治疗的方法应该基于患犬的病史、生理状态和轻度的血小板减少症的表现进行。

2. 药物治疗

四环素(22～30 mg/kg 体重，口服，每日 3 次，用药 7～10 d)或强力霉素(10～20 mg/kg 体重，口服，每日 2 次，用药 7～10 d)，可用来治疗落基山斑疹热。这两种药在幼犬(6 月龄以内)上使用 10 d 或更长时间就会在牙上留下痕迹，所以对幼犬可以使用氯霉素(15～30 mg/kg 体重，口服或皮下注射，每日 3 次，用药 7～10 d)。

在使用抗生素治疗后 24～72 h 内，患犬会有显著的好转。对严重感染的犬，应对应激、自发出血、心脏或肾脏疾病症状进行支持性治疗。但是静脉输液治疗可能会加速肺和大脑的水肿，因为静脉输液会增加血管的通透性。

3. 预防

目前还没有可用于犬落基山斑疹热病的疫苗。但是根据报道，由立克次氏体引发的自然免疫力会在感染后期持续达 3 年之久。由于落基山斑疹热是通过被感染的蜱虫叮咬传播的，所以防止蜱对犬的侵扰是最好的预防该病的方法。

三、宠物出院指导

1. 护理指导

病犬血管严重损伤时，输液应慎重，因静脉输液会增加血管的通透性，可能会加速肺和脑部水肿。

2. 预后

落基山斑疹热导致的死亡病例不常见。但诊断延迟或使用一些对立克次体无效的抗菌药物，可能使死亡率增加。

项目四　Q热病的防治技术

【案例导入】

牛津大学《临床感染性疾病》杂志1996年有一篇报告题目为：A dog-related outbreak of Q fever，报告中指出，一个家庭中的三个成员接触Q热（贝纳柯克斯体感染）病的产仔犬8～12 d之后，得了肺炎。产仔犬生了4个幼崽，3个出生后不久死亡，第四个出生后24 h内死亡。

【项目描述】

一、宠物入院症状、诊断评估与记录

（一）一般检查项目评估

1. 病史

母犬产下的4个幼崽，3个出生后不久死亡，第四个出生后24 h内死亡。

2. 临床症状

感染后一般无症状。

3. 实验室检验犬

Q热IgG免疫荧光玻片试剂盒，用于检测人/犬血清中的犬Q热IgG抗体。

（二）并发症评估

常引起犬猫分娩死胎。

【相关知识】

Q热病（Q Fever）是由贝纳柯克斯体（Coxiella burnetii，Cb）引起的急性自然疫源性疾病。临床表现为突然起病，发热，乏力，头痛，肌痛与间质性肺炎，无皮疹。1935年在澳大利亚屠宰场工人中首先被发现，因当时患者表现不明原因的热性病症状，故称该病为Q热（“Q”为英文Query的第一个字母，即疑问之意）。目前世界上已报道的Q热疫区已遍及全球各大洲几乎所有国家，成为当前分布最广的人兽共患病之一。

病原　贝纳柯克斯体即Q热立克次体，属于立克次体科，柯克斯体属，是专性细胞内寄生的微生物，多在宿主细胞吞噬溶酶体内繁殖，多为短杆状，偶呈球状、新月状、丝状等多种形态，一般大小为（0.2～0.4）μm×（0.4～1）μm。无鞭毛，无荚膜。革兰氏染色阴性，但一般不易着染；吉姆萨染色呈紫色；马基维洛染色法染成红色。对理化因素抵抗力强。在干燥沙土中4～6 ℃可存活7～9个月，−56 ℃能活数年，加热60～70 ℃ 30～60 min才能灭活。

贝纳柯克斯体与其他立克次体的区别在于其具有滤过性，不引起人的皮疹，能直接经气溶胶传播。

流行病学　牛、羊、马、骡、犬、猫为主要传染源，其次为飞禽（鸽、鹅、火鸡等）及爬虫类动物。有些地区家畜感染率为20%～80%，受感染动物外观健康，而分泌物、排泄物以及胎盘、

羊水中均含有Q热立克次体。

病原体主要存于动物乳腺、乳房上淋巴结、子宫以及胎盘。吸入含有病原之飞沫或尘埃(尤其是分娩、泌乳期间)等为主要传染途径,其次为皮肤擦伤的伤口、眼结膜等直接接触及消化道感染,病原可经由血液、乳汁、粪便、尿液、羊水、分泌物等传播。此外动物间可通过蜱传播。

症状 潜伏期变异大,9~28 d(平均18~21 d)。受感染的人及动物大多不会有临床症状,少数急性感染期的人类会引致体温升高、非典型肺炎、肝炎或于慢性感染时并发心内膜炎等;在动物则偶会引起怀孕末期的流产或其他繁殖障碍的问题。

犬猫可能带菌或呈抗体阳性,通常无症状(不显性感染),一旦怀孕时有时很容易造成流产或死胎。自然感染的犬可发生支气管肺炎和脾脏肿大。

诊断 病料可采集胎盘、子宫分泌物、乳汁及其他排泄物。

病原学检查:将病料涂片,用吉姆萨染色法或马基维洛染色法染色镜检,如能在细胞内发现大量染成紫色或红色的短杆状或球状颗粒,可做出初步诊断。

分离培养:分离培养时,可将病料经腹腔接种豚鼠或仓鼠,待其发热后,取脾脏涂片、染色、镜检,观察胞浆内的贝纳柯克斯体。也可用鸡胚卵黄囊或细胞培养方法分离病原体。

血清学检查:血清学检查可采集被检动物血清做补体结合试验或微量凝集试验,检查血清抗体做出诊断。

此外,间接免疫荧光技术和酶联免疫吸附试验也用于检测特异性抗体。

二、按医嘱进行治疗

1.治疗原则

早期应用抗生素治疗,用药应持续3~4周。

2.药物治疗

发病早期可使用四环素、金霉素、土霉素、强力霉素和氯霉素等广谱抗生素进行治疗,有一定疗效。

3.预防

有国家使用动物用疫苗,疫苗免疫可减少发病、减少排菌和预防流产,但无法防止感染。

三、宠物出院指导

1.护理指导

本病是重要人畜共患传染病。在接触分娩犬猫时,尤其是流产、死产时应特别注意,流产的胎盘应焚烧处理,污染区应彻底消毒。

2.预后

受感染的幼龄犬猫死亡率高。成年犬猫死亡率低。

项目五　嗜吞噬细胞无形体病的防治技术

【案例导入】

家犬，5 岁，公犬未绝育，免疫完全，体重 4.5 kg。主人突然发现该犬全身有淤血斑，精神沉郁。带去宠物医院诊治，3 h 后出现呕吐，呕吐物为黄色液体状，内有黑色淤血块。无饮欲食欲。可视黏膜苍白，按压回血>0.5 s。使用爱德士四合一检验套组检测犬嗜吞噬细胞无形体阴性。治疗 3 日后复查四合一检验套组，结果为嗜吞噬细胞无形体阳性。

【项目描述】

一、宠物入院症状、诊断评估与记录

(一)一般检查项目评估

1.病史

被蜱虫叮咬史。

2.临床症状

病犬出现全身淤血斑，可视黏膜苍白。

3.实验室检验

爱德士四合一检验套组(IDEXX SNAP 4Dx)可以检测犬嗜吞噬细胞无形体。

(二)重点检查项目评估

1.血液常规检查与血液涂片检查

白细胞、血小板减少可作为早期诊断的重要线索。每日进行血液常规检查和血涂片检查，判定贫血、血小板减少、白细胞异常。

2.血液生化检查

从血液生化检查中可得知其白蛋白的生成下降，并伴有氮质血症，可判断其肝白蛋白产量下降。

3.X 光检查

X 光检查显示，脾脏可能会出现肿大。

(三)并发症评估

常引发病犬贫血。

【相关知识】

嗜吞噬细胞无形体病为一种重要的世界性分布的人兽共患传染病。主要通过蜱叮咬传播。蜱叮咬携带病原体的宿主动物后再叮咬人，以发热伴白细胞、血小板减少和多脏器功能损害为主要特征。

病原 嗜吞噬细胞无形体属于立克次氏体目无形体科无形体属，是一种胞浆内球形病原体(图 11-3)。该病原会影响哺乳动物骨髓的诱导分化，其中感染的细胞大部分是骨髓细胞内吞噬细胞，嗜吞噬细胞无形体会在这些细胞内完成复制增殖并形成一种类似于桑葚状的包涵体。该病原主要由硬蜱通过叮咬和吸血传播，可引起人(图 11-4)及家畜如牛、马、羊及犬等急性感染。

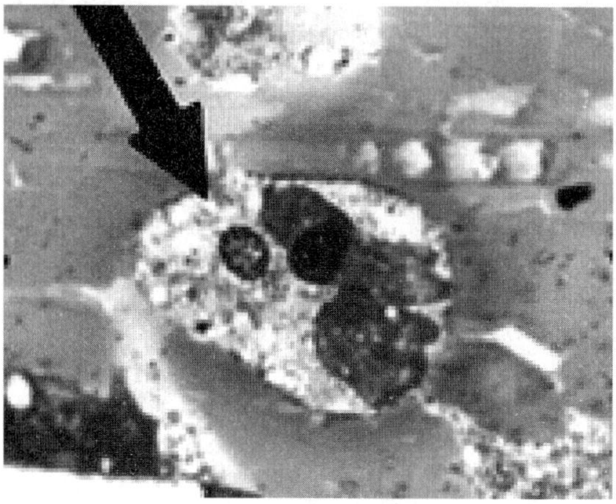

图 11-3 人血液中性粒细胞内无形体包涵体
(×1 000，JS Dumler)

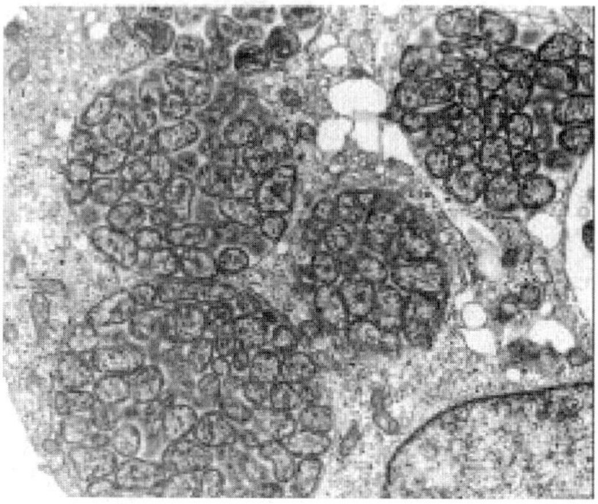

图 11-4 电镜下的无形体包涵体
(×21 960，JS Dumler)

症状 文献表明，健康犬和血清呈阳性但无临床症状的犬数量比例并没有太大的区别，与患临床疾病的犬相比较，大部分患嗜吞噬细胞无形体自然感染的阳性犬仍然会保持健康，这就意味着临床症状不明显或是轻微疾病以及症状悄然消失都是十分正常的情况。

病犬嗜睡，食欲不振，体温升高，不愿活动，跛行(关节病变)，腹部紧绷，呼吸急促，腹泻，呕吐，斑疹，淋巴结肿大，咳嗽，黏膜苍白，黑便，鼻出血以及喜侧卧。

诊断 临床诊断可用爱德士犬四合一检测板检测，并进行血液涂片包涵体检测。

血常规检查中血小板明显减少，多数病例出现白细胞总数升高，中性粒细胞和单核细胞升高；血液生化检查，多数病例出现碱性磷酸酶升高，血钾降低的结果；对患犬进行腹部 B 超检查，脾脏会出现轻微或中等程度的肿大。

血清间接免疫荧光抗体(IFA)检测：嗜吞噬细胞无形体 IgG 抗体阳性。

嗜吞噬细胞无形体核酸 PCR 检测：全血或血细胞标本 PCR 检测嗜吞噬细胞无形体特异性核酸阳性，且序列分析证实与嗜吞噬细胞无形体的同源性达 99%以上。

二、按医嘱进行治疗

1. 治疗原则

进行长期的治疗，及早使用抗生素，定期监测内脏功能，避免出现并发症。

2. 药物治疗

四环素类抗生素为首选药物。如果出现二次免疫介导性血小板减少症，需要同时使用四环霉素类及糖皮质激素进行治疗。在急症期需进行支持疗法。

对病情较重犬，应补充足够的液体和电解质，以保持水、电解质和酸碱平衡；体弱或营养不良、低蛋白血症可给予输血治疗，以改善全身机能状态、提高机体抵抗力。应慎用激素。

3. 预防

蜱虫的叮咬是嗜吞噬细胞无形体病传播的重要途径。在蜱虫出没的季节（4—9月份），对生活在大量硬蜱环境中的犬进行适当的预防，可防止大部分的犬免受嗜吞噬细胞无形体感染。

三、宠物出院指导

1. 护理指导

适量给予维生素，多饮水。治疗两周后仍需持续服药，做好体外驱虫管理，避免复发。并应定期进行体检。

2. 预后

及时处理，预后良好。

学习情境十二

观赏鱼常见传染病的防治技术

项目一　观赏鱼烂鳃病的防治技术

【案例导入】

从水族店购买的锦鲤，一周后出现行动缓慢、呼吸困难、浮出水面的现象。撬开腮盖发现锦鲤腮盖骨内充血，腮盖中心骨坏死脱落。腮丝由鲜红变成苍白，由外缘开始糜烂、脱落(图 12-1)。腮丝之间黏液增多。经病原分离培养鉴定后为烂鳃病。

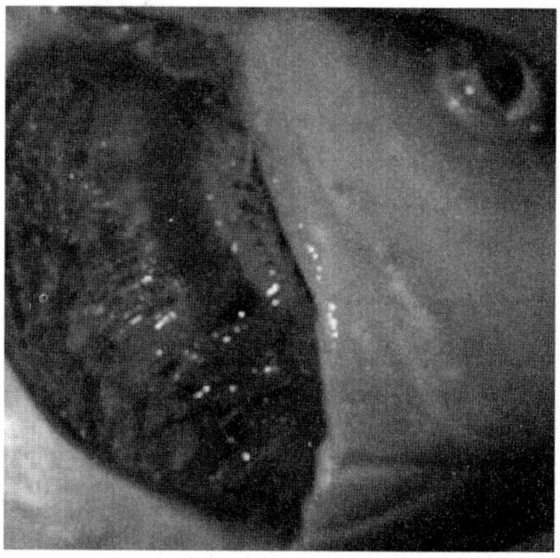

图 12-1　烂鳃病腮丝糜烂、脱落

【项目描述】

一、宠物入院症状、诊断评估与记录

(一)一般检查项目评估

1.病史

鱼缸内生活环境、水质情况、鱼的购买情况等。

2.临床症状

行动缓慢，呼吸困难，鱼头浮出水面。

3.病理剖检

腮盖骨内充血，腮盖中心骨坏死脱落。腮丝由鲜红变成苍白，由外缘开始糜烂、脱落。腮丝之间黏液增多。

(二)并发症评估

常常并发肠炎，有时不出现任何症状鱼即死掉。

【相关知识】

观赏鱼烂鳃病病原体为黏球菌，传染途径主要是病鱼。金鱼、热带鱼都易得此病，不易根治。

病原　细菌性烂鳃病的病原体为鱼害黏球菌，一般是由鱼体与病原菌直接接触而引起，尤其是鱼的鳃部遭到机械损伤后更易感染。

流行病学　该病在水温 20～35 ℃范围内均可发生，流行季节为 4—11 月，6—9 月为发病高峰期。从种鱼到成鱼均可受害，水温越高越易暴发流行，常引起大量死亡。

症状　鱼患病后行动缓慢，食欲不振，头部变黑，体色减退，失去光泽，鱼鳃上附有黏液和污物。随着病情恶化，鳃丝由鲜红变白至逐渐腐烂脱落，病鱼鳃丝腐烂严重时，鳃丝末端软骨外露，且鳃上常带污泥，靠病变部位的鳃盖内侧的表皮常被腐蚀成一个圆形或不规则的透明小窗，俗称“开天窗”，严重时整个鳃盖腐烂，最后导致死亡。死亡率一般 50%～60%，有时高达 80%。

诊断　根据症状及流行情况进行初步诊断。确诊需分离、鉴定病原菌。

二、按医嘱进行治疗

1. 治疗

将病鱼及未患病的鱼同时捞至 3 mg/L 的呋喃西林溶液里，停喂 1～2 d，然后喂少量鲜活饵料，逐步恢复正常喂食，1 周左右可恢复正常；或将病鱼放入 15 mg/L 的鱼血清水溶液(络合碘类药物溶液)中，喂养 1 周左右即可恢复，原鱼缸用 3 mg/L 的高锰酸钾溶液浸泡消毒。

2. 预防

彻底清缸消毒，杀灭病原体；经常往鱼缸内注入新水，控制水体透明度；高温季节开动增氧机，保持充足溶氧。

项目二　观赏鱼赤皮病的防治技术

【案例导入】

鱼缸内多条锦鲤食欲减退，行动缓慢，离群独自在水面游动。鱼体两侧及腹部出现发炎、出血、鳞片脱落(图 12-2)、鳍条充血现象。经病原分离培养鉴定后为赤皮病。

图 12-2　鳞片脱落

【项目描述】

一、宠物入院症状、诊断评估与记录

(一)一般检查项目评估

1. 病史

鱼体受伤情况。

2.临床症状

食欲减退，行动缓慢，离群独自在水面游动。鱼体两侧及腹部出现发炎、出血、鳞片脱落、鳍条充血现象。

3.病理剖检

鳍的基部梢端烂去一段，鳍条呈扫帚状。

（二）并发症评估

常与肠炎病、烂鳃病同时发生，形成并发症。

【相关知识】

赤皮病又称出血性腐败病、赤皮瘟、擦皮瘟等。由荧光假单胞菌感染，引起鱼体两侧皮肤充血发炎、鳞片脱落。

病原 荧光假单胞菌呈短杆状，两端圆形，单个或两个相连，极端有1～3根鞭毛。无芽孢，革兰氏阴性。琼脂培养基上菌落呈灰白色，半透明，24 h左右开始产生绿色或黄绿色的色素，弥漫于培养基；肉汤培养基生长丰盛，均匀混浊，微有絮状沉淀，表面有光滑柔软的层状菌膜，一摇即散，24 h后，培养基表层产生色素。明胶穿刺24 h后杯状液化，72 h后层面形液化，液化部分出现色素；马铃薯培养基中等生长、微凸、光滑、湿润，菌落呈绿色，培养基2 d后呈绿色。兔血琼脂β型溶血。

流行病学 传染源是被荧光假单胞菌污染的水体、工具及带菌鱼。鱼的体表完整无损时，病原菌无法侵入鱼的皮肤；只有当鱼因捕捞、运输、放养，受到机械损伤，或冻伤，或体表被寄生虫寄生而受损时，病原菌才能乘虚而入，引起发病。在我国各养鱼地区，一年四季都有流行，尤其是在捕捞、运输后，北方在越冬后，最易暴发流行。

症状 病鱼体表出血发炎，鳞片脱落，尤其是鱼体两侧及腹部最为明显；鳍的基部或整个鳍充血，梢端腐烂，常烂去一段，鳍条间的软组织也常被破坏，使鳍条呈扫帚状，称为“蛀鳍”；在体表病灶处常继发水霉感染。有时鱼的上、下颌及鳃盖也充血发炎，鳃盖内表面的皮肤常被腐蚀成一个圆形或不规则形的透明小窗。

诊断 根据症状及流行情况进行初步诊断。确诊需分离、鉴定病原菌。

二、按医嘱进行治疗

1.治疗

用20 mg/L的高锰酸钾溶液或3 mg/L的漂白粉溶液浸泡鱼、鱼缸及用具，可起到消毒杀菌作用，一般2周左右恢复正常。严重者，肌肉注射硫酸链霉素，注射20 mg/kg体重；用磺胺噻唑，50～100 mg/kg体重，拌饵投喂，连喂6 d。

2.预防

彻底清洗鱼缸。加强饲养管理，保持优良水质，严防鱼体受伤；在北方越冬池应加深水深，以防鱼体冻伤；投喂优质颗粒饲料，增强鱼体抵抗力。发现鱼体受伤后，应立即在鱼缸内遍洒1～2次消毒药。

项目三　观赏鱼竖鳞病的防治技术

【案例导入】

锦鲤在搬运时皮肤受到损伤，一周后游动缓慢，浮于水面，全身鳞片竖立，鱼鳞囊内积有含血的渗出液，手指轻压鳞片，则渗出液从鳞片下喷射出来(图 12-3)。经病原分离培养鉴定后为竖鳞病。

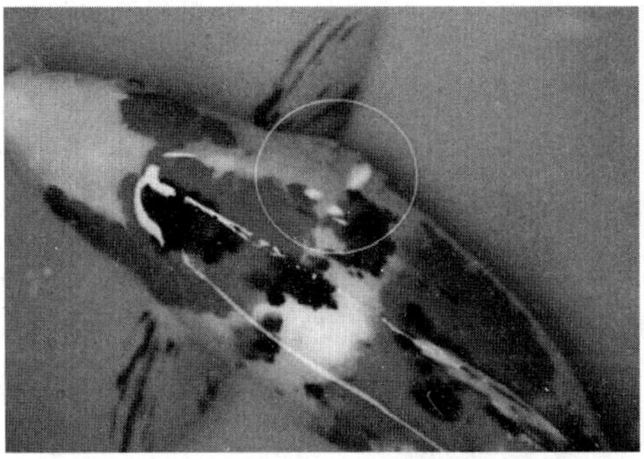

图 12-3　鱼鳞囊内积有含血的渗出液

【项目描述】

一、宠物入院症状、诊断评估与记录

(一)一般检查项目评估

1. 病史

在搬运时，鱼皮肤受到损伤。

2. 临床症状

游动缓慢，浮于水面，全身鳞片竖立。

3. 病理剖检

鱼鳞囊内积有含血的渗出液，腹腔内积有腹水。

(二)并发症评估

常常并发贫血，鱼内脏器官颜色均较淡。

【相关知识】

竖鳞病(Lepidorthosia)又称鳞立病、松球病、松鳞病，是鱼体受伤后感染细菌，引起鳞囊内积聚液体、鳞片竖立的一种鱼病。

病原　病原为豚鼠气单胞菌，为革兰氏阴性短杆菌，近圆形，极端单鞭毛，运动活泼，无芽孢。注射、创伤涂抹及浸泡 3 种途径均能人工感染致病。

流行病学　当水质恶化、鱼体受伤时，经皮感染。我国的东北、华中、华东、华南、华北等养鱼地区常有发生。发病时间为初冬至春季，气温在 15 ℃以下，尤其在气温骤降时常暴发流行。死亡率一般为 10%～35%，最高可高达 100%。

症状　病鱼体表粗糙，鳞片向外张开。疾病早期仅部分鳞片向外张开，主要为鱼体前部的鳞片；严重时则全身鳞片竖立。鳞囊内积聚有半透明或含有血的渗出液，用手指轻压鳞片，渗出液就从鳞片下喷射出来，鳞片也随之脱落，有时伴有鳍基充血。鳍膜间有半透明液体。顺着与鳍条平行的方向稍用力摸。液体即喷射出来。皮肤轻度充血发炎，脱鳞处皮肤形成红色糜烂。眼球突出。腹部膨大，腹腔内积有腹水，腹水多时可占鱼体重的 20%左右。病鱼贫血，肝呈土黄色，鳃、脾脏、肾脏的颜色均较淡。严重时病鱼游动缓慢，呼吸困难而死。

诊断 根据症状及流行情况进行初步诊断。同时，用显微镜检查鳞囊内渗出液，见有大量短杆菌即可做出诊断。

二、按医嘱进行治疗

1.治疗

(1)先将病鱼放养在0.5%的食盐水中，停食2日，排空肠道，然后放回清水中，把磺胺嘧啶制成小颗粒，按每尾0.2 g剂量投喂，隔日1次，连续5次；或用1.5～2.0 mg/L呋喃西林水溶液放养病鱼，一般4～5 d即可恢复。

(2)混合剂浸洗法：选用2%食盐水、3%小苏打溶液、5%敌百虫溶液，配制成混合剂，浸洗病鱼10～15 min，效果较好。

(3)抹擦体表：用稀释碘酒抹擦病鱼体表，或肌注经稀释后低剂量的庆大霉素，用药数次后可获得明显效果。

2.预防

勿使鱼体受伤。加强饲养管理，发病初期冲注新水，可使病情停止蔓延。放养密度应适当，保持优良水质，投喂优质及适量的颗粒饲料，提高鱼体抗病力。在捕捞、搬运时应细心操作，尽量避免鱼体受伤。如发现鱼体已受伤，应及时外泼一次消毒药。

3.护理

一定要将竖起的鳞片下的泡挤破并推掉这些鳞片，这样做一是为了使药物更容易到达患处，二是为了便于观察病情。增强光照，提高水温至25 ℃，进行饲养调理治疗，能使病症逐渐好转。

学习情境十三

宠物龟常见传染病的防治技术

项目一　宠物龟腐皮腐甲病的防治技术

【案例导入】

主诉：家中的中华草龟眼部皮肤出现溃烂（图 13-1），巴西龟甲壳出现溃烂（图 13-2），已有2个月，在一诊所进行过一个月的口服用药治疗，未见明显疗效，食欲正常。经病原分离培养鉴定后为龟腐皮腐甲病。

图 13-1　中华草龟右眼眼皮腐皮

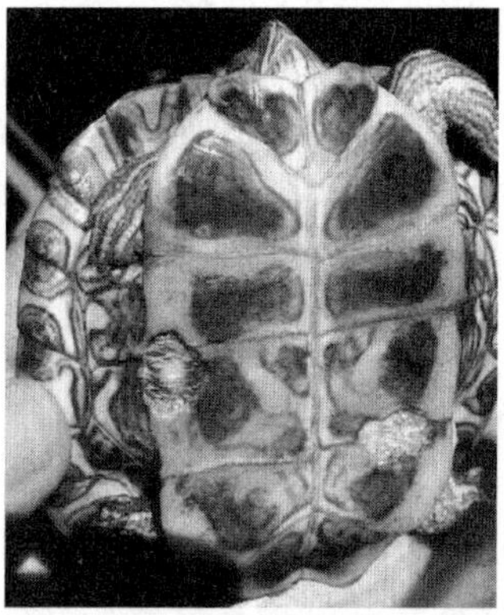

图 13-2　巴西龟腹甲正面，腹甲肱盾、胸盾发红，胸盾、腹盾、股盾处腐烂

【项目描述】

一、宠物入院症状、诊断评估与记录

（一）一般检查项目评估

1.病史

甲壳受损或受挤压情况。

2.临床症状

舌体发白，舌面红肿。全身皮肤带有蜡纸样分泌物，四肢的掌部皮肤弥漫性溃烂，腹甲盾片大面积坏死，已露出新鲜的甲下组织。

(二)并发症评估

进一步发展时，颈部肌肉及骨骼和四肢的骨骼外露，爪脱落。皮肤腐烂达到颈部骨骼外露的大多会死亡。

【相关知识】

宠物龟腐皮腐甲病十分常见，属于龟传染病之一。常见病原为嗜水气单胞菌、假单胞菌和无色杆菌。易感对象是稚龟、幼龟、成龟和亲龟等各种规格的龟。腐皮腐甲病产生的过程如下：水质不良，水中存在嗜水气单胞菌、假单胞菌或者无色杆菌，宠物龟身上有细微伤口，供细菌侵入，进而侵入部位皮肤、龟甲发炎、肿胀、溃烂、溃疡等，有些宠物龟胸盾、腹盾、股盾处有腐烂；有些宠物龟数块缘盾腐烂发红或者发黑，部分缘盾和腹甲盾片翘起，发出腐烂气味。严重的腐皮腐甲病可以导致宠物龟死亡。

二、按医嘱进行治疗

1.治疗原则

环境消毒，龟体消毒，局部用药，全身性消炎。

2.药物治疗

(1) 环境消毒：将病龟隔离，对养龟环境进行消毒，可以使用高锰酸钾或者 20 mg/L 漂白粉浸泡 24 h，或者 10%食盐水浸泡 30 min。注意消毒的缸需要清水冲洗并晾晒后再次使用。

(2)龟体消毒：病龟放入清水中充分饮水，然后放入 5‰的聚维酮碘液中浸泡消毒。聚维酮碘液除了有消毒的作用，还有去腐生肌的作用，在消毒的同时促进新生皮肤和新角质层生长，使腐皮下部长出新的皮肤、腐甲下部长出新的角质层。

(3)局部用药：腐皮腐甲局部用药操作分为浅表性腐甲治疗和中重度腐甲治疗。①浅表性腐甲，腐皮、腐甲部位使用 5%聚维酮碘液原液涂抹，之后涂抗生素软膏(红霉素眼膏、金霉素眼膏、青霉素软膏或者链霉素软等)，每日 3～4 次，几日后可好转。②中重度腐甲，当甲片已经糜烂、穿孔、发出臭味，则首先要手术清创，即用消毒过的刀片、剪刀等刮、挖、剪等对糜烂部位进行清理，然后用 3%过氧化氢冲洗清理的部位，再用 5%聚维酮碘液消毒，然后涂抹上抗生素软膏或者抗生素粉(氨苄西林或者氟苯尼考等)，每两日换一次药物。接着对病龟采取全身性消炎措施。

(4)全身性抗菌消炎：口服抗生素(头孢类或者青霉素类)或者注射抗生素(头孢拉定、头孢曲松钠等)。

3.预防

龟缸定期消毒，最好是不超过两周一次，使用 10%食盐水即可；注意水质消毒，可以使用 0.05%食盐水直接泼洒到养龟水里面消毒水和龟体，注意不是每日加盐，而是定期水体消毒或者是发现龟身上有伤口时加盐(因为长期摄入盐分过多，对龟是一种伤害)。平时可以酌情使用维生素 E、维生素 C、维生素 B_5、维生素 B_6 和维生素 B_{12}，提高龟免疫力。

三、宠物出院指导

1. 护理指导

护理时需要忌水，即干养。干养不是完全不碰水，完全不碰水首先会导致病龟脱水，其次会导致皮肤皲裂等一系列问题。干养是指早晚泡水 15～30 min，让病龟喝水或者进食，其他时间放在柔软的消毒湿毛巾上。提供恒温 28～30 ℃的饲养温度利于病龟恢复。

2. 预后

宠物龟腐皮腐甲病痊愈后龟外壳会留下坑洞，随着宠物龟长大，龟壳不断蜕去即可长好。

项目二　宠物龟水霉病的防治技术

【案例导入】

主诉巴西龟烦躁不安，食欲减退、消瘦。龟颈部、四肢、甲壳部位长出灰白色或褐色絮状物(图 13-3)。经病原分离培养鉴定后为龟水霉病。

图 13-3　甲壳部位长出灰白色絮状物

【项目描述】

一、宠物入院症状、诊断评估与记录

(一)一般检查项目评估

1. 病史

宠物龟每日晒太阳情况。

2. 临床症状

龟颈部、四肢、甲壳部位长出灰白色或褐色絮状物。

3. 病料镜检

刮取龟甲壳灰白色或褐色絮状物，用显微镜进行病原检查。

(二)并发症评估

常引发体表及体内组织的溃烂性炎症。

【相关知识】

水霉病是由于宠物龟长期生活在水中或阴暗潮湿处，对水质不适应，存在于水体中的水霉、绵霉等真菌感染龟体表皮肤而引起。中华花龟、巴西彩龟、纳氏彩龟、锦龟易患此病。全年都有发生。

症状　感染初期不见任何异常，继而食欲减退、体质衰弱，或在冬眠中死亡。随着病的发展，出现体表、头、四肢、尾部产生灰白色斑，俗称“生毛”，进而表皮形成肿胀、溃烂、坏死或脱落，很快死亡。水霉病多发生于龟的头颈、四肢和尾部。菌丝为白色，柔软，呈棉絮状。最初时病龟食欲减退、焦躁不安，严重时，颈部、四肢长满水霉，部分病灶伤口充血溃烂，最后衰竭死亡。

二、按医嘱进行治疗

1. 治疗

用1%磺胺药物软膏涂抹病灶处，1～2 min后放入清水中漂洗去多余药物，再投入原池中饲养，3～4 d后再重复用药1次。用3%～5%的食盐水浸浴10 min，或20 mg/L的高锰酸钾溶液浸泡15 min后晒太阳30 min，每日2次，连续3～5 d。同时在投喂的食物中拌入适量的抗生素，提高龟的抵抗力。

2. 预防

平时要做好池水消毒工作，保持水质清新。多晒阳光可自然抑制真菌繁殖，在发病季节或个别龟始发病时，每立方米水体用1 g孔雀石绿对池水消毒。也可对病龟提高用药量进行药浴消毒，每立方米水体加孔雀石绿2 g，泡至龟体上水霉染成绿色即可，然后放入池内，过几日水霉即可褪去。也可把患水霉病的龟放一个无水容器中晒数小时太阳，水霉也会萎缩退去。

学习情境十四

观赏鸟常见传染病的防治技术

项目一　观赏鸟新城疫病的防治技术

【案例导入】

某生态园饲养的画眉发病，每日死亡3～5只。死亡画眉送到实验室，经过病理剖检，实验室病毒分离、血清学鉴定和PT-PCR检验，确诊画眉感染的是新城疫病毒。

【项目描述】

一、宠物入院症状、诊断评估与记录

(一)一般检查项目评估

1.病史

患病画眉精神沉郁萎靡，不愿走动，食欲减退。

2.临床症状

羽毛蓬乱，无光泽，两翅下垂，有的画眉呼吸困难，粪便稀薄呈绿色，头颈歪向一侧。

3.病理变化

病死画眉剖检可见气管黏膜和气管环充血、出血，腺胃乳头有出血点，十二指肠黏膜呈弥漫性充血、出血，盲肠扁桃体肿大、出血。心冠脂肪有针尖状的出血点，肝脏有不同程度的肿大且质脆易碎呈暗褐色，脾脏稍肿大有针尖大小的黄色坏死点。

(二)重点检查项目评估

病毒分离、血清学鉴定：将病料研磨物接种鸡胚，96 h部分鸡胚死亡。将第2代和第3代培养物接种鸡胚，全部于72 h死亡，取第3代鸡胚尿囊液做血凝试验，其血凝价分别为肝26、脾27、脑27，分别用鸡新城疫和禽流感阳性血清做血凝抑制试验，结果其血凝性全部被新城疫阳性血清所抑制，而不能被禽流感阳性血清抑制，说明分离到的病毒是新城疫病毒，而不是禽流感病毒。

【相关知识】

新城疫是一种急性、高度接触性传染病。主要侵害鸡和火鸡，各种其他禽类和鸟类也感染。常呈败血症经过，主要特征为持续性腹泻、神经机能紊乱、呼吸困难、黏膜和浆膜出血。

病原 新城疫病毒属于副黏病毒亚科风疹病毒属。为单股 DNA。病毒颗粒呈多形性，有核衣壳和囊膜。新城疫病毒有以下 4 种类型：①嗜内脏速发型，是各种年龄鸟的一种急性致死性传染病，以消化道出血性病变为特征。②嗜神经速发型，也是各种年龄鸟的一种急性致死性传染病，以神经系统和呼吸道的病变为特征。③中发型，是幼龄鸟的一种急性呼吸系统或致死性的神经系统传染病，幼鸟常死亡。④缓发型，是引起鸟类的轻度或不明显的呼吸系统传染病，很少死亡。

新城疫病毒对外界抵抗力较强，但常用的消毒剂如 2%氢氧化钠、1%来苏儿、5%漂白粉、1%碘酊及 70%酒精等，在数分钟至 20 min 内即可杀死病毒。

流行病学 本病主要是通过病禽、鸟以及在流行间歇期的带毒禽、鸟类，经呼吸道和消化道传染的，有时带毒的鸟蛋以及创伤、交配也可引起传染。新城疫一年四季均可发生，春秋两季多发。

症状 新城疫最急性型的主要表现为突然发病，常无特征性症状而迅速死亡，多见于疾病流行初期和雏鸟。

急性型主要表现为病初体温升高达 43～44 ℃，食欲减退或废绝，有渴感。精神萎靡，垂头缩颈或翅膀下垂，眼半闭或全闭，似昏睡状，冠及肉髯呈暗红色或暗紫色，雌鸟产蛋停止或产软壳蛋。随后出现病鸟咳嗽，呼吸困难，有黏液性鼻漏，伸头，张口呼吸，并发出“咯咯”的喘息声或尖锐的叫声，口角流出多量黏液，并常作摇头或吞咽动作，嗉囊内充满液状物，倒提时，常有大量酸臭液体从口中流出。粪便稀薄，呈黄绿色或黄白色，有时混有少量血液，后期排出蛋清样的排泄物。有的病鸟出现神经症状，如翅、腿麻痹等，最后体温下降，昏迷死亡。1 月龄的幼鸟病死率高。

亚急性或慢性型，初期症状与急性型相似，不久症状渐减轻，但同时出现神经症状，病鸟翅、腿麻痹，跛行或站立不稳，头颈向后或向一侧扭转，常伏地旋转，动作失调，反复发作后，最终瘫痪或半瘫痪，多发于流行后期的成年鸟，病死率较低。

个别病鸟可以康复，少数不死的鸟留下特殊的神经症状，表现腿、翅麻痹或头颈歪斜。有的受到惊扰或抢食时，突然倒地，全身抽搐就地旋转，数分钟后又恢复正常。

病变 新城疫主要病理变化是全身黏膜和浆膜出血，淋巴组织肿胀、出血和坏死。嗉囊内充满酸臭味的稀薄液体和气体。特征性病变为腺胃黏膜水肿，其乳头或乳头间有出血点或有溃疡和坏死，肌胃角质层下也常见出血点。

肠道黏膜有大小不等的出血点，上有纤维素性坏死性病变，有的形成假膜，假膜脱落后形成溃疡。盲肠扁桃体常见肿大、出血和坏死。气管出血或坏死，肺瘀血或水肿。心冠脂肪有针尖大出血点。产蛋禽的卵泡、输卵管显著充血，卵黄因卵泡破裂流入腹腔极易引起卵黄性腹膜炎。脑膜充血或出血。脾、肝、肾无特殊病变。

诊断 临床上根据新城疫的流行病学、主要症状和病理变化综合分析后做出初步诊断。确诊需要做病毒分离、血清学鉴定和 RT-PCR 检验。但应注意与禽霍乱、传染性支气管炎和禽流感区别。

二、按医嘱进行治疗

1.治疗

高免血清和高免蛋黄液对此病有相当好的治疗和预防作用。

对发病但无明显神经症状(有神经症状的建议尽早淘汰)的鸟，以对症治疗为主，同时配合使用浓度为0.01%丁胺卡那溶液及利巴韦林饮水，连用5 d；每羽肌注2万IU禽用重组干扰素，连用3 d。

2.预防

预防此病最好的方法是免疫接种，按防疫程序定期使用新城疫疫苗预防接种：10日龄鸟用新城疫Ⅰ系疫苗点眼、滴鼻，30日龄鸟用新城疫弱毒Ⅱ系疫苗点眼、滴鼻；也可用免疫增强剂-复方黄芪冲剂饮水，连用3～4 d，效果较好。

病鸟用过的笼具、用具、水罐和食罐要彻底清洗、消毒。发病鸟要与其他健康鸟隔离，认真处理死鸟。新买入的鸟必须先隔离观察2周，确定无病后才能合群。

三、宠物出院指导

1.护理指导

平时加强管理，保持环境卫生，定期消毒；保证供给全价饲料，供给清洁的饮用水，平时可以饲喂一些笼养鸟繁殖预混料和营养添加剂。

2.预后

病鸟多数死亡。

项目二　观赏鸟霍乱病的防治技术

【案例导入】

某森林动物园新引进的四只金刚鹦鹉中的一只雌性鹦鹉突然发病，表现出精神沉郁，羽毛松乱，缩颈闭眼，呆立，食欲减退，渴欲增加，腹泻且排绿色稀便等临床症状，动物园将这只雌性鹦鹉进行了隔离治疗。5 d后，另外三只也表现出类似症状。动物园同样将此三只金刚鹦鹉隔离并进行治疗：口服氨苄西林钠，痢特灵及泻立停后均无明显疗效，次日最先出现病症的一只死亡，死前角弓反张，翅痉挛，不能站立。经病理剖检、实验室检验，综合诊断为鸟霍乱病。

【项目描述】

一、宠物入院症状、诊断评估与记录

(一)一般检查项目评估

1.病史

精神沉郁，食欲减退，渴欲增加。

2. 临床症状

羽毛松乱，缩颈闭眼，呆立，腹泻且排绿色稀便等临床症状。

3. 病理剖检

肠黏膜充血、出血，肠腔内有多量泡沫性分泌物；肝淤血，肝脏表面布满灰白色针尖大小的坏死点；心冠处点状出血；肺充血；肾脏等器官、组织均无眼观病变。

(二)重点检查项目评估

1. 涂片镜检及细菌培养

采取病料组织抹片，亚甲蓝染色镜检，可见单个、散在、两极着色明显的革兰氏阴性小杆菌。在肉汤中培养呈轻度混浊，管底产生黏稠沉淀，表面形成菌环。在普通琼脂上生长不茂盛，在血清琼脂上形成灰白色、露珠样的小菌落，表面光滑闪亮，边缘整齐，在血液琼脂上不溶血，水滴状菌落，挑取菌落抹片、染色、镜检，见单个、散在、两极着色明显的革兰氏阴性小杆菌。

2. 生化试验

该菌能分解葡萄糖、乳糖、果糖、甘露醇，产酸不产气，靛基质试验阳性，甲基红试验和乙酰甲基甲醇试验阴性。

3. 药敏试验

该菌对丁胺卡那、庆大霉素及四环素类高敏，对链霉素、头孢菌素敏感。

【相关知识】

观赏鸟霍乱病又称巴氏杆菌病、出血性败血症。是一种侵害家禽、野禽和所有鸟类的接触性传染病。疾病常表现为急性败血型，发病率和死亡率都很高。但也有表现为慢性型或良性经过。

病原 多杀性巴氏杆菌，为革兰氏染色阴性、无运动性、不形成芽孢的小球杆菌。新分离的菌株有荚膜，碱性亚甲蓝染色呈两极浓染。该菌抵抗力较弱，对热、日光敏感，常用的消毒药短时间内可将其杀死。

流行病学 多杀性巴氏杆菌在鸟群中的传播主要是通过病鸟口腔、鼻腔和眼结膜的分泌物。因为这些分泌物常污染饲料、饮水、用具和空气等。一般经过鸟类的咽部和上呼吸道黏膜侵入体内，也可通过眼结膜或皮肤伤口以及吸血昆虫的传播侵入体内而感染。

症状 急性型常见的症状为发热，厌食，羽毛粗乱，口腔流出黏液性分泌物，剧烈腹泻，排出黄绿色或灰白色稀粪，发绀、呼吸困难，最后衰弱死亡。耐过初期急性败血症的幸存者，转为慢性感染或康复。

慢性型主要表现为局部感染，鼻窦、腿或翅关节、足垫和胸骨囊常出现肿胀。可见渗出性结膜炎和咽部病变。有时可见斜颈，出现气管啰音和呼吸困难。

病变 急性型病例剖检的变化主要是各浆膜点状出血，心外膜出血，肺脏、腹部脂肪组织和肠黏膜也出血，肌胃出血。心包积液和腹水增加。肝脏肿胀，呈棕色或黄棕色，质脆，上有许多灰白色针尖大坏死灶。

慢性型病例剖检的变化主要是局部感染，一般为化脓性的，如鼻窦炎、肺炎、结膜炎、关节炎、肠炎、卵巢充血或卵黄破裂。

诊断 根据临床症状、剖检变化，特别是肝脏的特征性病变，一般可以诊断。确诊需采取病变组织涂片或触片，经瑞氏液染色后镜检，发现两极浓染的细菌即可。也可进一步进行分离培养和动物实验鉴定。

治疗　青霉素、链霉素、氯霉素、土霉素、壮观霉素、阿米卡星及磺胺类药物都有较好疗效。土霉素，0.2%～0.4%拌料；壮观霉素，0.1%饮水；氯霉素，0.05%～0.2%拌料或饮水；阿米卡星，每千克体重 2 mg 肌肉注射；磺胺类药物，0.5%～1%拌料，0.1%饮水。

二、按医嘱进行治疗

1.药物治疗

肌注丁胺卡那，口服葡萄糖水、维生素 C、补液盐、四环素，经半个多月治疗，病鸟精神状态良好，食欲逐渐恢复。同时其他鸟饲料拌入百菌净粉，饮水加庆大霉素，用药 3 d。

2.预防

应隔离封锁病鸟舍，淘汰病鸟，病死鸟尸体深埋或焚烧。未发病鸟用药物紧急预防或用疫苗紧急接种。

三、宠物出院指导

1.护理指导

及时清除分泌物，笼子、容器等经常清洗，彻底消毒。不要饲喂人嚼过的食物。

2.预后

病鸟多数死亡。

项目三　观赏鸟痘病的防治技术

【案例导入】

某市动物园有一笼舍饲养 7 只幼年绿孔雀，在相邻的笼舍里分别养有 16 只成年孔雀和其他禽类动物。1 只幼孔雀，出现食欲减退，羽毛蓬乱，2 d 后在冠、嘴角、眼结膜上出现凸起的圆斑，继而变为绿豆样痘疹，触有坚硬感。病初认为可能系蚊咬所致，使用红霉素眼药治疗无效，另外的 6 只也相继发病。最多的 1 只在头部、眼部、嘴角上长有 8 个痘疹。为此诊断为鸟痘病。

【项目描述】

一、宠物入院症状、诊断评估与记录

(一)一般检查项目评估

1.病史

本园发生痘病的病源来自患痘病的家禽进入动物区。

2.临床症状

鸟冠、嘴角、眼结膜上出现突起的圆斑，继之变为绿豆样痘疹，触有坚硬感。

3.病毒培养与血清学试验

采集痘疹病料，进行病毒培养与血清学试验鉴定病原。

(二)并发症评估

角膜炎、眼视力丧失。

【相关知识】

鸟痘是家禽和多种鸟类的一种常见的病毒病。由禽痘病毒引起的，是一种急性、热性、高度接触性传染病。世界性分布。特征是体表无羽毛部位出现痘疹、结痂、脱落(皮肤型)；口腔和咽喉部黏膜出现纤维素性坏死性炎症和痘疹(黏膜型)。

病原 痘病毒呈砖形或椭圆形，有囊膜，为RNA型病毒，在感染细胞内形成核内或胞浆内包涵体。感染鸟类的痘病毒虽然种类多，但在形态结构、化学组成上相似，且对宿主的感染性严格专一，一般不互相传染。禽痘病毒至少有4个类型：即鸡痘病毒、火鸡痘病毒、鸽痘病毒和金丝鸟痘病毒，在自然条件下，每一型病毒只对同种禽有致病性，但人工感染时则可使异种禽感染。以鸡最敏感，可致雏鸡大批死亡，火鸡敏感性次之。鸭、鹅等水禽能感染但不严重。金丝鸟和鸽子等鸟类也常发病，但病毒类型不同，一般不交叉感染。传染途径基本与家畜类似。四季均可发生，以春、秋两季和蚊子活跃季节最为流行。

痘病毒对热、直射阳光、常用消毒药敏感，55 ℃ 20 min可丧失感染力，0.5%福尔马林溶液，经数分钟可以将其杀死。但耐干燥，在干燥的痂皮内能存活数月或数年。

流行病学 痘病毒主要是通过接触，经损伤的皮肤黏膜感染给鸟类的；也可经吸血昆虫如蚊、刺螨等传播感染。

症状 分为皮肤型、黏膜型、混合型和败血型。

皮肤型的症状主要为眼睑、喙角、耳球等身体无毛部位出现结节病灶，并增大互相融合，形成褐色痂块。眼睑常肿胀，有脓性或纤维素性渗出物，甚至引起角膜炎而失明。一般无明显症状。轻度皮肤型痘病死亡率较低。

黏膜型是在口腔和咽喉黏膜上发生白色不透明的小结节，迅速增大融合而成黄白色干酪样坏死物，形成假膜，故又称禽白喉，重者可蔓延至眶下窦、眼结膜和角膜引起炎症，使之充满脓性或纤维蛋白性渗出物。病鸟呼吸和吞咽困难，严重时窒息死亡。

两型同时发生形成混合型。黏膜型或伴发其他感染等，可引起较高死亡率(金丝鸟发病时，死亡率高达80%～100%)。

败血型很少见，一旦发生，则以严重的全身症状开始，继而发生肠炎，病禽很快死亡。有时由急性转为慢性，常因腹泻而死。

诊断 根据临床症状可以诊断。皮肤型和混合型的症状具有特征性，不难诊断。单纯的黏膜型易与传染性鼻炎混淆，可采用生物学试验和血清学试验进行鉴别诊断。但确诊须经组织病理学检查(胞浆包涵体的出现)或病毒的分离与鉴定。

二、按医嘱进行治疗

1.治疗原则

对痘病毒感染无特异性的治疗方法，可对症治疗。

2. 药物治疗

采用 2%硼酸溶液冲洗患部;用碘酊涂抹患部;用皮康霜涂在痘疹上;肌肉注射维生素 A 和抗生素。

3. 预防

加强平时的饲养管理,经常对鸟舍、运动场、用具等进行清扫,严格消毒,并减少环境应激因素的影响。发病时隔离病鸟,轻者治疗,重者淘汰。

三、宠物出院指导

1. 护理指导

对病鸟要注重保湿、保暖;每日清洁眼部,注意饮食。1%氢氧化钠液对笼舍进行消毒。

2. 预后

成年禽类发病后如能及时治疗是能治愈的。幼龄鸟抵抗力低,病患在眼部、嘴角等部位,痘疹严重影响视力,病鸟进食困难,有的病鸟失去视力,无法进食而亡。

项目四　观赏鸟鹦鹉热的防治技术

【案例导入】

某年 1 月初,天气寒冷、雨水不断。某生态园 1 月 6 日牡丹鹦鹉开始发病,11—17 日虎皮鹦鹉、金丝雀、红嘴相思相继发病。

临床症状主要有:精神萎靡不振,挤堆夺头,嗜睡,丧失飞高能力;羽毛松乱无光泽,采食、饮水减少甚至拒食;呼吸困难,呼吸音粗;拉绿色、灰色或黑色稀便,肛周尾羽粘有粪便;两爪向内弯曲,站不稳;部分病鸟头部肿胀,结膜发炎,眼睛流出水样、黏性或脓样分泌物,眼睑粘连,明显肿胀(7 羽);有些病鸟发生鼻炎,最初的分泌物为水样,后呈黄色黏性物阻塞鼻孔,张口呼吸(4 羽);有痘疹样眼痂(4 羽);17 羽牡丹鹦鹉共死亡 9 羽。至 20 日共死亡虎皮鹦鹉 5 羽,金丝雀 4 羽,红嘴相思 2 羽,珠颈斑鸠 13 羽。园内的丹顶鹤、黑天鹅、孔雀、鹩哥等 43 种鸟类无临床症状。

根据发病情况、临床症状、病理变化和实验室检查,诊断为鸟鹦鹉热。

【项目描述】

一、宠物入院症状、诊断评估与记录

(一)一般检查项目评估

1. 病史

多种鸟类相继发病。

2. 临床症状

精神沉郁,嗜睡,丧失飞高能力,采食、饮水减少甚至拒食;呼吸困难,呼吸音粗;排绿色、灰

色或黑色稀便等。

3.病理变化

胸腹腔和内脏器官的浆膜以及气囊膜的表面有白色纤维素性渗出物被覆；气囊发炎，壁增厚，呈云雾状浑浊。整个肠道不同程度出血，小肠最严重，呈红褐色至黑褐色；泄殖腔膨大，内容物黄绿色、绿色、灰色或黑色。脾显著肿大，心、肝、肾也肿大，有坏死灶。口腔、气管有黄白色或暗红色黏液。

(二)重点检查项目评估

取肝、心、肾、脾涂片，革兰氏、瑞氏染色镜检，未发现细菌；吉姆萨染色镜检见包涵体；接种普通培养基、血琼脂培养基，无细菌生长

血清学试验：抽取牡丹鹦鹉、珠颈斑鸠、孔雀、斗鸡和观赏鸽各两只的血液 1～2mL，分离血清，进行鹦鹉热衣原体补体结合试验和禽流感血凝抑制试验，结果为：(1)鹦鹉热衣原体抗体滴度，牡丹鹦鹉 1∶512 和 1∶1024、珠颈斑鸠 1∶256 和 1∶1024、孔雀 1∶128 和 1∶128、斗鸡 1∶128 和 1∶1024、观赏鸽 1∶64 和 1∶128；(2)禽流感抗体滴度全部阴性(小于 1∶2)。

【相关知识】

鸟鹦鹉热也叫鸟疫，是由鹦鹉热衣原体引起的野鸟、玩赏鸟和家禽的一种接触性自然疫源性传染病。通常表现为隐性感染或潜在性经过，在不良的外界环境影响下可发病，甚至引起流行和鸟大批死亡，出现支气管肺炎、肠炎、结膜炎、鼻炎等临床症状。

流行病学　大约有 17 种哺乳动物、190 余种鸟和家禽能够自然感染衣原体。发病动物和带菌动物是本病的传染源。衣原体随分泌物、排泄物排出，污染饲料、饮水等。主要通过消化道感染，也可经污染的尘埃、飞沫通过呼吸道或眼结膜感染，经生殖道也能感染。鸟类中鹦鹉和鸽最易感。

症状　观赏鸟常见的主要症状是厌食或不食，眼、鼻有多量脓性分泌物，眼睑肿胀，发生结膜炎、鼻炎和窦炎，腹泻，粪呈黄色、锈色或白色，呼吸困难。后期严重脱水、消瘦死亡。幼龄鹦鹉和幼鸽的病死率可达 75%～90%。剖检常见肝、脾肿大，纤维素性气囊炎、心包炎和腹膜炎。

诊断　细菌学检查：采取气囊渗出液、肝、脾、肾、肠组织和粪便涂片，吉姆萨氏染色后镜检，检出包涵体或原生小体或网状体即可确诊。

鸡胚和动物接种：将被检动物病料制成悬浮液，取 0.5 mL 接种于 39 ℃孵化 6～7 日龄鸡胚的卵黄囊内，继续孵化，鸡胚于接种后 3～10 d 内死亡，出现卵黄囊血管明显充血的典型变化或在卵黄囊膜上发现包涵体即可确诊。也可将病料经腹腔、鼻内接种于 3～4 周龄小白鼠，死后可见十二指肠膨胀，肝和肠表面覆一层薄的渗出物，肝有坏死灶，脾肿大。

另外，也可用补体结合试验、间接血凝试验、免疫荧光试验等进行诊断。

二、按医嘱进行治疗

1.治疗原则

发病时，隔离病鸟，用金霉素、氯霉素、四环素等治疗。

2. 药物治疗

用强力霉素或金霉素治疗，强力霉素拌料浓度为0.1%～0.4%，连喂3～4周；饮水浓度为0.05%～0.1%，连用15～20 d。

3. 预防

对引入的鸟类应隔离检疫至少3个月，防止衣原体侵入。并对鸟舍用具及环境进行彻底消毒，空置3个月；在笼舍进出口设消毒池。

彻底销毁病死鸟，对其分泌物、排泄物污染的用具及环境严格消毒；已经确诊为鸟鹦鹉热的病鸟和可疑鸟群及时淘汰，连同鸟的排泄物一起深埋或焚烧掉；对于特别珍贵的鸟，将病鸟与健康鸟严格隔离，再给予药物治疗和预防并加强饲养管理，保持舍内干燥，搞好清洁卫生及消毒；消灭吸血昆虫。

附录 1

支原体 PCR 检测试剂盒使用说明书

用途：本试剂盒用于各种细胞培养物支原体污染的 PCR 检测，灵敏度高，特异性强。

规格：20 次

1 试剂和材料

1.1 试剂盒组成

1) PCR 反应液：400 μL(20 μL/次，20 次反应)

2) *Taq* 酶：20 μL(1 μL/次，20 次反应)

3) DNA 释放液：1 000 μL(40 μL/次，25 次反应)

4) 阳性对照 DNA：20 μL(3～4 μL/次)

5) 液体石蜡：1 000 μL

6) 说明书：1 份

1.2 试剂盒中未提供的试剂与材料

1.2.1 试剂

1)琼脂糖

2)EB

3)去离子水或双蒸水

1.2.2 需要的仪器与材料

1)PCR 仪

2)0.2 mL PCR 管

3) 0.5 mL 微量离心管

4)电泳仪及水平电泳槽

5)高速离心机

6)微量移液器及移液器吸头

1.3 贮存条件：－20 ℃，保存一年

2 使用及检测方法

2.1 使用

本试剂盒采用聚合酶链式反应技术(PCR)进行支原体的检测。该方法灵敏度高，可用于各种生物材料(如细胞培养物)中所感染的支原体。试剂盒中所含引物能特异性扩增支原体 rRNA 的保守区域，不会扩增细胞基因组。与传统的选择性培养基培养检测方法相比较，本方

法更为快速，特异性更高，不会由于培养法检测时大量放大支原体可能带来的污染源放大问题。本试剂盒能检测的支原体种类包括 *Mycoplasma fermentans*，*M. hyorhinis*，*M. arginini*，*M. orale*，*M. salivarium*，*M. pulmonis*，*M. canadens*，*M. phocicerebrale* 等 48 种支原体。

注：本试剂盒仅用于研究，不能用于临床诊断。

2.2　检测方法

2.2.1　检测样品的准备

当培养物（细胞）生长至 80%～90%时可以取样进行检测，培养液中的青霉素和链霉素不会影响检测效果。

细胞培养物或其他检测样品处理，具体步骤如下：

A. 收取待检样品（贴壁细胞：细胞生长至 80%左右即可，送检细胞不能用消化液消化细胞，可以使用细胞刮刀刮取细胞；悬浮细胞：细胞生长至 80%左右即可），取 150 μL（$1 \sim 3 \times 10^5$ 细胞数）至离心管，12 000 r/min 离心 5～10 min；

B. 去上清，加入 40 uL DNA 释放液，充分悬浮沉淀物，沸水浴 5 min；

C. 样品使用前 12 000 r/min 离心 5～10 min，取上清 4 μL 作为 PCR 反应模板。

2.2.2　PCR 扩增

a. 先从 −20 ℃ 冰箱中取出 PCR 反应液，按下列表格配制反应混合液（如检测样品是 3 个，加上阳性对照和阴性对照共应配制 5 个反应，所以取 PCR 反应混合液 100 μL，加入 5 μL *Taq* 酶，注：在配制时应尽量一次性配制所需反应体系，使其反应体系保持高度的均一性）。

	1 个反应体系	5 个反应体系	20 个反应体系
PCR 反应液	20 μL	100 μL	400 μL
Taq 酶	1 μL	5 μL	20 μL

b. 充分混匀 PCR 反应液和 *Taq* 酶混合液，并以 21 μL/管分装至 PCR 反应管中。

c. 加入处理好样品 4 μL 到上述反应混合液中。阳性对照和阴性对照各加入 4 μL/管，充分混匀。

d. 加入 1 滴液状石蜡约 20 μL（注：附带热盖的 PCR 仪可以不加液状石蜡）。

e. 10 000 r/min 离心 10 s，使液状石蜡与 PCR 反应体系分层。

f. 将所有 PCR 反应管放入 PCR 仪，参照以下参数运行 PCR 仪。

预变性	94 ℃ for 3 min	
循环	94 ℃ for 30 s	
	55 ℃ for 30 s	35 cycles
	72 ℃ for 45 s	
延伸	72 ℃ for 7 min	
cool down to 4 ℃		

注：PCR 仪循环参数可依据仪器具体情况进行适当调整。

2.2.3　PCR 产物的电泳检测

取 8 μL PCR 扩增产物，经 2.0%琼脂糖凝胶电泳后，在紫外下观察结果，若出现与阳性对照相同的条带即为支原体阳性。

样品是否污染，可根据 PCR 条带的有无进行判断。而根据感染支原体类型的不同，扩增产物大小有所不同，PCR 产物在 200～233 bp。

电泳操作步骤如下：

A. 制胶：2.0％琼脂糖凝胶，称取 1.0 g 琼脂糖于三角烧杯中，加入 50 mL 1×TAE 电泳缓冲液，水浴（或微波炉）溶化琼脂糖，稍冷后加入 5 μL 10 mg/mL 溴化乙啶（EB），注入凝胶模中，冷却凝固后，即可用于电泳。

B. 上样：取 8 μL PCR 扩增产物，直接点样（注：无须再点溴酚蓝，因扩增产物已包含溴酚蓝。）

C. 电泳：120 V 电泳 20 min（可根据电泳仪的情况，适当调整参数）。

附：电泳缓冲液：50×TAE 配方为 242 g Tris、57.1 mL 冰乙酸、37.2 g EDTA・$2H_2O$，pH 8.5 定容至 1 L 即可。

3　电泳参考图

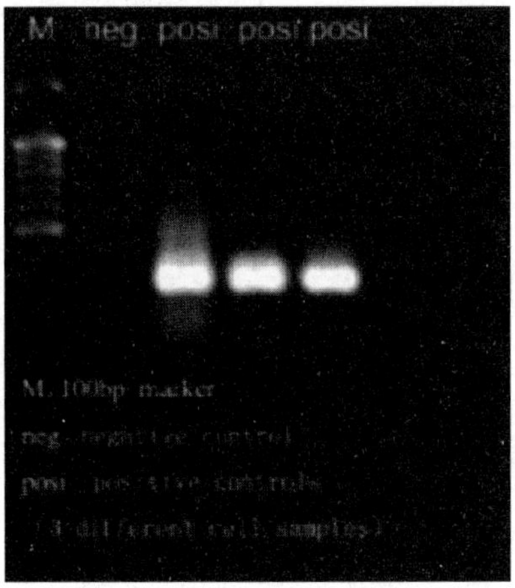

4　注意事项

4.1　开始检测前请仔细阅读本说明书全文。

4.2　操作时应尽量少说话，因口腔中也含有支原体，可能引起样品污染，而造成假阳性；整个检测过程中，反应体系的配制、样本处理及加样、PCR 扩增应分区域进行，以避免污染。

4.3　实验时，试剂盒组成中的试剂使用前应充分融化并混匀（混匀时禁止激烈振荡，只需要进行上下倒置多次进行混匀）。

4.4　反应管中加好所有的试剂后，应尽快上 PCR 仪进行扩增，以免形成过多的二聚体。

5　附录

本试剂盒能扩增的支原体种类如下。

编号	种类	
1	*Acholeplasma laidlawii*	莱氏无胆甾原体
2	*Acholeplasma granularum*	颗粒无胆甾原体
3	*Mesoplasma pleciae*	玉米蛆虫中间原体
4	*Mycoplasma arginini*	精氨酸支原体

5	*Mycoplasma hyosynoviae*	猪滑液支原体
6	*Mycoplasma gateae*	猫支原体
7	*Mycoplasma faucium*	咽支原体
8	*Mycoplasma canadense*	加拿大支原体
9	*Mycoplasma buccale*	上颌支原体
10	*Mycoplasma orale*	口腔支原体
11	*Mycoplasma salivarium*	唾液支原体
12	*Mycoplasma auris*	耳支原体
13	*Mycoplasma cloacale*	泄殖腔支原体
14	*Mycoplasma anseris*	鹅支原体
15	*Mycoplasma phocicerebrale*	海豹脑支原体
16	*Mycoplasma falconis*	猎鹰支原体
17	*Mycoplasma spumans*	泡沫支原体
18	*Mycoplasma sphenisci*	企鹅支原体
19	*Mycoplasma timone*	蒂莫内支原体
20	*Mycoplasma subdolum*	疑误支原体
21	*Mycoplasma alkalescens*	产碱支原体
22	*Mycoplasma phocirhinis*	福西支原体
23	*Mycoplasma maculosum*	斑状支原体
24	*Mycoplasma* sp.	霉浆支原体
25	*Mycoplasma bovis*	牛支原体
26	*Mycoplasma spermatophilum*	嗜精支原体
27	*Mycoplasma mustelae*	水貂支原体
28	*Mycoplasma caviae*	豚鼠支原体
29	*Mycoplasma columbinasale*	鸽鼻支原体
30	*Mycoplasma canis*	犬支原体
31	*Mycoplasma hyopharyngis*	猪喉支原体
32	*Mycoplasma fermentans*	发酵支原体
33	*Mycoplasma hyopneumoniae*	猪肺炎支原体
34	*Mycoplasma edwardii*	爱德华氏支原体
35	*Mycoplasma primatum*	类人猿支原体
36	*Mycoplasma opalescens*	乳白色支原体
37	*Mycoplasma zalophi*	扎洛菲支原体
38	*Mycoplasma pulmonis*	肺支原体
39	*Mycoplasma collis*	希尔氏支原体
40	*Mycoplasma mobile*	运动支原体
41	*Mycoplasma indiense*	印第支原体
42	*Mycoplasma verecundum*	不活泼支原体
43	*Mycoplasma hyorhinis*	猪鼻支原体

44	*Mycoplasma gallopavonis*	吐绶鸡支原体
45	*Mycoplasma anatis*	鸭支原体
46	*Mycoplasma corogypsi*	黑秃鹫支原体
47	*Mycoplasma bovirhinis*	牛鼻支原体
48	*Mycoplasma alkalescens*	产碱支原体

附录 2

犬瘟热诊断技术(摘录)

Diagnostic techniques for canine distemper

中华人民共和国国家标准

GB/T 27532—2011

2011—11—21 发布

前言

本标准的附录 A 和附录 B 为资料性附录。

本标准由中华人民共和国农业部提出。

本标准由全国动物防疫标准化技术委员会(SAC/TC 181)归口。

本标准起草单位:青岛农业大学动物科技学院、中华人民共和国上海出入境检验检疫局、中华人民共和国山东出入境检验检疫局。

本标准主要起草人:单虎、黄娟、熊炜、温建新、秦晓冰、朱来华、宫文妮、袁小远、孙园园、马晶。

1 范围

本标准规定了犬瘟热的临床诊断、犬瘟热病毒的病原分离、免疫酶检测、免疫组织化学检测、RT-PCR 检测的操作方法。

本标准适用于犬瘟热的鉴定及其流行病学调查、诊断和监测。其中病毒分离、免疫酶检测、免疫组织化学检测、RT-PCR 检测适用于犬瘟热的病原诊断。

2 试剂和材料

2.1 改良最低要素营养液(DMEM)培养基:配方参见附录 A。

2.2 非洲绿猴肾细胞(Vero 细胞)。

2.3 磷酸盐缓冲液(PBS):配制参见附录 A。

2.4 青霉素、链霉素:配方参见附录 A。

2.5 CDV 阳性血清:中和抗体效价 1∶1024.

2.6 CDV 阴性血清:无 CDV 感染的犬血清。

2.7 酶结合物:HRP 标记的葡萄球菌 A 蛋白(SPA)。

2.8 底物溶液:配制参见附录 A。

2.9 过氧化氢甲醇溶液:配制参见附录 A。

2.10 盐酸酒精溶液:配制参见附录 A。

2.11 胰蛋白酶溶液:配制参见附录 A。

2.12 *Taq* 酶及 10 倍 *Taq* 酶反应缓冲液:*Taq* 酶浓度为 5 U/uL,−20 ℃保存。

2.13 逆转录酶及 10 倍逆转录酶反应缓冲液:逆转录酶浓度为 50 U/uL,−20 ℃保存。

2.14 RNA 酶抑制剂(40 U/μL):−20 ℃保存。

2.15 dNTP:含 dATP、dGTP、dCTP、dTTP 各 10 mmol/L,−20 ℃保存。

2.16 引物:浓度为 20 μmol/L,其序列如下:

上游引物(CDVF):5′ CGA GTG TTT GAG ATA GGG TT 3′;

下游引物(CDVR):5′CCT CCA AAG GGT TCC CAT GA 3′。

2.17 随机引物:含有 9 个碱基的随机序列引物,浓度为 50 μmol/L,−20 ℃保存。

2.18 DEPC 水:自配(参见标准的附录 A),或购买商品化 DEPC 水。

2.19 TRIzol 试剂:4 ℃保存。

2.20 异丙醇:使用前预冷至−20 ℃。

2.21 75%乙醇:用新开启的无水乙醇和 DEPC 水配制,使用前预冷至−20 ℃。

2.22 1.5 mL 无 RNA 酶的 Eppendorf 管。

2.23 0.2 mL 无 RNA 酶的 PCR 薄壁管。

3 器材和设备

3.1 细胞培养瓶(中号瓶)。

3.2 二氧化碳培养箱。

3.3 恒温水浴箱(5～100 ℃)。

3.4 普通光学显微镜。

3.5 0.45 μm 微孔滤膜。

3.6 离心机。

3.7 PCR 扩增仪。

3.8 水平电泳仪。

3.9 40 个小孔的室玻片。

3.10 冷冻切片机。

3.11 高速台式冷冻离心机:可控温至 4 ℃、离心速度可达 12 000×*g* 以上。

3.12 凝胶成像系统。

4 临床检查

4.1 临床症状

4.1.1 病犬体温升高至 40 ℃以上,鼻流清涕至脓性鼻汁,脓性眼屎,有咳嗽、呼吸急促等肺炎症状。

4.1.2 腹下可见米粒大丘疹。

4.1.3 病后期 CDV 侵害大脑时则出现神经症状,头、颈、四肢抽搐。

4.2 病理变化

4.2.1 新生幼犬感染 CDV 表现胸腺萎缩;成年犬多表现结膜炎、鼻炎、气管支气管炎和卡他性肠炎。

4.2.2 表现神经症状的犬可见鼻和脚垫的皮肤角化病。

4.2.3 中枢神经系统的病变包括脑膜充血,脑室扩张和因脑水肿所致的脑脊液增加。

4.2.4　犬瘟热病毒的包涵体呈嗜酸性，位于胞浆内，直径 1～5 μm。可在黏膜上皮细胞、网状细胞、白细胞、神经角质细胞和神经元中发现，核内包涵体多位于被覆上皮细胞、腺上皮细胞和神经节细胞。

4.3　判定

若临床症状符合 4.1.1 或 4.1.3 且出现 4.2.4 的病理变化，则可判定疑似犬瘟热，其他临床症状和病理变化可作为参考指标；疑似病例可采用病毒分离、免疫酶检测、免疫组织化学检测和 RT-PCR 检测等方法确诊。

5　病毒分离

5.1　样品采集和处理

5.1.1　活犬可采集泪液、鼻液、唾液、粪便，病死犬可采集肝、脾、肺等组织器官。

5.1.2　上述样品用无血清 DMEM 制成 20%组织悬液，10 000 r/min 离心 20 min，取上清液，经 0.45 μm 微孔滤膜过滤，滤液用于 CDV 分离。

5.2　操作方法

5.2.1　细胞培养

用含 8%新生牛血清的 DMEM 培养基在细胞培养瓶（中号瓶）培养 Vero 细胞，置 37 ℃二氧化碳培养箱，单层细胞长至 80%～90%时，接种样品上清液。

5.2.2　病料接种

取 0.1 mL 处理好的样品上清液接种 Vero 细胞，置 37 ℃二氧化碳培养箱吸附 1 h，加入无血清 DMEM 继续培养 5～7 d，观察结果。

5.3　结果判定

若接种未出现细胞病变，应将细胞培养物冻融后盲传三代，如仍无细胞病变，则判为 CDV 病原分离阴性。若 Vero 细胞培养 4～5 d 出现细胞病变（如细胞变圆、胞浆内颗粒变性和空泡形成，随后形成合胞体，并在胞浆中出现包涵体），可用免疫酶检测、免疫组织化学检测和 RT-PCR 三种方法之一进行确诊。

6　免疫酶检测

6.1　操作方法

6.1.1　将 CDV 标准株和待鉴定的样品分别接种 Vero 细胞，接种后 5～7 d，病变达 50%～75%时，用胰蛋白酶消化分散感染细胞，PBS 液洗涤 3 次后，稀释至 1×10^6 个/mL 细胞。取有 40 个小孔的室玻片，每孔滴加 10 μL。室温自然干燥后，冷丙酮（4 ℃）固定 10 min。密封包装，置−20 ℃备用。

6.1.2　取出室玻片，室温干燥后，每份 10 倍稀释的 CDV 阳性血清和阴性血清，每份血清滴加到两个病毒细胞孔和一个正常细胞孔，置湿盒内，置恒温水浴箱 37 ℃孵育 30 min。

6.1.3　PBS 漂洗 3 次，每次 5 min，室温干燥。

6.1.4　滴加 1∶100 稀释的酶结合物，置湿盒内，用恒温水浴箱 37 ℃孵育 30 min。

6.1.5　PBS 漂洗 3 次，每次 5 min。

6.1.6　将室玻片放入底物溶液中，室温下显色 5～10 min。PBS 漂洗 2 次，再用蒸馏水漂洗 1 次。

6.1.7　吹干后，在普通光学显微镜下观察，判定结果。

6.2　结果判定

6.2.1 若CDV阴性血清与正常细胞和病毒感染细胞反应均无色，且CDV阳性血清与正常细胞反应无色，与CDV标准毒株感染细胞反应呈棕黄色或棕褐色，则判定阴、阳性对照成立。

6.2.2 在符合6.2.1的条件下，待鉴定病毒感染细胞与CDV阳性血清和阴性血清反应均呈无色，判为CDV阴性，相应动物犬瘟热感染阴性。

6.2.3 在符合6.2.1的条件下，待鉴定病毒感染细胞与阴性血清反应呈无色，而与CDV阳性血清反应呈棕黄色或棕褐色，判为CDV阳性，相应动物犬瘟热感染阳性。

7 免疫组织化学检测

7.1 样品处理

对疑似CD的病死犬或扑杀犬，立即采集肺、脾、胸腺、淋巴结和脑等组织，置冰瓶内立即送检；不能立即送检者，将组织块切成1 cm×1 cm左右大小，置体积分数为10%的福尔马林溶液中固定，保存，送检。

7.2 操作方法

7.2.1 新鲜组织按常规方法制备冰冻切片。冰冻切片机切片风干后用丙酮固定10～15 min，新鲜组织或固定组织按常规方法制备石蜡切片（切片应用白胶或铬矾明胶做粘合剂，以防脱落）。

7.2.2 去内源酶：用过氧化氢甲醇溶液或盐酸酒精溶液37 ℃作用20 min。

7.2.3 胰蛋白酶消化：室温下，用胰蛋白酶溶液消化处理2 min，以使充分暴露抗原。

7.2.4 漂洗：PBS漂洗3次，每次5 min。

7.2.5 封闭：滴加体积分数为5%的新生牛血清或1∶10稀释的正常马血清，37 ℃湿盒中孵育30 min。

7.2.6 加10倍稀释的CDV阳性血清或阴性血清，37 ℃湿盒中孵育1 h或37 ℃湿盒中孵育30 min后4 ℃过夜。

7.2.7 漂洗：PBS漂洗3次，每次5 min。

7.2.8 加1∶100稀释的酶结合物，37 ℃湿盒孵育1 h。

7.2.9 漂洗：PBS漂洗3次，每次5 min。

7.2.10 底物显色：新鲜配制的底物溶液显色5～10 min后漂洗。

7.2.11 从90%乙醇开始脱水、透明、封片，普通光学显微镜观察。

7.2.12 试验同时设阳性、阴性血清对照。

7.3 结果判定

7.3.1 被检组织与阴性血清作用后应无着染，若出现黄色或棕褐色着染，判定阴性对照不成立，应重复实验。

7.3.2 在符合7.3.1的条件下，被检组织与CDV阳性血清作用后本底清晰，细胞质内呈现黄色或棕褐色着染，判为CDV阳性，相应动物犬瘟热感染阳性。

8 RT-PCR检测

8.1 病料的采集及处理

采集的样品包括犬的泪液、鼻液、唾液、粪便及病死犬的肝、脾、肺等组织器官。将待检组织或粪便样品加等体积生理盐水研磨匀浆，3 000×*g* 离心15 min，收集上清液待检。口腔拭子、粪拭子用少量生理盐水浸润后，取上清液待检。经细胞病原分离培养的样品，收集细胞沉淀待检。CDV阳性对照样品和阴性对照样品同样处理。

8.2 RNA抽提

分别取100 μL待检样品、CDV阳性样品和阴性样品的上清液各装入1.5 mL无RNA酶的Eppendorf管，加入1 mLTRIzol试剂，用枪头充分吹打20～30次；13 000×*g*离心15 min；取上层水相，加500 μL异丙醇，颠倒数次混匀，－20 ℃放置20 min；13 000×*g*离心10 min；弃上清，沉淀用1 mL DEPC水配制的75%乙醇清洗；8 000×*g*离心10 min；弃上清，沉淀室温干燥10 min；加20 μL DEPC水溶解RNA沉淀。RNA溶液在2 h内进行逆转录合成cDNA模板。另外，RNA抽提也可采用市售的商品化RNA抽提试剂盒进行。

8.3 cDNA模板制备

取17 μL RNA溶液，加10倍逆转录酶浓缩缓冲液2.5 μL、dNTP 1.5 μL、随机引物2 μL、RNA酶抑制剂1 μL、逆转录酶1 μL，室温放置10 min后，置PCR仪上经42 ℃、60 min，70 ℃、10 min。

8.4 PCR检测

在0.2 mL PCR薄壁管中，按每个样品10倍*Taq*酶浓缩缓冲液2.5 μL，dNTP 0.5 μL，*Taq*酶0.5 μL、cDNA模板2 uL、上游引物和下游引物（CDVF、CDVR）各0.5 μL、三蒸水18.5 μL，配制PCR检测体系。将PCR管置PCR仪上按如下程序扩增：首先94 ℃变性2 min；再94 ℃、30 s，55 ℃、30 s，72 ℃、40 s进行35个循环；最后72 ℃、3 min。用TBE电泳缓冲液配制1.5%的琼脂糖平板（含0.5 μg/mL EB，参见标准的附录A中A.11），将平板放入水平电泳仪，使电泳缓冲液刚好没过胶面，将10 μL PCR产物和2 μL加样缓冲液（6×）混匀后加入样品孔。在电泳时设立DNA标准分子量做对照。5 V/cm电泳约30 min，当溴酚蓝到达底部时停止，用凝胶成像系统观察结果。

8.5 结果判定

8.5.1 经RT-PCR检测，CDV阳性对照样品可扩增出大小为455 bp的核酸片段，且阴性对照样品无扩增条带，否则试验结果视为无效。

8.5.2 在符合8.5.1的条件下，若待检样品扩增出了大小为455 bp的核酸片段，则初步判定犬瘟热病毒核酸阳性；若待检样品无扩增条带或扩增条带大小不为455 bp，则判定犬瘟热病毒核酸阴性。

8.5.3 待检样品扩增出的阳性基因片段应进行核酸序列测定，若其序列与提供的比对序列的同源性≥90%，则可确诊为犬瘟热病毒核酸阳性，否则判定犬瘟热病毒核酸阴性。

8.5.4 若犬瘟热病毒核酸阳性且病原分离也呈阳性，则可判定犬瘟热病毒感染阳性。

附录A
（资料性附录）

（试剂及其配制）

A.1 DMEM（高糖）培养液的配制

量取去离子水950 mL，置于适宜的容器中，将DMEM粉剂10 g加于30 ℃的去离子水中，边加边搅拌。每1 000 mL培养液加3.7 g苯酚氢钠。加去离子水至1 000mL，用1 mol/L氢氧化钠或盐酸将培养液pH调至6.9～7.0。在过滤之前应盖紧容器瓶塞。立即用孔径0.45 μm的微孔滤膜正压过滤除菌，4 ℃冰箱保存。

A.2 磷酸盐缓冲液(PBS.0.01 mol/L pH 7.4)

氯化钠	8 g
氯化钾	0.2 g
磷酸二氢钾	0.2 g
十二水磷酸氢二钠	2.83 g
蒸馏水	加至 1 000 mL

A.3 青霉素、链霉素

取注射用青霉素和链霉素溶解于三蒸水中,使每毫升含青霉素、链霉素各 5 万 IU(μg),除菌过滤,用时按 100 mL 1640-15 培养液加 0.2 mL,使青霉素、链霉素的最终浓度各为 100 IU(μg)。

A.4 底物溶液

3,3-二氨基联苯胺盐酸盐(DAB)	40 mg
PBS	100 mL
丙酮	5 mL
30%过氧化氢	0.1 mL

滤纸过滤后使用,现用现配。

A.5 过氧化氢甲醇溶液(0.3%)

30%过氧化氢	1 mL
甲醇	99 mL

现用现配。

A.6 盐酸酒精溶液(1%)

盐酸	1 mL
70%乙醇	99 mL

A.7 胰蛋白酶溶液(0.5%)

胰蛋白酶	0.5 g
PBS	100 mL

低温保存。使用时,用 PBS 稀释为 0.05%。

A.8 DEPC 溶液(0.1%)

DEPC	1 mL
蒸馏水	加至 1 000 mL

磁力搅拌至溶解,高压灭菌 121 ℃、30 min 后 4 ℃冰箱保存备用。

A.9 生理盐水

称取 9 g 无水氯化钠溶于 1 000 mL 去离子水中,配成 0.9%生理盐水,121.3 ℃灭菌 15 min。

A.10 5×TBE 电泳缓冲液

每升三蒸水中加入三羟甲基氨基甲烷(Tris)54.0 g,乙二胺四乙酸(EDTA) 2.9 g,硼酸 27.5 g,用 5 mol/L 的盐酸调 pH 至 8.0。

A.11 EB 核酸染色剂

在 10 mL 三蒸水中加入 100 mg 溴化乙啶(EB)配制成 10 mg/mL 的浓缩液。

A.12 加样缓冲液(6×)

每 100 mL 三蒸水中加入溴酚蓝 0.25 g 和蔗糖 40 g。

附录 B
（资料性附录）
（犬瘟热病毒 RT-PCR 扩增核酸片段参考序列）

cgagtctttg	agatagggtt	catcaaacgg	tggctgaatg	acatgccatt
actccagaca	accaactata	tggtcctccc	ggagaattct	aaagctgagg
tgtgtactat	agcagtgggc	gagctgacac	tggcttcctt	gtgtgtagat
gagagcaccg	tattattata	tcatgacagc	aatggtccac	atgacagtgt
tctagtagtg	acgctgggaa	tatttggggc	aacaccgatg	aatcaagtag
aagaggtgat	acctgtcgct	catccatcag	tagaaaagat	acatatcaca
aatcaccgtg	gtttcataaa	agattcagta	gcaacctgga	tggtgcctgc
attggtctct	gagcaacaag	aaggacaaaa	aaattgtctg	gagycggctt
gtcaaagaaa	atcctaccct	atgtgcaacc	aaacatcatg	ggaacccttt
ggagg				

参考文献

[1] 周建强.宠物传染病[M]. 2版. 北京:中国农业出版社,2015.
[2] 李志. 宠物疾病诊治[M]. 4版. 北京:中国农业出版社,2019.
[3] 何英,叶俊华. 宠物医生手册[M]. 2版. 沈阳:辽宁科学技术出版社,2009.
[4] 高得仪. 犬猫疾病学[M]. 北京:中国农业大学出版社,2006.
[5] 陈溥言. 兽医传染病学[M]. 6版. 北京:中国农业出版社,2015.
[6] 陆承平. 兽医微生物学[M]. 5版. 北京:中国农业出版社,2013.
[7] 杨玉平,乐涛主编. 宠物传染病与公共卫生[M]. 北京:中国农业科学技术出版社,2008.
[8] 汤小明. 犬猫疾病鉴别诊断[M]. 北京:中国农业出版社,2004.
[9] 赵广英. 野生动物流行病学[M]. 哈尔滨:东北林业大学出版社 2000.
[10] 梁俊文,王海涛. 鸽病防治关键技术[M]. 北京:中国农业出版社,2005.
[11] 刘泽文. 实用禽病诊疗新技术[M]. 北京:中国农业出版社,2006.
[12] 王增年,安宁主编.肉鸽[M]. 北京:科学技术文献出版社,2004.
[13] 黄琪琰. 水产动物疾病学[M]. 上海:上海科学技术出版社,2004.
[14] 葛兆宏,路燕.动物传染病[M]. 2版. 北京:中国农业出版社,2012.